Python趣味编程：从入门到人工智能

◎ 谢声涛 编著

清华大学出版社
北 京

内 容 简 介

本书是专门为青少年编写的零基础 Python 语言编程入门教材，由浅入深、循序渐进地讲授 Python 语言编程知识，以解决问题为导向，培养青少年的编程思维。本书采用单元课程的形式编排内容，分为编程基础、数学与算法、游戏编程、人工智能四个单元，采用符合青少年认知水平的趣味案例进行教学，指导青少年使用编程的思维方式解决身边的问题，带领青少年迈进 Python 编程的奇妙世界。

本书是零起步教材，适合广大青少年和所有对编程感兴趣的初学者阅读，也适合作为学校编程社团和编程培训机构的教材。

图书在版编目(CIP)数据

Python 趣味编程：从入门到人工智能/谢声涛编著. —北京：清华大学出版社，2019(2024.8重印)
ISBN 978-7-302-52820-3

Ⅰ. ①P… Ⅱ. ①谢… Ⅲ. ①软件工具－程序设计 Ⅳ. ①TP311.561

中国版本图书馆 CIP 数据核字(2019)第 082378 号

责任编辑：王剑乔
封面设计：刘 键
责任校对：刘 静
责任印制：沈 露

出版发行：清华大学出版社
网 址：https://www.tup.com.cn，https://www.wqxuetang.com
地 址：北京清华大学学研大厦 A 座 **邮 编**：100084
社 总 机：010-83470000 **邮 购**：010-62786544
投稿与读者服务：010-62776969，c-service@tup.tsinghua.edu.cn
质量反馈：010-62772015，zhiliang@tup.tsinghua.edu.cn
印 装 者：三河市龙大印装有限公司
经 销：全国新华书店
开 本：185mm×260mm **印 张**：19.75 **插 页**：1 **字 数**：454 千字
版 次：2019 年 6 月第 1 版 **印 次**：2024 年 8 月第 9 次印刷
定 价：59.00 元

产品编号：081123-01

Hello Kitty 字符画

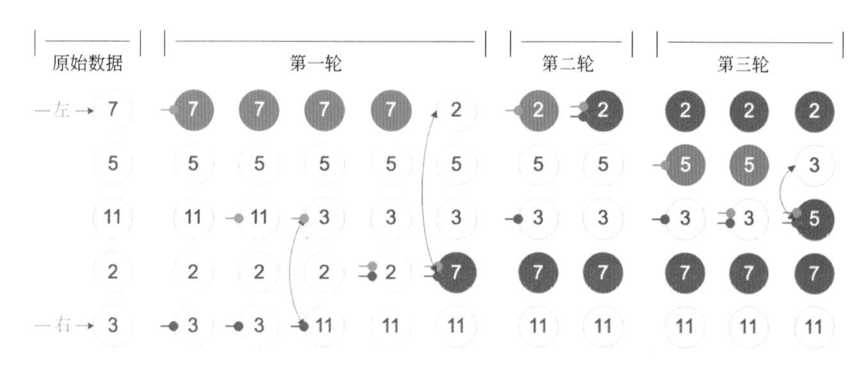

快速排序算法的工作过程

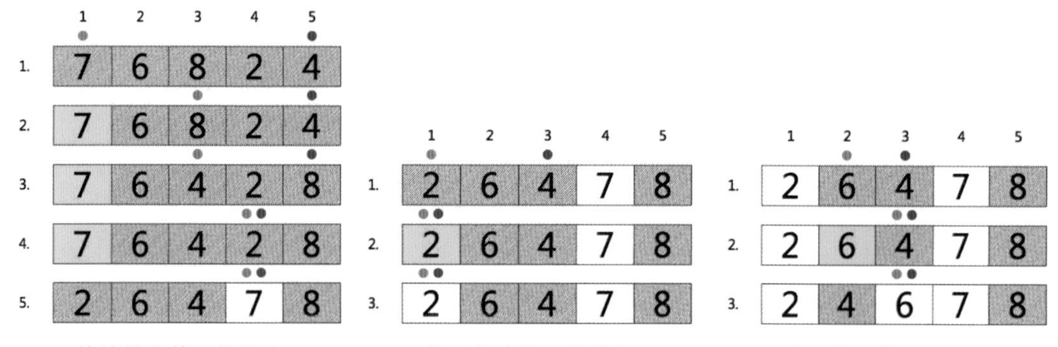

快速排序第一轮排序　　快速排序第二轮排序　　快速排序第三轮排序

```
sh-3.2# python3 李白沽酒.py
古算趣题：李白沽酒
李白沽酒探亲朋，路途遥远有四程。
一程酒量添一倍，却被安童喝六升。
行到亲朋家里面，半点全无空酒瓶。
借问高明能算士，瓶内原有多少升？
--计算结果--
3.0
4.5
5.25
5.625
瓶内原有酒5.625升
sh-3.2#
```

疯狂摩托
Motor: 139.968 km/h
Mileages: 1.520 km

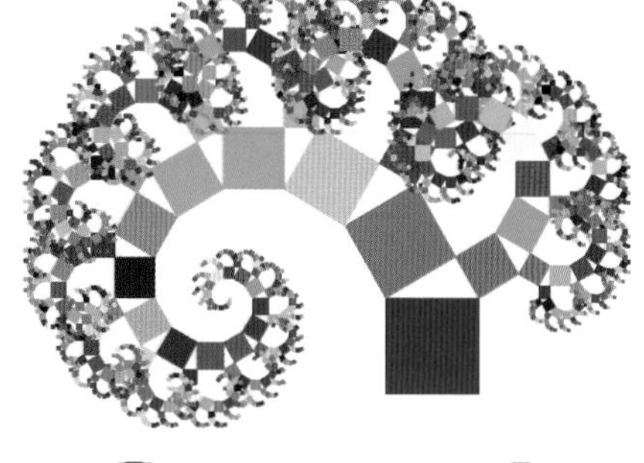

10
04:27

Image

Image

Image

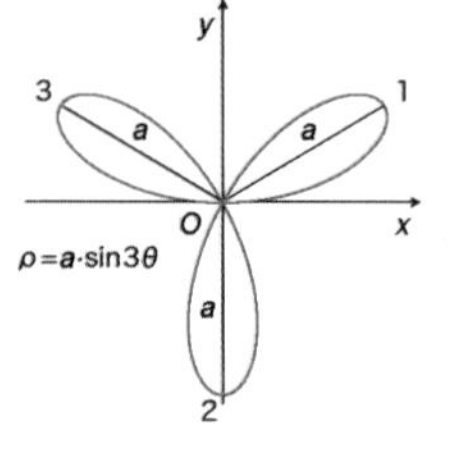
y
3
1
a
a
O
x
$\rho=a\cdot\sin3\theta$
a
2

前言

近年来，从欧美兴起的新一轮青少年编程教育浪潮席卷全球，在中小学阶段推广和普及编程教育已经成为全球各国的共识。2017年7月，国务院发布的《新一代人工智能发展规划》提出，要在中小学阶段设置人工智能相关课程，并逐步推广编程教育。这极大地推动了青少年编程教育在国内的普及。在众多的编程语言中，比较适合广大青少年学习的编程语言是Scratch和Python。青少年可以选择图形化编程语言Scratch作为第一门编程语言，之后转向具有完整编程特性的Python语言。

Python是一种通用型编程语言，它具有良好的可扩展性和适应性，易于学习，被广泛应用于云计算、人工智能、科学运算、Web开发、网络爬虫、系统运维、图形GUI、金融量化投资等众多领域。无论是客户端、云端，还是物联网终端，都能看到Python的身影，可以说，Python的应用无处不在。特别是在移动互联网和人工智能时代，Python越来越受到编程者的青睐，成为近年来热度增长最快的编程语言之一。在TIOBE、RedMonk等世界编程语言排行榜中，Python语言名列前茅。因此，学习Python语言是一个非常不错的选择。

本书特点

(1) 讲授最新的Python 3.7版本，更适合零基础的初学者。

(2) 采用单元课程的形式编排内容，用趣味案例激发学生兴趣，更适合青少年学生学习。

(3) 以解决问题为导向，注重培养编程思维，让学生感受到编程是有用的。同时，讲解编程知识以“够用”为原则，带领初学者避开技术陷阱。

(4) 教学案例丰富多彩，有数学计算、绘画、游戏和人工智能等，让学生体验编程的乐趣。

(5) 每课均有课后练习题，让初学者巩固所学知识。

本书主要内容

本书共分为四个单元。

第1单元是编程基础，安排了16个课程，讲授结构化与面向对象程序设计的基础知识。首先从变量、数据类型、运算符和表达式等基本概念讲起，通过编写输入、处理、输出“三步曲式”的简单程序以及学习小海龟绘图，逐步熟悉 Python 开发环境和编程方式；然后讲授使用顺序结构、选择结构和循环结构等编写结构化的程序，同时结合流程图描述算法，逐步掌握结构化的编程思想；最后讲授利用函数进行模块化设计以及面向对象的编程知识。这个单元在教学案例设计上讲究趣味性和知识性，通过解决去火星要多久、八十天环游地球、棋盘麦粒、恺撒加密、莫尔斯码等问题，让初学者感受到编程是有用的，它能够解决身边的问题，从而激发他们学习编程的兴趣。

第 2 单元是数学与算法，安排了 11 个课程，讲授基本的算法策略、排序和查找算法、分形图和数学曲线的画法。其中，4 个课程讲授使用枚举、递推、模拟等算法策略编程解决方程问题、逻辑推理问题等，案例有隔沟算羊、李白沽酒、水手分椰子等；5 个课程讲授冒泡排序、选择排序、插入排序、快速排序和二分查找等算法；还有 2 个课程讲授勾股树分形图的画法和利用参数方程绘制玫瑰曲线图形，在练习题中还介绍谢尔宾斯基三角形和六角星雪花分形图、心形曲线和蝴蝶曲线的画法。

第 3 单元是游戏编程，安排了 4 个课程，讲授使用 Pyglet 类库编写游戏程序。首先是学习 Pyglet 编程基础，然后安排了 3 个趣味游戏项目，分别是公主迎圣诞、疯狂摩托和捕鱼达人。让初学者通过编写游戏程序进行编程实践，以“玩中学”的形式巩固编程知识。

第 4 单元是人工智能，安排了 4 个课程，讲授使用 OpenCV 类库编写人工智能技术应用项目。首先学习 OpenCV 编程基础，然后安排了 3 个体验性质的编程项目，分别是人脸识别、目标检测和绘画大师。让初学者通过人工智能技术的应用，消除人工智能技术的神秘感。

▷ 推荐学习网站

本书以解决问题为导向来设计各单元课程，通过趣味案例激发学习者的编程兴趣，带领初学者循序渐进地学习 Python 编程，避开编程中的各种技术陷阱。这有别于其他说明手册式的教材，也是本书的特色所在，更适合初学者作为入门教材学习。限于篇幅，在本书中使用到的各种 Python 类库、函数及其用法等未能作全面讲解，仅介绍了其基本的用法。作为本书的一个补充，建议 Python 初学者利用免费的学习网站 runoob.com 作为自己的 Python 学习手册，遇到不清楚的函数用法、语法规则等问题，可以随时查阅网站中的相关内容。runoob.com 网站的 Python 教程链接如下：

http://www.runoob.com/python3

▷ 本书学习资源

本书中的程序基于 Python 3.7 版本编写，所有示例程序均已调试通过。

读者可以关注微信公众号“小海豚科学馆”获取本书的范例程序文件、游戏素材、数据文件、课后练习题答案等资源，另外还为有需要的读者提供了 Python 软件安装包、Windows 7 SP1 升级包、AVBin 库安装包等资源的下载方式。

读者也可以加入 QQ 群 26356297 获取本书资源包，还能和本书作者及网友在线交流，互相学习和分享经验。

由于编者水平有限，书中难免有不妥之处，还请读者朋友不吝赐教。请读者关注作者公布的微信公众号和 QQ 群，以便及时了解本书的最新勘误信息。

本书适用对象

本书是零起点教材，适合广大青少年和所有对编程感兴趣的初学者阅读，也适合作为学校编程社团和编程培训机构的教材。

让我们开始奇妙的 Python 编程之旅吧！

谢声涛

2019 年 3 月

本书配套资源下载.zip

目录

第1单元　编程基础

第2单元　数学与算法

第1单元

编程基础

第1课

似曾相识——遇见 Python

1.1 初遇 Python

从这里开始，我们将学习一门新的编程语言——Python，它将为我们在计算机世界搭起一座通向人工智能的桥梁。

Python 在英文中是大蟒蛇的意思，英语发音/ˈpaiθən/，美语发音/ˈpaiθɑːn/，国内用户多读作“派森”。如图 1-1 所示，由一蓝一黄缠绕在一起的两条蟒蛇构成了 Python 语言的最新 Logo 图案。

图 1-1　Python 的 Logo 图案

在生活中，人们使用汉语、英语、法语、德语、日语等不同的语言跟不同国家的人进行交流。在使用计算机时，人们不能直接使用英语等人类的语言和计算机交流，而是使用编程语言(Programming Language)将人们的想法编写成程序，再通过执行程序控制计算机去解决各种问题。在计算机世界有着数量众多的编程语言，Python 就是其中一种简单易学的编程语言。在实际应用中，Python 被广泛用于人工智能、云计算、科学运算、Web 开发、网络爬虫、系统运维、图形 GUI、金融量化投资等众多领域。

Python 拥有强大的功能，并且易于学习和使用。一般来说，初学者经过数周的学习，就能够掌握基本的 Python 编程。通过学习本书，初学者将能够逐步掌握使用 Python 语言编程解决常见的数学问题、绘制美丽的图画、编写有趣的游戏，以及编写简单的人工智能应用程序等。本书通过丰富多彩的案例项目，让初学者在学习 Python 编程的过程中充满乐趣，部分案例项目的效果如图 1-2 所示。

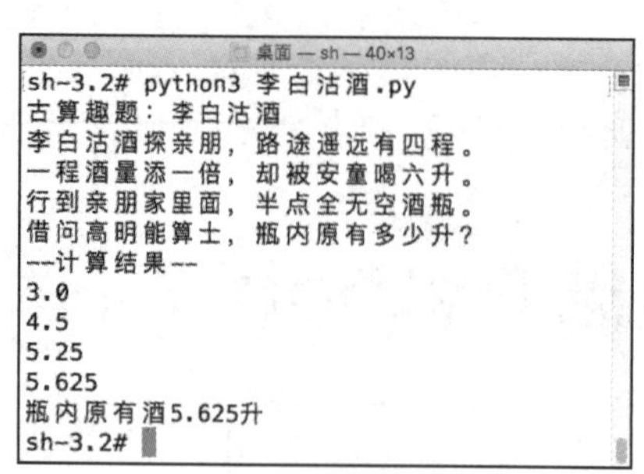

解数学题

几何拼贴画

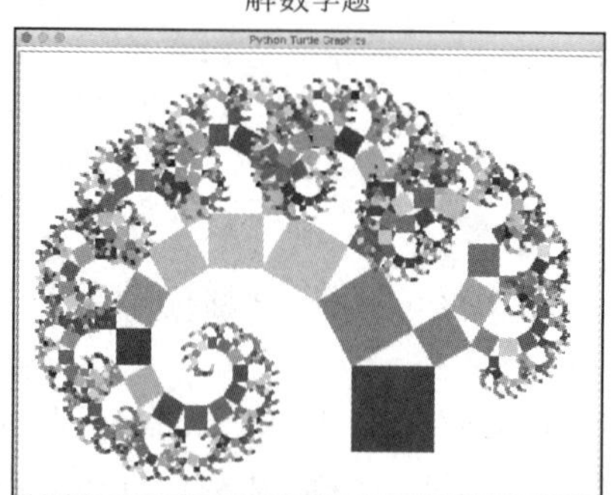

勾股树分形图

捕鱼达人游戏

目标检测

AI绘画艺术

图 1-2　部分案例项目的效果图

 1.2 从 Scratch 到 Python

在青少年编程教育领域，以 MIT Scratch 为代表的图形化编程语言适合作为中小学生编程教育的入门语言。通过学习 Scratch 掌握基本的编程思想之后，就可以继续学习具备完整编程特性的 Python 语言。

图 1-3 分别展示了使用 Scratch 和 Python 两种语言编写的计算圆面积的程序代码。程序的逻辑比较简单，先由用户输入圆的半径，然后利用公式计算出圆的面积，再输出结果。对比图中用英文描述的 Scratch 程序和 Python 程序，让人有一种似曾相识的感觉。同时可以看到 Python 代码更为简洁，更接近数学语言。

Scratch 编程以鼠标操作为主，编程者通过将不同功能的指令积木拖动到脚本区，并

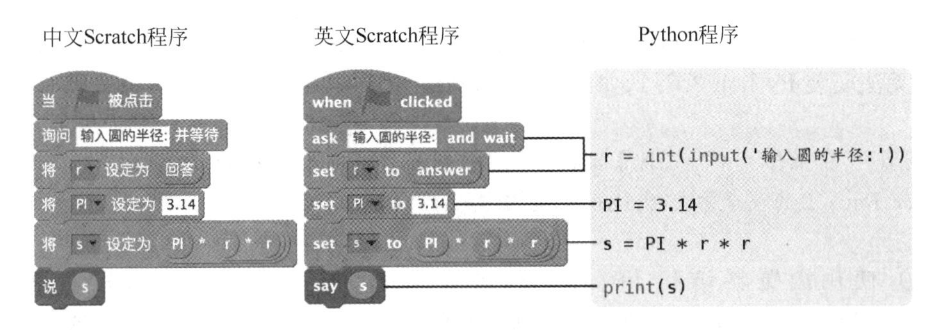

图 1-3 Scratch 和 Python 程序的对比

按照一定的逻辑关系拼接在一起，就组成了可以运行的程序。这种编程方式能够避免语法错误，使编程者专注于思考编程逻辑。

Python 编程以键盘操作为主，编程者需要记忆一些 Python 语言的关键字(Keywords)、语法规则等，在编程时按照规定的语法格式输入不同的指令语句，并以一定的逻辑关系组织在一起，从而得到能够执行的程序。对于初学者来说，在开始学习 Python 编程的几周之内，由于录入错误（如单词拼写错误、全角和半角符号混用、没有匹配引号和括号等）会频繁遇到语法错误。但是，在坚持一段时间并熟悉 Python 的编程方式之后，这种语法错误就会显著地减少。

提示：初学者可参考本书“附录 B Python 初学者常见错误及解决方法”修正错误。

建议初学者先学习 Scratch 编程，在掌握基本的编程思想之后，再转向 Python 编程，学习曲线会比较平缓。[①]

由于 Python 编程使用的是英文关键字，程序代码与英语比较接近，学过 Scratch 的编程者可以在 Scratch 软件中切换到英文界面下体验和熟悉在英文环境中编写程序，这对于学习 Python 编程会有很大帮助。

1.3 安装 Python 软件

Python 是一种跨平台的编程语言，用它编写的程序能够运行于 Windows、Mac OS 和 Linux 等不同的操作系统。在 Python 官方网站(www.python.org)可以下载各个版本的 Python 软件。

Python 语言分为 Python 2 和 Python 3 两大分支版本，彼此之间并不兼容。由于 Python 官方团队计划在 2020 年终止对 Python 2 的支持，因此，选择学习 Python 3 才是明智之举。

在写作本书时，Python 3 的版本已经更新到 v3.7.1。下面介绍在 Windows 7 操作系统下安装 Python 3.7.1 软件，具体步骤如下。

---

① 推荐使用《Scratch 编程从入门到精通》(ISBN:978-7-302-50837-3，清华大学出版社)作为学习 Scratch 编程的教材。

（1）安装 Windows 7 Service Pack 1。如果你的 Windows 7 没有安装 Service Pack 1，那么将无法安装 Python 3.7.1；如果已安装，则跳过这一步。

提示：在微信公众号“小海豚科学馆”中发送消息“升级 win7”可获取 Windows 7 Service Pack 1 的安装包下载地址和安装说明。

（2）使用浏览器访问 https://www.python.org/downloads/，单击页面中的 Download Python 3.7.1 按钮（如图 1-4 所示），将下载 python-3.7.1.exe 文件到本地磁盘中，或者跳转到 https://www.python.org/downloads/release/python-371/页面，在页面底部的文件列表区中选择下载 64 位或 32 位的 Python 3.7.1 的可执行安装包，如图 1-5 所示。

图 1-4　下载 Python 3.7.1

Files

Version	Operating System	Description
Windows x86-64 executable installer	Windows	for AMD64/EM64T/x64
Windows x86 executable installer	Windows	

图 1-5　Python 软件下载列表

注意：在你阅读本书时，图 1-4 中的下载按钮可能已经更新为下载最新版本的 Python 软件。你可以选择下载最新版本的 Python 软件，并参照这个安装步骤进行操作。你也可以在 Python 下载页面的 Python 发行版列表中找到对应的 Python 版本（如图 1-6 所示），然后进行安装。

（3）在 Windows 下载目录中双击 python-3.7.1.exe 文件启动 Python 安装进程。

（4）在安装 Python 的起始界面中，勾选 Add Python 3.7 to PATH 项，再单击 Install Now 按钮开始安装 Python 3.7.1，如图 1-7 所示。之后，安装程序将使用默认设置将

Release version	Release date		Click for more
Python 3.7.1	2018-10-20	Download	Release Notes
Python 3.6.7	2018-10-20	Download	Release Notes
Python 3.5.6	2018-08-02	Download	Release Notes
Python 3.4.9	2018-08-02	Download	Release Notes
Python 3.7.0	2018-06-27	Download	Release Notes

图 1-6　Python 发行版本列表

图 1-7　安装 Python 3.7.1

Python 3.7.1 安装到操作系统中。

由于每个人使用的操作系统不同，系统环境复杂，可能在安装 Python 软件时会遇到一些预想不到的问题。如果按照前面介绍的安装步骤无法完成 Python 软件的安装，那么请访问微信公众号“小海豚科学馆”并发送消息“安装 python”，就能获取详细的 Python 3 软件安装文档。按照此文档进行操作，将会成功在自己的操作系统（Windows、Mac OS 或 Linux）中安装 Python 3 软件，之后就可以开始 Python 的趣味编程之旅了。

1.4 学习 Python 语言关键字

对于未学过任何编程语言，或者只学过 Scratch 的人来说，Python 无疑是一个充满神秘气息的编程王国。在进入这个令人向往的神秘王国之前，让我们先来简单了解一下这个王国使用的语言。

Python 是一门简单易学的编程语言，使用一种类似英语的语法。编程者只需要掌握为数不多的几十个英文单词，就可以使用 Python 语言编写程序。

在 Python 3 中共有 33 个关键字，表 1-1 列出了本书用到的部分关键字，只要掌握了这些关键字，就能够编写 Python 程序。除此之外，在编写程序代码时，还需要使用一些英文单词来命名变量。当然，如果觉得使用英文有困难，暂时使用拼音来命名变量也是可以的，并不影响程序的执行。

表 1-1 Python 语言部分关键字

序号	关键字	读 音	代码含义
1	if	英 [ɪf] 美 [ɪf]	如果
2	else	英 [els] 美 [ɛls]	否则
3	while	英 [waɪl] 美 [hwaɪl, waɪl]	while 型循环
4	for	英 [fə(r)] 美 [fɔr,fə]	for 型循环
5	and	英 [ənd] 美 [ənd, ən,ænd]	逻辑与运算符
6	or	英 [ɔː(r)] 美 [ɔr]	逻辑或运算符
7	not	英 [nɒt] 美 [nɑːt]	逻辑非运算符
8	True	英 [truː] 美 [truː]	真，布尔类型，首字母大写
9	False	英 [fɔːls] 美 [fɔːls]	假，布尔类型，首字母大写
10	None	英 [nʌn] 美 [nʌn]	空值，一种数据类型，首字母大写
11	continue	英 [kən'tɪnjuː] 美 [kən'tɪnju]	跳出本次循环，继续下一轮循环
12	break	英 [breɪk] 美 [brek]	跳出整个循环
13	pass	英 [pɑːs] 美 [pæs]	空语句，不做任何事情
14	def	英 [def] 美 [def]	define 的缩写，定义一个函数
15	return	英 [rɪ'tɜːn] 美 [rɪ'tɜːrn]	返回语句，退出 def 语句块
16	global	英 ['gləʊbl] 美 ['gloʊbl]	声明全局变量
17	class	英 [klɑːs] 美 [klæs]	定义一个类
18	import	英 ['ɪmpɔːt] 美 ['ɪmpɔːrt]	导入模块
19	from	英 [frəm] 美 [frʌm]	与 import 配合导入模块

在编程教育日趋普及的潮流之下，中小学生接触的第一门编程语言通常是图形化的 Scratch，要过渡到 Python 这类使用英文代码进行编程的高级语言会面临较大的困难。在编程过程中，不仅编写代码要使用英文，而且在调试程序时也会出现各种英文提示信息。此外，各种开发资料或者开发工具可能只有英文版而没有中文版。

总之，在学习 Python 编程的过程中，需要面对各种挑战。清代彭端淑在《为学》中说："天下事有难易乎？为之，则难者亦易矣；不为，则易者亦难矣。人之为学有难易乎？学之，则难者亦易矣；不学，则易者亦难矣。"只要我们迎难而上战胜困难，就能看到编程世界中的美丽风景。

1. 本书介绍的 Python 是(　　)。

   A. 大蟒蛇　　B. 程序设计语言　　C. 游戏软件　　D. 绘图软件

2. 在下面的操作系统中,(　　)可以运行 Python 软件。

   A. Windows　　B. Mac OS　　C. Linux　　D. iOS

3. 到 2020 年,Python 官方团队将会停止对(　　)版本的支持。

   A. Python 1　　B. Python 2　　C. Python 3　　D. Python 4

4. 在本课中介绍的是(　　)版本的安装方法。

   A. Python 2.7　　B. Python 3.4　　C. Python 3.6　　D. Python 3.7

5. 访问 Python 官网,查到当前最新的 Python 3 的版本号是________。

第 2 课

计算圆周率——神奇计算器

 交互模式简介

在 Python 软件安装完成之后，并没有在 Windows 系统的桌面上留下启动 Python 的快捷方式图标，这会给那些对计算机操作不太熟悉的初学者造成一点小麻烦——不知道从哪里启动 Python 软件。别担心，在 Windows 系统中，如果不知道某个程序在哪里，那么就从单击“开始”按钮开始吧！

打开 Windows 系统（以 Windows 7 为例）的“开始”菜单，单击“所有程序”→Python 3.7→IDLE(Python 3.7 64-bit)，如图 2-1 所示，将会启动 Python 软件的 IDLE 环境，如图 2-2 所示。

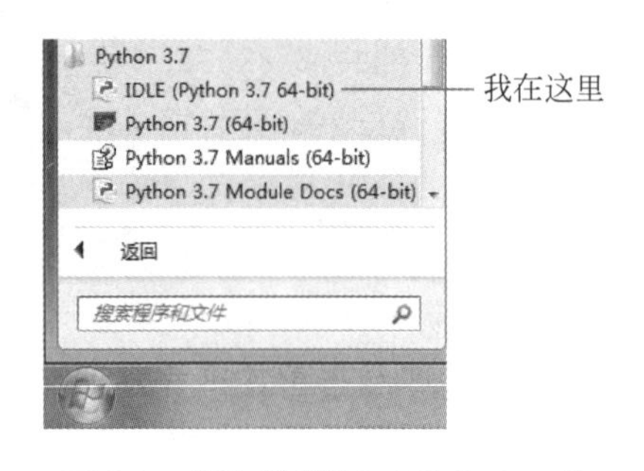

图 2-1　从“开始”菜单启动 Python 的 IDLE 环境

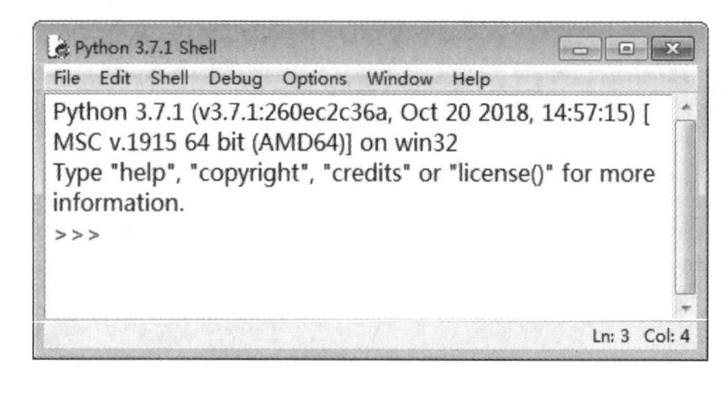

图 2-2　Python 交互模式窗口

IDLE 是一个 Python 的集成开发和学习环境，包括 Python Shell 和 Python Editor 两部分。其中，Python Shell 是一个 Python 解释器的外壳程序，提供逐行输入和执行 Python 代码的交互模式，非常便于学习 Python 编程；Python Editor 是一个 Python 代码编辑器，提供撤销和恢复功能、代码高亮显示、自动缩进、关键字提示和自动完成等诸多功能。

如图 2-2 所示，这是 IDLE 环境启动后显示的 Python Shell 窗口，也称为 Python 交互模式窗口。在这个窗口中，有一个由 3 个尖括号>>>组成的 Python 提示符(Prompt)，它表示 Python 环境已经准备就绪，等待输入 Python 指令。

在>>>提示符的末尾紧跟着一个闪烁的输入光标，它提示当前可以在此输入 Python 代码；当按下回车键时，输入的代码就会立即执行，执行结果会显示在下一行，同时在执行

结果的下一行会产生一个新的>>>提示符。

如果 Python Shell 窗口失去焦点，则需要将鼠标指针定位到最后一个>>>提示符后面，重新获得输入焦点，这样在闪烁的光标处才能输入 Python 指令。

2.2 数学计算

计算机，顾名思义就是会计算的机器，进行数学计算是它最基本的功能。在 IDLE 环境中，可以在交互模式下进行数学计算，把 Python 当作一个计算器来使用。

如图 2-3 所示，在 Python Shell 窗口的>>>提示符后面输入 1+1，再按下回车键，加法算式的计算结果就会立即显示在下一行。

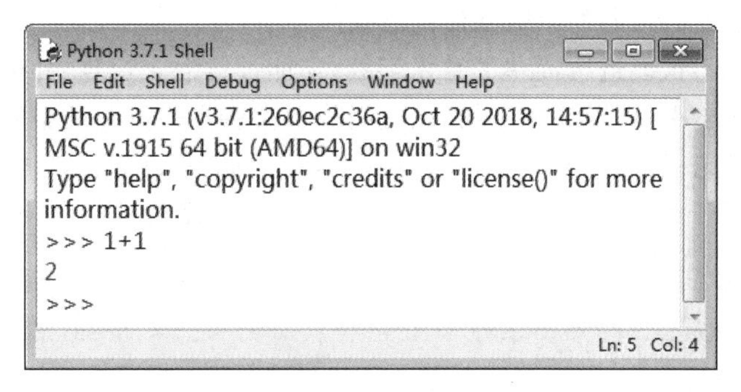

图 2-3 在交互模式下进行数学计算

接着，在最后一个>>>提示符后面输入 8－2，再按下回车键，减法算式的计算结果也会立即显示出来。

```
>>> 8-2
6
```

同样地，还可以进行乘法运算，比如 2×4。这里需要注意的是，在 Python 等编程语言中，通常使用星号(*)作为乘法运算符。在>>>提示符后面输入 2*4，再按下回车键，可立即得到计算结果。

```
>>>2*4
8
```

如果把英文字母 x 作为乘法运算符使用，则会显示错误信息。例如，

```
>>>2x4
SyntaxError: invalid syntax
```

不用担心，重新输入正确的算式就可以了。

在 Python 等编程语言中，通常使用斜杠(/)作为除法运算符。比如，要进行 10÷2 的除法运算，可在>>>提示符后面输入 10/2，再按下回车键，可立即得到计算结果。

```
>>>10/2
5.0
```

10 能够被 2 整除，结果应该是 5，而这里得到的结果怎么是一个小数呢？这是因为在 Python 中，斜杠(/)运算符是用来进行浮点数的除法运算的，其结果自然就是浮点数(即小数)。

如果要进行整数的除法运算，需要使用两个斜杠(//)作为运算符。例如，

```
>>>10//2
5
```

这样就得到了我们预期的整数除法的结果。

在 Python 中，不仅能进行简单的算术运算，还能进行混合运算，并通过小括号改变运算的优先级。在数学中，可以使用小括号、中括号和大括号等不同类型的括号来调整算式中各组成部分的优先级；而在 Python 编程中，只使用小括号改变运算的顺序。

例如，要计算 3+4÷(2×3×4)，那么在>>>提示符后面输入 3+4/(2*3*4)，再按下回车键，就可得到计算结果。

```
>>>3+4/(2*3*4)
3.1666666666666665
```

再输入 3+4/(2*3*4)−4/(4*5*6)，并按回车键。

```
>>>3+4/(2*3*4)-4/(4*5*6)
3.1333333333333333
```

提示：按下键盘上的向上或向下方向键，可以查看并使用之前输入的内容。

再输入 3+4/(2*3*4)−4/(4*5*6)+4/(6*7*8)，并按回车键。

```
>>>3+4/(2*3*4)-4/(4*5*6)+4/(6*7*8)
3.145238095238095
```

上面这个数字看上去有点熟悉，好像是……你猜对了，它就是 π！这其实是在利用尼拉坎特哈级数来计算圆周率的近似值。

尼拉坎特哈级数是印度数学家尼拉坎特哈发现的一个可用于计算圆周率 π 近似值的无穷级数。该级数的展开公式如下：

$$\pi = 3 + \frac{4}{2\times3\times4} - \frac{4}{4\times5\times6} + \frac{4}{6\times7\times8} - \frac{4}{8\times9\times10} + \frac{4}{10\times11\times12} - \frac{4}{12\times13\times14} \cdots$$

该公式的计算从 3 开始，依次交替进行加法和减法运算，参与运算的分数以 4 为分

子、3 个连续整数的乘积为分母构成。在每次迭代时，3 个连续整数中的最小整数是上次迭代时 3 个整数中的最大整数。这个级数的收敛比较快，反复计算若干次，结果就与 π 值非常接近。

尽管如此，使用手工输入算式计算圆周率，仍然比较麻烦。在学习了后面的课程循环结构的程序设计之后，就可以编写程序自动进行计算，充分发挥计算机的优势。

1. 在 Python Shell 窗口的>>>提示符后面输入 Python 指令之后，需要按下________键，才能让 Python 指令被执行。

2. 在数学上，使用“×”号表示乘法运算，“÷”号表示除法运算；在 Python 中，用作乘法运算符的符号是________，用作整数除法运算符的符号是________，用作浮点数除法运算符的符号是________。

3. 在 Python 中进行算术运算时，如果要调整算式中各个部分的运算优先级，可以使用(　　)。

A. ()　　B. []　　C. {}　　D. <>

4. 在 Python Shell 窗口中计算下列算式的结果，并写出正确的答案。

(1) 65－15＋23＝

(2) 28＋9－14＝

(3) 42÷7×3＝

(4) 16÷4×8＝

(5) (32－18)×96÷8＝

(6) (28＋35)×(92÷4)＝

(7) (960＋420)÷(25－5)＝

(8) (240＋36)÷(22－18)＝

第 3 课

编程宣言——hello，world

3.1 介绍 Python 编辑器

在 Python Shell 窗口中使用交互模式进行编程，每次都需要重新输入代码，而且也不方便编辑代码。有没有其他方式输入和编辑代码呢？答案是肯定的。

在 IDLE 环境中集成有一个 Python 编辑器，可以自由输入 Python 代码并进行编辑，之后再执行。我们通常所说的编程，就是在某种文本编辑器中输入程序的代码，然后执行和调试，使程序能够正确实现预期的功能。

在 Python Shell 窗口中，选择 File→New File 命令，如图 3-1 所示，将会打开一个 Python 编辑器窗口，如图 3-2 所示。

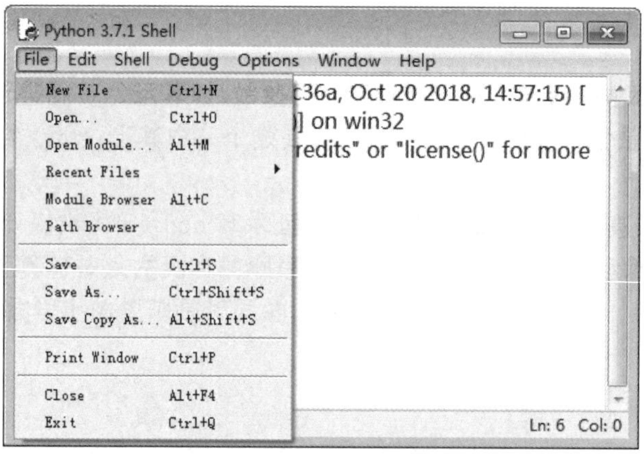

图 3-1　从 Python Shell 窗口中打开 Python 编辑器窗口

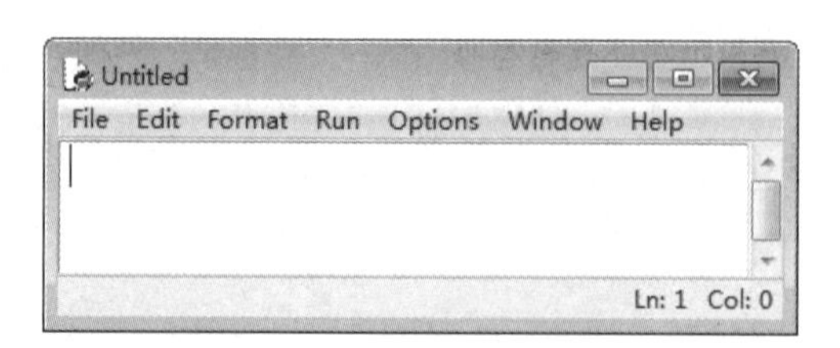

图 3-2　新打开的 Python 编辑器窗口

Python 编辑器除了能够编辑文本之外，还提供了许多辅助编写 Python 代码的功能特性。这些特性包括撤销和恢复、代码着色、智能缩进、语法提示、自动完成等。此外，Python 编辑器还支持多窗口，能够同时编辑多个 Python 源文件。

3.2 编写 hello, world 程序

当初学者兴致勃勃地打开 Python 编辑器窗口之后，面对闪烁的光标，往往不知道如何编写自己的第一个 Python 程序。

按照惯例，程序员在学习一门新语言时写的第一个程序通常是 hello，world 程序。这个程序非常简单，它的功能是向计算机屏幕输出一个 hello，world 字符串。

在 Python 编辑器窗口的文本区域中输入下面一行 Python 代码：

```
print('hello, world')
```

如图 3-3 所示，这行代码在 Python 编辑器用不同的颜色表示，便于编程者区分代码的各个组成部分。其中，紫色的 print 是 Python 语言的输出函数；绿色部分是 print()函数的参数值，它被放在一对圆括号中间。这个 print()函数的作用是将这对单引号中间的字符串输出到计算机屏幕上。

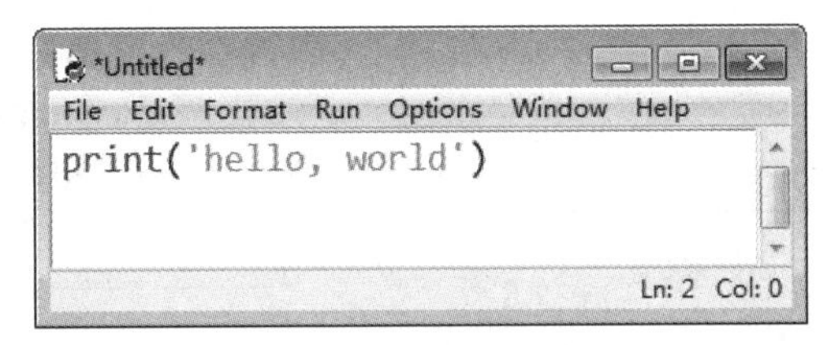

图 3-3 第一个 Python 程序

接着，在 Python 编辑器窗口中，选择 Run→Run Module 命令，如图 3-4 所示，这时会弹出一个 Save Before Run or Check 对话框，如图 3-5 所示，提示用户必须先保存编辑器窗口中的程序代码（又称源代码）。

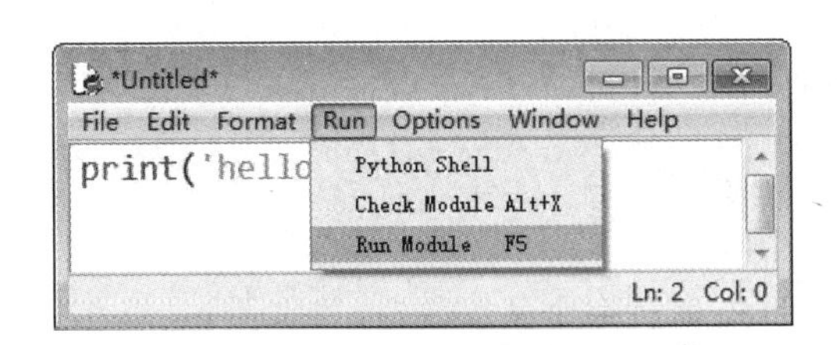

图 3-4 Python 编辑器的 Run 菜单

图 3-5 提示保存源代码对话框

如图 3-5 所示，单击"确定"按钮之后，会弹出一个"另存为"对话框窗口，让用户指定文件名并将 Python 源代码保存到本地磁盘。例如，以 hello. py 作为文件名将 Python 源代码保存到 C 盘根目录下（或者其他路径）。之后，Python Shell 窗口就会被激活，刚才编

写的 Python 代码就会被执行，执行结果显示在>>>提示符之后，输出内容如下。

```
>>>========RESTART: C:\hello.py ========
hello, world
```

如果看到输出这样的内容，那么恭喜你，你的第一个 Python 程序运行成功了。这是你在 Python 编程之路上迈出的重要一步，仿佛是在宣布："我开始用 Python 编程了！"

3.3 函数和字符串

在这个 hello，world 示例程序中，涉及两个编程元素：函数和字符串。

Python 语言提供丰富的函数用于满足各种各样的编程需求。例如，Python 提供 print()函数，用于将一个字符串输出到计算机屏幕上。如图 3-6 所示，在调用函数时，需要指定函数名和函数参数，其中函数参数要求放在一对圆括号内。有的函数可以有多个参数，各参数之间用逗号分隔，也可以没有参数，在后面课程中将会详细介绍。

在 Python 语言中，字符串是一种表示文本的数据类型，要求将文本数据放在一对单引号或双引号中。字符串可用来表示一句话、一本图书的名字、一个网址或者一个电话号码……任何放在一对单引号或双引号中的内容都被当成字符串。如图 3-7 所示。

图 3-6 print()函数调用说明

'What's your name?'
'从Scratch到Python'
"3.1415926535"
"八十天环游地球"

图 3-7 字符串

单引号或双引号用于表示字符串数据，在使用 print()函数输出字符串时不会输出单引号或双引号。例如，在上面的 hello，world 示例程序中，print()函数输出的内容是：hello，world。

接下来，我们编写程序输出一首李白的《静夜思》。打开一个新的 Python 编辑器窗口，将以下 4 行代码输入到编辑器中。

```
print('床前明月光')
print('疑是地上霜')
print("举头望明月")
print("低头思故乡")
```

然后以"静夜思.py"作为文件名将 Python 源代码保存到磁盘上，再选择 Run→Run Module 命令运行程序，执行结果如下。

```
>>>========RESTART: C:\静夜思.py ========
床前明月光
```

疑是地上霜
举头望明月
低头思故乡

3.4 常用功能菜单

在 IDLE 环境中，Python Shell 和 Python 编辑器提供的 File 菜单是相同的，其常用菜单项的功能说明见表 3-1。

表 3-1 IDLE 环境的常用 File 菜单功能说明

菜单项	功能说明
New File	打开一个新的 Python 编辑器窗口
Open	打开一个本地磁盘上存在的 Python 源代码文件
Save	将当前修改的 Python 源文件保存到本地磁盘
Save As...	将当前打开的 Python 源文件另存为其他源文件
Close	关闭当前的 Python 编辑器窗口
Exit	退出 IDLE 环境，即关闭打开的 Python Shell 窗口和 Python 编辑器窗口
Recent Files	显示最近使用的文件列表

当使用 Python 编辑器编写程序代码，并将其保存到本地磁盘上时，如果未指定文件的扩展名，那么 Python 编辑器会自动加上. py 作为扩展名。图 3-8 是编写 hello, world 示例程序时保存到本地磁盘上的 Python 源文件。

hello.py 类型: Python File	修改日期: 2018/11/28 20:20 大小: 23 字节

图 3-8 磁盘上的 hello. py 源文件

Python 源文件以. py 作为文件扩展名，但它实质上是一个文本文件，你可以用任何文本编辑器打开它进行修改。

小知识

hello, world 的历史

在 1974 年 Brian Kernighan 所撰写的 *Programming in C：A Tutorial* 中首次出现了 C 语言版本的 hello, world 程序。

```
printf("hello, world\n");
```

后来，这个程序随着 Brian Kernighan 和 Dennis M Ritchie 合著的 *The C Programme Language* 而广泛流行，成为广大程序员学习一门新的编程语言时编写的第一个程序。

最初的 hello, world 打印内容有一个标准，即全小写，有逗号，逗号后空一格，且无感叹号。不过沿用至今，完全遵循传统标准形式的程序已经很少出现了。

1. 在 IDLE 环境中，如果想编写 Python 代码并保存为源文件，应该使用（　　）。
   A. Python Shell　　B. Python 编辑器　　C. 两者都可以
2. 在 Python 编辑器中写好程序代码后，用 Run 菜单中的（　　）命令来执行程序。
   A. Python Shell　　B. Check Module　　C. Run Module
3. 字符串是一种文本类型的数据，需要放在一组（　　）中间。
   A. 单引号　　B. 双引号　　C. 两者都可以
4. 要将字符串 hello，world 输出到屏幕，Python 3 的代码（　　）是正确的。
   A. `print 'hello, world'`
   B. `print(hello, world)`
   C. `print('hello, world')`
   D. `print hello, world`
5. 编写 Python 程序，将下面的图案输出到屏幕上。

```
  *
 ***
*****
 ***
  *
```

6. 编写 Python 程序，将宋朝诗人杨万里创作的一首七言绝句《小池》输出到屏幕上。

小池
泉眼无声惜细流
树阴照水爱晴柔
小荷才露尖尖角
早有蜻蜓立上头

第4课

照猫画虎——剖析Python程序

4.1 照猫画虎学编程

有一种学习绘画的方法叫作临摹。通过依样画葫芦的方式，照着作品一丝不苟地画下来，逐步掌握作品的构图布局、色彩运用、色调把握和造型手段等基本技法。

在学习绘画、书法等技能时，可以使用临摹法。那么，学习 Python 编程是否也可以采用这种方法呢？答案是肯定的。

初学者采用“临摹法”学习 Python 编程时，建议选择短小的 Python 程序进行临摹，代码行数在 20 行左右。在临摹学习的过程中，如果代码录入错误致使程序无法运行，则要认真对照“摹本”程序检查自己的代码，让每一行代码和“摹本”程序一致。当程序能够正确运行之后，可以尝试修改代码中的一些数值，并观察它对程序结果的影响，这样能直观地了解程序代码的作用。在学习 Python 的最初阶段，通过这种方式能够逐步找到用键盘敲代码的感觉，渐渐熟悉使用 Python 编辑器创建、编辑和运行程序等基本操作。

接下来，我们将对验证“冰雹猜想”的 Python 程序进行临摹。

冰雹猜想是一种非常有趣的数字黑洞，曾让无数的数学爱好者为之痴迷。它有一个非常简单的变换规则，具体来说就是：任意取一个正整数 n，如果 n 是偶数，就把 n 变成 $n/2$；如果 n 是奇数，就把 n 变成 $3n+1$。如此反复进行变换运算，最终一定会得到 1，确切地说是落入 4-2-1 的循环之中。

例如，对于整数 3，按照冰雹猜想的规则进行运算，它的变换过程为：10，5，16，8，4，2，1。经过 7 次操作，就把整数 3 变换为 1。

使用自然语言来描述验证冰雹猜想的算法，具体步骤如下。

第 1 步，创建一个空列表，用于记录变换过程。

第 2 步，输入一个正整数 n，然后在一个循环结构中进行变换运算。

第 3 步，将 n 放在循环控制条件中进行判断。如果 n 不等于 1 就执行第 4 步，否则，结束循环。

第 4 步，如果 n 是偶数，则使 $n=n/2$；如果 n 是奇数，则使 $n=3n+1$。

第 5 步，将变换后的 n 值记录到列表中，返回到第 3 步重复执行。

使用 Python 语言将上述算法编写为程序，程序清单如图 4-1 所示。

这个程序并不复杂，只有 10 多行代码。在 IDLE 环境中打开一个新的 Python 编辑器

```
bingbao.py - Z:\bingbao.py (3.7.1)
File Edit Format Run Options Window Help
# 验证冰雹猜想
def bingbao(n):
    arr.append(n)
    while n != 1:
        if n % 2 == 0:
            n = n // 2
        else:
            n = 3 * n + 1
        arr.append(n)
    return

if __name__ == '__main__':
    arr = []
    n = int(input('请输入一个正整数：'))
    bingbao(n)
    print(arr)
                                        Ln: 16 Col: 0
```

图 4-1 “冰雹猜想”程序清单

窗口，并认真对照程序清单将 Python 代码逐行录入到文本编辑区。在程序代码录入完成后，以 bingbao.py 作为文件名将源代码保存到本地磁盘中。

在录入代码的过程中，需要注意以下几点：

(1) 确保代码缩进正确，每一级向右缩进 4 个空格。

(2) 不要使用全角符号，务必将输入法的“全角/半角”状态切换为半角。

(3) 引号和括号要成对出现。

(4) 检查单词拼写是否有错误，比如将 return 误写为 reutrn。

提示：这个程序的源文件位于“资源包/第 4 课/示例程序/bingbao.py”。

接着，打开 Python 编辑器，选择 Run→Run Module 命令。这时，Python Shell 窗口被激活，程序开始运行，执行结果如下。

```
>>>========RESTART: C:\bingbao.py ========
请输入一个正整数：3
[3, 10, 5, 16, 8, 4, 2, 1]
```

这说明程序能够运行，同时也说明“冰雹猜想”验证通过。

虽然这个验证冰雹猜想的 Python 程序代码并不多，但是对于初学者来说，由于录入错误而导致程序无法运行的可能性极大。如果出现错误，请认真对照图 4-1 进行检查，并改正自己编写的程序代码，然后再次运行，直到成功为止。

试一试 尝试输入不同的数字进行验证，观察最后的结果是否都是 1。

4.2 双语对比细思量

如果你学过 Scratch 编程，那么可能会对上面的 Python 程序有似曾相识的感觉。这个 Python 程序代码中的 if...else 语句和 Scratch 中的 if...then...else 指令积木几乎一样。

如图 4-2 所示，左边是使用 Scratch 编写的验证冰雹猜想程序，右边对应的是 Python 版本。把 Scratch 和 Python 两种语言的程序放在一起仔细对比观察，就能发现它们的相似之处非常多。

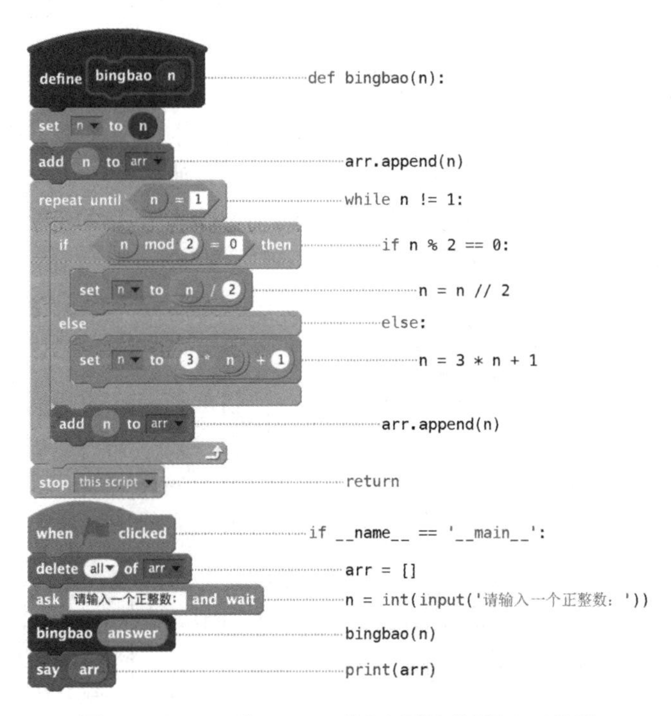

图 4-2　Scratch 和 Python 的“冰雹猜想”程序对比图

虽然在图 4-2 中使用虚线将两种语言的指令（积木或语句）作了对照连接，但这并不是说它们是完全等价的。例如，Scratch 的 say 积木和 Python 的 print()函数只是功能相近的两个指令。

如果你平时习惯使用中文界面的 Scratch 进行编程，那么可能对图 4-2 用英文编写的程序会感到比较生疏。然而，如果你对英文界面的 Scratch 编程比较熟悉，那么在看图 4-2 的对比图时，就会对 Python 程序有一种似曾相识的感觉。这正是在第 1 课中建议 Scratch 编程者使用英文界面的 Scratch 进行编程的原因。

4.3 剖析 Python 程序

程序是用来控制计算机工作的一系列指令的集合。一般来说，程序通常由输入数据、处理数据和输出数据三部分组成。

例如，在上述验证冰雹猜想的 Python 程序中，input()函数负责接收用户输入的数据，自定义的 bingbao()函数负责处理数据，print()函数负责输出数据到屏幕上显示。如图 4-3 所示。

图 4-3 “冰雹猜想”程序组成

在程序设计中，顺序结构、选择结构和循环结构是程序的三种基本结构，任何程序都可以由这三种基本结构组成。这三种基本结构既可以独立使用也可以混合使用。

图 4-4 对验证冰雹猜想的 Python 程序的基本结构进行了简单标注。第 12～16 行是主程序部分，在 if 语句内部(第 13～16 行)使用的是顺序结构，各行代码从上到下依次执行。第 2～10 行定义了一个名为 bingbao 的函数，在函数体内混合使用顺序结构、循环结构和选择结构这三种基本结构。在函数体内的第 4～9 行使用循环结构，只要变量 n 的值不等于 1，循环体就会一直执行；在循环体内的第 5～8 行使用选择结构，会判断变量 n 的值是偶数或奇数而选择执行不同的分支。

```
 1 # 验证冰雹猜想
 2 def bingbao(n):
 3     arr.append(n)
 4     while n != 1:
 5         if n % 2 == 0:          ┐选  ┐循
 6             n = n // 2          │择  │环
 7         else:                   │结  │结
 8             n = 3 * n + 1       ┘构  │构
 9         arr.append(n)                ┘
10     return
11
12 if __name__ == '__main__':
13     arr = []                                   ┐顺
14     n = int(input('请输入一个正整数: '))       │序
15     bingbao(n)                                 │结
16     print(arr)                                 ┘构
```

图 4-4 “冰雹猜想”的程序结构说明

麻雀虽小，五脏俱全。虽然“冰雹猜想”程序只有 10 多行代码，但是却涉及许多 Python 编程的基本元素。接下来将对 Python 编程中一些常用的基本元素进行讲解。

1. 注释

图 4-4 中的第 1 行是一个单行注释语句。单行注释以“#”号开头，后面可以是任何内容。注释是给人看的，程序在执行时会自动忽略掉注释。

2. 变量、表达式和赋值操作

图 4-4 中的第 8 行是一个赋值语句。其中，等号(=)是 Python 中的赋值操作符，等号左边的 n 是一个变量，等号右边是一个表达式。这个语句的作用是，先计算等号右边的表达式，再将计算结果赋给等号左边的变量 n。在 Python 中，使用赋值操作修改变量的值，在 Scratch 中使用 set...to...指令积木实现类似的功能，如图 4-5 所示。

3. 流程控制

图 4-4 中的第 4 行是 while 循环语句，当条件 n != 1 成立时，循环体(第 5～9 行)就

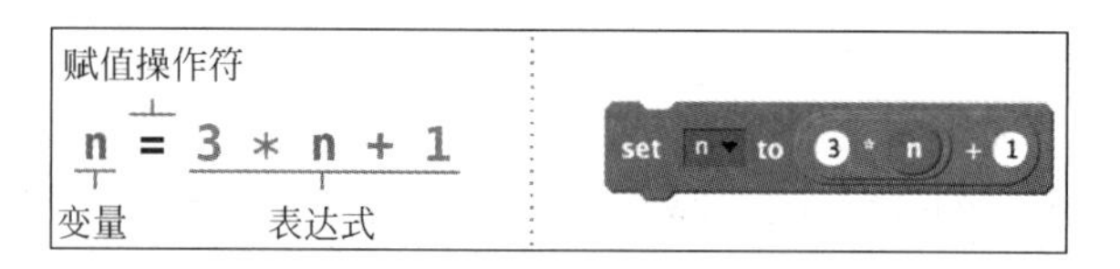

图 4-5　Python 和 Scratch 中修改变量值的方法

会被反复执行。在 Python 中可以用 while 语句实现循环结构，在 Scratch 中则可以用 repeat until...指令积木实现类似的功能，如图 4-6 所示。但是，它们的循环控制逻辑是相反的，后面课程会对此详细介绍。

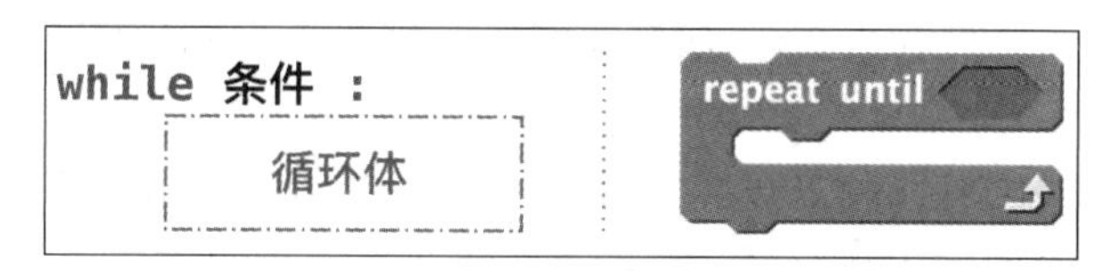

图 4-6　Python 和 Scratch 中的循环结构

图 4-4 中的第 5～8 行是 if...else 选择语句，当条件 n % 2==0 成立时，就执行 n=n // 2；否则就执行 n=3 * n+1。在 Python 中可以用 if...else 语句实现选择结构，在 Scratch 中则可以用 if...then...else 指令积木实现相同的功能，如图 4-7 所示。

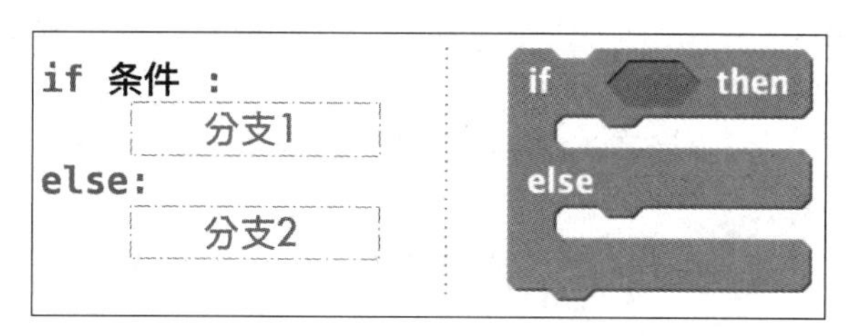

图 4-7　Python 和 Scratch 中的选择结构

4. 函数的定义和调用

图 4-4 中的第 2 行是一个函数定义语句，它定义一个名为 bingbao 的函数，参数为 n；第 15 行是对这个函数的调用。在 Python 中使用 def 语句创建自定义函数，在 Scratch 中使用创建新积木的方式实现类似的功能，如图 4-8 所示。

图 4-8　Python 和 Scratch 中函数的定义和调用

5. 调用对象的方法

在 Python 中一切都是对象。方法是对象内部提供的函数，通过点号(.)调用对象的方法。图 4-4 中的第 13 行通过 arr = [] 创建一个列表对象；在第 3 行使用 arr.append(n)调用列表对象的 append()方法，向列表中添加新元素。

6. 缩进和语句块

在 Python 语言中，使用缩进表示语句块的开始和结束。按照惯例，通常使用 4 个空格进行缩进。缩进属于 Python 语法的一部分，不正确的缩进会导致语法错误或逻辑错误。

图 4-4 中的第 13～16 行是一个语句块，它的每行代码都向右缩进 4 个空格，表示这个语句块属于第 12 行的 if 语句。当 if 语句的条件为真时，这个语句块就会被执行。

当混合使用顺序结构、选择结构和循环结构编写程序时，特别要注意代码的缩进。

图 4-4 中的第 5～9 行构成一个语句块，它属于第 4 行的 while 语句；第 8 行也构成一个语句块（只有 1 行代码），它属于第 7 行的 else 语句；而第 9 行与第 8 行的缩进不相同，因此，else 语句的语句块只有第 8 行，而第 9 行属于第 4 行 while 语句的语句块。

除了以上介绍的一些基本元素之外，还有其他编程元素（如模块、类等）将在后面课程中进行介绍。本课中涉及的内容比较多，对于 Python 初学者来说，暂时不理解是正常的，可以先跳过，在后面的课程中还会对这些编程元素进行详细说明。

1. 程序通常由________、________和________三个部分组成。

2. 在程序设计中，________、________和________是程序的三种基本结构，任何程序都可以由这三种基本结构组成。

3. 单行注释以________号开头，后面可以是任何内容。注释是给人看的，程序在执行时会自动忽略掉注释。

4. 按照惯例，缩进通常使用________个空格，不正确的缩进会导致程序出现语法错误或者逻辑错误。

5. 下面是一个计算圆面积的 Python 程序，在 Python 编辑器中录入该程序并运行。

```
r=int(input('请输入圆的半径: '))
s=round(3.14 * r * r)
print('圆的面积是: ', s)
```

6. 图 4-9 是一个用于求一个数绝对值的 Scratch 程序，尝试将其改写为 Python 程序。

图 4-9　练习题 6 图

第 5 课

去火星要多久——变量和表达式

5.1 问题描述

火星是太阳系行星之一，其地表被赤铁矿（氧化铁）覆盖，呈橘红色。与这颗红色星球有关的小说和科幻电影很多，这源自火星曾经被认为是太阳系中除地球以外最有可能存在生命的行星。很多人对火星之旅充满向往，但是你知道从地球到火星需要多少时间吗？

地球和火星的公转轨道都呈椭圆形，而且火星比地球更接近椭圆。两个行星在太阳周围的轨道上不断移动，它们之间的距离也是时刻变化的。从理论上说，地球和火星最近距离约为 5500 万 km，最远距离超过 4 亿 km。

要确定到达火星的具体时间，除了要考虑发射任务时两颗行星所处的轨道位置，还要考虑宇宙飞船的飞行速度，所以实际的计算工作非常复杂，因此，我们以理想情况来计算从地球到火星需要的时间，将问题简化如下。

假设火星与地球的最近距离约为 5500 万 km，宇宙飞船以每小时 12000km 的速度飞行。宇宙飞船从地球轨道出发，需要经过多少天才能到达火星？

5.2 算法分析

经过简化，从地球到火星需要多少时间的问题就变成一个简单的行程问题，也就是在已知路程和速度的条件下，求出时间。

根据速度 v、时间 t 和路程 s 之间的关系，得出计算时间的公式为 $t=s/v$。将地球到火星的最近距离和宇宙飞船的飞行速度这两个已知数代入公式，就可以计算出从地球到火星需要的飞行时间。

5.3 编程解题

在使用 Python 编程之前，让我们先看看使用数学方法是如何进行计算的。

由于需要知道到达火星的时间以天为单位，所以先将宇宙飞船的飞行速度 12000km/h 换算成 28.8 万 km/d，然后将两个已知数代入公式计算即可。计算过程如下。

$$t=s/v=5500/28.8\approx191(\text{天})$$

由此可知，从地球去火星，在两者距离最近的时候也需要大约半年。星际旅行真是漫长啊！

接下来，将上述数学计算过程使用Python编程来体现。

跟我做

在IDLE环境中，打开一个新的Python编辑器窗口，准备编写Python代码。

(1) 使用字母表示已知数，即用s表示5500，用v表示28.8。在Python编辑器中输入下面两行代码。

```
s=5500
v=28.8
```

在Python中，s称为变量，s=5500称为赋值语句，等号(=)称为赋值操作符(或赋值运算符)。这行代码的作用就是将整数5500赋给变量s，这样变量s就代表整数5500。同样地，变量v代表小数28.8。

(2) 使用公式计算从地球到火星需要的时间。在Python编辑器中输入下面一行代码。

```
t=s/v
```

在Python中，s/v称为表达式。由于s和v这两个变量在之前已经分别被赋值为5500和28.8，所以当程序执行到这行代码时，就会用具体的数值计算表达式s/v的值，也就是用5500/28.8，并将计算结果赋值给表示时间的变量t。

(3) 对计算结果进行四舍五入。在Python编辑器中输入下面一行代码。

```
t=round(t)
```

在Python中，round()函数用于对小数进行四舍五入操作。这行代码的作用是，对变量t所表示的数值进行四舍五入之后重新赋值给变量t。

(4) 将时间显示到屏幕。在Python编辑器中输入下面一行代码。

```
print(t)
```

在Python中，print()函数用于向计算机屏幕输出内容。在第3课已经使用过这个函数向屏幕输出字符串hello，world和其他内容。

(5) 至此，计算从地球到火星需要多少时间的程序编写完毕，见示例程序5-1。

示例程序5-1

```
s=5500
v=28.8
t=s/v
t=round(t)
print(t)
```

将这个程序的源代码以“去火星要多久.py”作为文件名保存到本地磁盘，然后选择Run→Run Module菜单命令运行这个程序，执行结果如下。

```
>>>========RESTART: C:\去火星要多久.py ========
191
```

小知识

2018年5月5日，“洞察号”火星无人着陆探测器从地球出发，经过4.83亿km的星际飞行之后，于11月26日成功登陆火星，历时196天。

试一试　如果选择在地球与火星处于最远距离时飞向火星，需要多少天才能到达？请你修改程序算一算。

5.4 变量和数据类型

1. 通过赋值创建变量

在数学中，用字母表示数，可以把数或数量关系简单地表示出来。例如，在公式和方程中使用字母表示数，能把解决方法从具体应用中抽象出来，给运算带来方便。Python编程继承了数学上的这种做法，使用变量来表示各种数据。例如：

```
height=100
```

这样就使用赋值操作创建了一个名为height的变量，它所表示的数据就是整数100，也可以说变量height的值是100。等号(=)是赋值操作符，它的作用是将右边的数据赋给左边的变量。与在Scratch中使用set...to...积木为变量设定一个值作用相同。如图5-1所示。

图5-1　通过赋值创建变量

在Python中还支持同时给多个变量赋值，例如：

```
x, y=50, 100
```

这样就创建变量x，其值为50；同时创建了变量y，其值为100。很显然，这种方式能够减少代码行数，让代码更紧凑。

2. 变量的命名规则

在Python语言中，规定变量名使用英文字母、数字和下划线来命名，并且不能以数字开头。还要注意，变量名是区分大小写的，不要使用Python关键字作为变量名。在给变量命名时，通常会取一个有意义的名字，使其他人看到变量名就知道它的作用。如图 5-2 所示，给出了一些正确和错误的变量名示例。

my_name	✓	my-name	✗
MyName	✓	my.name	✗
_name	✓	$name	✗
ball_8	✓	8_ball	✗

图 5-2　变量命名示例

在 Python Shell 窗口中，输入下面的指令可以查看 Python 语言的关键字。

```
>>>help('keywords')
```

3. 基本数据类型

在 Python 语言中，支持使用以下几种基本数据类型。

（1）整数类型(int)：包括正整数、零和负整数。例如，100、0、－20。

（2）浮点数类型(float)：也就是小数。例如，3.14、0.005、－1.345。

（3）字符串类型(str)：指用单引号(')或双引号(")括起来的任意文本。例如，'hello'、"唐诗三百首"、"010-123456789"。

（4）布尔类型(bool)：指用 True 和 False 表示逻辑真和假的一种数据类型。

此外，还有列表(list)、元组(tuple)、字典(dict)、集合(set)等高级数据类型，在后面课程中会详细介绍。

4. 变量的变与不变

在 Python 中，通过赋值操作创建变量，变量包括变量名和变量值两部分。变量在创建之后，变量名就固定下来，而变量值却是可以变化的。确切地说，是将变量名从一个数据指向另一个数据。也可以这样理解，变量名就像一个标签，可以贴到不同的数据上。换句话说，变量的数据类型是可以动态改变的。要想知道一个变量在某个时刻是哪种数据类型，可以使用 type()函数进行查看。

在 Python Shell 窗口中，对变量的数据类型进行简单测试。首先输入下面的代码：

```
>>>x=10
>>>x, type(x)
(10, <class 'int'>)
```

这时变量 x 被创建，它的值为 10，是整数类型(int)。接着输入下面的代码：

```
>>>x=9.8
>>>x, type(x)
(9.8, <class 'float'>)
```

这时变量 x 的值为 9.8，是浮点数类型(float)。继续输入下面的代码：

```
>>>x='hello'
>>>x, type(x)
('hello', <class 'str'>)
```

这时变量 x 的值为'hello',是字符串类型(str)。最后输入下面的代码：

```
>>>x=True
>>>x, type(x)
(True, <class 'bool'>)
```

这时变量 x 的值为 True,是布尔类型(bool)。

5.5 表达式计算

表达式计算是编程语言的一个最基本功能。在 Python 中,表达式由操作数、运算符和括号等组成,它的书写方式、运算符、运算顺序等与数学中的基本一致。表达式计算之后得到的结果,需要赋值到变量中,以便在其他地方使用。

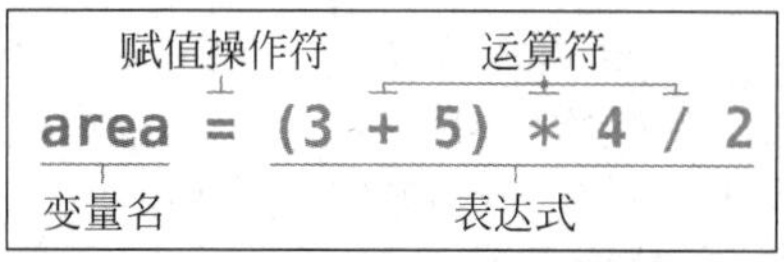

如图 5-3 所示,执行这个语句时,先计算等号右边的表达式,再将计算结果赋给左边的变量 area。这样变量 area 就可以参与其他表达式的计算或者用于输出。

赋值操作符　运算符

area = (3 + 5) * 4 / 2

变量名　表达式

图 5-3　计算表达式并给变量赋值

1. 算术表达式的运算

算术表达式是通过算术运算符来运算的,又称为数值表达式。这里列举了 Python 中的算术运算符和使用示例,见表 5-1。

表 5-1　Python 中的算术运算符和使用示例

运算符	描　　述	示例(a=12, b=10)
+	加法运算	a+b=22
-	减法运算	a-b=2
*	乘法运算	a * b=120
/	除法运算	a/b=1.2
%	取模运算,返回除法的余数	12%10=2
//	整除运算,又称地板除	12//10=1
**	幂运算,返回 x 的 y 次幂	a**2=144

在前面的课程中介绍过加法(+)、减法(-)、乘法(*)和除法(/)运算符的使用,下面将讨论除法运算(/)和整除运算(//)的特性。

(1) 在 Python Shell 窗口中进行除法(/)运算的测试，过程如下。

```
>>>a=1/4
>>>type(a), a
(<class 'float'>, 0.25)
>>>a=4/1
>>>type(a), a
(<class 'float'>, 4.0)
```

由此可见，在进行除法(/)运算时，无论是否整除返回的都是浮点数(float)。

(2) 在 Python Shell 窗口中进行整除(//)运算的测试，过程如下。

```
>>>a=5 // 2
>>>type(a), a
(<class 'int'>, 2)
>>>a=4 // 2
>>>type(a), a
(<class 'int'>, 2)
>>>a=5 // 2.0
>>>type(a), a
(<class 'float'>, 2.0)
>>>a=4.0 // 2
>>>type(a), a
(<class 'float'>, 2.0)
```

由此可见，进行整除(//)运算时，始终为向下取整，当参与运算的两个数都是整数时，返回的结果也是整数(int)；当其中一个数是浮点数时，返回的结果就是浮点数(float)。

2. 运算顺序

表 5-2 从高到低列出了 Python 算术运算符的优先级。优先级高的运算符先进行运算，相同优先级的运算符按从左到右的顺序进行运算。如果想改变运算顺序，可以使用小括号。这些规则和数学上的规则是相同的。

表 5-2　算术运算符的优先级

优先级	运算符	描　　述
1	**	幂运算
2	*、/、%、//	乘法运算、除法运算、取模运算和整除运算
3	+、-	加法运算和减法运算

(1) 在 Python Shell 窗口中进行算术运算符优先级的测试，过程如下。

```
>>>2 * 3**2/2
9.0
```

由于幂运算(**)的优先级最高，所以先对 3**2 进行幂运算，再对乘法(*)和除法(/)

运算按从左到右的顺序进行运算。

(2) 使用小括号改变运算顺序,测试过程如下。

```
>>> (2 * 3)**2/2
18.0
```

由于对乘法(*)运算添加了小括号,使它的优先级变为最高,所以,先计算 2*3,再进行幂运算,最后是除法(/)运算。

在数学上,要使用小括号()、中括号[]和大括号{}等不同类型的括号来调整表达式各组成部分的运算优先级;在 Python 语言中,只使用小括号()。

提示:在实际编程中,如果构建了比较复杂的表达式,最好使用小括号标示出运算优先级。这样能够提高代码的可读性,降低代码出错的概率,是一个良好的编程习惯。

3. 增强型赋值运算符

在 Python 语言中,将加法运算符(+)和赋值运算符(=)组合在一起就构成了加法赋值运算符(+=)。输入下面代码进行测试。

```
>>>a=1
>>>a=a+1
>>>a
2
>>>a+=1
>>>a
3
```

由上可知,赋值语句 a=a + 1 和 a += 1 是等价的,只是后者更简捷。

此外,还有减法赋值运算符(-=)、乘法赋值运算符(*=)、除法赋值运算符(/=和//=)等增强型赋值运算符,可以将它们看作是一种简便的写法即可。需要注意的是,在增强型赋值运算符中不能有空格。例如,加法赋值运算符是(+=),不能写成(+ =),否则会出现语法错误。例如:

```
>>>a=1
>>>a+=1
SyntaxError: invalid syntax
```

4. 字符串的加法和乘法

在 Python 语言中,如果对两个字符串进行加法操作,结果就是使两个字符串连接成一个新的字符串。输入下面代码进行测试。

```
>>>'hello'+'world'
'helloworld'
>>>a='hello'
```

```
>>>b='world'
>>>a+b
'helloworld'
```

如果将一个字符串乘一个整数，结果就是对这个字符串进行复制操作。输入下面代码进行测试。

```
>>>'a'*3
'aaa'
>>>3*'a'
'aaa'
```

练习题

1. 在下列命名的变量中，(　　)是正确的，(　　)是错误的。

   A. money$　　B. speed　　C. book　　D. 2pig　　E. _score

2. 编写一个赋值语句，用来创建一个表示赛车速度的变量，并设定其值为100。
3. 编写一个赋值语句，用来创建一个表示书名的变量，并设定其值为“西游记”。
4. 在下列赋值语句中，(　　)是正确的，(　　)是错误的。

   A. x=1　　B. y=2　　C. 2=x　　D. x, y=1, 2

5. 已知梯形的上底是3cm，下底是5cm，高是4cm。在下列的赋值表达式中，能够正确求出梯形面积的是(　　)。

   A. s=4 * 3 + 5/2　　B. s=(3 + 5)/2 * 4

   C. s=3 + 5 * 4/2　　D. s=4 * (3 + 5)/2

6. 已知一个三角形的底边长10cm，高为5cm。完善下面的程序，求出三角形的面积。

```
a=10
b=5
________
print(s)
```

7. 桌子上有3个杯子，红杯子装了可乐，绿杯子装了雪碧，还有一个空的蓝杯子。想一想，如果要交换红杯子和绿杯子中的饮料，应该怎么做？利用这个方法，请完善下面的程序，实现交换变量a和b的值。

```
a='可乐'
b='雪碧'
print(a, b)
c=________
a=________
b=________
print(a, b)
```

第6课

八十天环游地球——函数的使用

6.1 问题描述

《八十天环游地球》是法国作家儒勒·凡尔纳创作的一部长篇小说，讲述了这样一个神奇的故事。

在1872年的伦敦，英国绅士福格跟俱乐部的朋友以巨资打赌他能在80天实现环游地球。在人们的质疑中，他带着新雇佣的仆人"万事通"从伦敦出发了。一路上，他们乘坐的是邮轮、蒸汽火车、马车、大象等交通工具，还经历了密探追捕、恶僧捣乱、印第安人劫车、海浪肆虐……眼看约定的时间就要到了，福格竟然奇迹般地回到了伦敦。

福格的环球路线：伦敦→苏伊士→孟买→加尔各答→新加坡→中国香港→横滨→旧金山→纽约→伦敦，总行程约40000km。其中，走水路穿越地中海、红海、印度洋、太平洋和大西洋，行程约32000km；走陆路穿越法国、意大利、印度次大陆、北美大陆，行程约8000km。

如果使用现在的交通工具重走一次福格环球路线，在理想情况下需要多少天？请编写一个程序，只要输入水路和陆路的前进速度，就能计算出福格环球路线需要的时间。

6.2 算法分析

虽然福格的环球路线曲折复杂，时而坐轮船横渡大洋，时而乘火车穿越大陆，但是归纳起来就是水路和陆路两种。已知福格环球路线的水路行程约32000km、陆路行程约8000km，只要分别计算水路和陆路需要的时间，再把两者相加即可，使用如下公式表示。

环球时间＝水路行程÷水路速度＋陆路行程÷陆路速度

这个程序要求水路和陆路的速度由外部输入。一般来说，外部输入指的是使用键盘输入数据，这样程序就能根据输入的数据进行运算，变得很灵活。

在Python语言中，print()函数用于将数据输出到屏幕，input()函数用于接收用户从键盘输入的数据，int()函数用于将其他类型的数据转换为整数，str()函数用于将其他类型的数据转换为字符串……总之，各种各样的函数给编程带来极大的便利。

6.3 编程解题

有一个脑筋急转弯问题。问：怎么把一只大象放到冰箱里？答：第 1 步把冰箱门打开；第 2 步把大象放进去；第 3 步把门关上（如图 6-1 所示）。

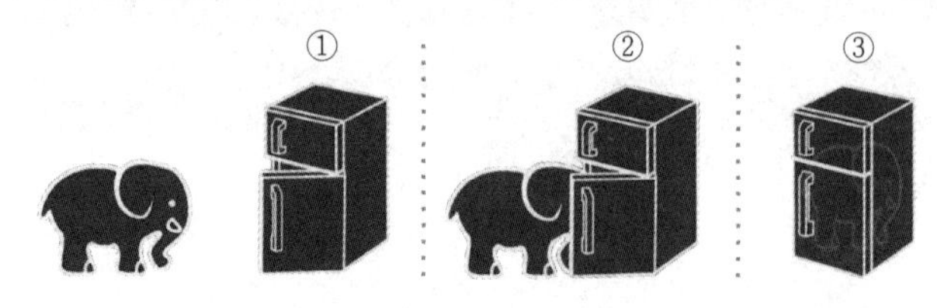

图 6-1 脑筋急转弯图示

与此类似，编写程序通常可以分为 3 个步骤，即输入数据、处理数据和输出数据。下面将按这 3 个步骤进行编程，计算福格环球路线需要的时间。

跟我做

在 IDLE 环境中，打开一个新的 Python 编辑器窗口，准备编写 Python 代码。

(1) 输入水路和陆路的前进速度。为了方便理解，速度用时速表示。在 Python 编辑器中输入下面一行代码。

```
water_speed=input('请输入水路前进速度 km/h:')
```

在这行代码中，input()函数会向计算机屏幕输出字符串'请输入水路前进速度 km/h：'，用来提示用户输入约定的速度数据；当用户通过键盘输入数据后，需要按下回车键以表明输入结束。之后，input()函数会把用户输入的内容（不包括回车符）作为一个字符串赋给变量 water_speed。

将源代码以“环游地球. py”作为文件名保存到本地磁盘，然后运行程序。之后在 Python Shell 窗口中会出现提示信息“请输入水路前进时速 km/h：”。这时从键盘输入一个数字（如 20），再按回车键表示输入结束。

```
>>>========RESTART: RESTART: C:\环游地球.py========
请输入水路前进时速 km/h:20
```

在 Python Shell 窗口中输入变量名 water_speed，并按下回车键，可以看到这个变量的值是字符串'20'。

```
>>>water_speed
'20'
```

使用同样的方式，编写代码让用户输入陆路的前进速度。在 Python 编辑器中新起一行输入下面的代码。

```
land_speed=input('请输入陆路前进速度 km/h:')
```

这样就完成了输入数据的步骤，变量 water_speed 和 land_speed 分别表示水路和陆路的前进时速，将用于后面的计算过程。

(2) 计算水路和陆路需要的时间。在 Python 编辑器中新起一行输入下面的代码。

```
water_speed=int(water_speed)
land_speed=int(land_speed)
hours=32000/water_speed+8000/land_speed
```

在这段代码中，使用 int()函数分别将变量 water_speed 和 land_speed 由字符串类型转换为整数类型，再将它们代入公式计算出福格环游地球路线所需要的时间(单位为 h)，并将计算结果赋给变量 hours。

为了便于理解，将时间换算为天数表示。在 Python 编辑器中新起一行输入下面的代码。

```
days=round(hours/24, 1)
```

在这行代码中，使用 round()函数对 hours/24 的计算结果进行四舍五入，并保留 1 位小数。至此，处理数据的步骤完成。

(3) 输出福格环游地球路线所需要的时间。在 Python 编辑器中新起一行输入下面的代码。

```
print('按福格路线环游地球要'+str(days)+'天')
```

在这行代码中，使用 str()函数把整数类型的变量 days 转换得到一个字符串，再用加号(+)把几个字符串拼接成为一个字符串，作为这个程序的处理结果。之后，使用 print()函数将结果信息输出到屏幕。至此，输出数据的步骤也完成了。

经过输入数据、处理数据和输出数据 3 个步骤，就解决了福格环游地球路线所需时间的计算问题。至此，这个程序编写完毕，见示例程序 6-1。

示例程序 6-1

```
#输入数据
water_speed=input('请输入水路前进时速 km/h:')
land_speed=input('请输入陆路前进时速 km/s:')

#处理数据
water_speed=int(water_speed)
land_speed=int(land_speed)
hours=32000/water_speed+8000/land_speed
days=round(hours/24, 1)

#输出数据
print('按福格路线环游地球要'+str(days)+'天')
```

将源代码编辑妥当并保存，然后运行程序进行测试。如果程序报错，请认真对照上面的程序清单进行检查，直到程序能够运行。

(4) 在现代交通条件下，计算重走福格环游地球路线需要的时间。选取水路和陆路前进速度分别为 50km/h 和 200km/h 的一组数据进行测试。计算结果如下。

```
>>>========RESTART: C:\环游地球.py========
请输入水路前进时速 km/h: 50
请输入陆路前进时速 km/h: 200
按福格路线环游地球要 28.3 天
```

小知识

在水路交通方面，一般的客运游轮航行速度约为 20km/h，便于乘客观看沿途风景；而远洋游轮的速度比较快，一般航速为 40～70km/h。在陆路交通方面，我国 G 字头的高速动车组最快时速超过 400km，一般平均运营时速约为 300km，规定行驶速度不超过 300km/h；D 字头的动车组最快时速为 200～250km，一般平均运营速度约为 150km/h。

6.4 常用函数

工欲善其事，必先利其器。Python 提供输入/输出、数学运算、随机数、文件操作、网络通信等各种各样的函数，给编程带来了极大的便利。编程者在使用函数时，不需要了解函数的内部实现，只要知道函数的用途和使用方法就可以了。

“函数”的思想在我们的日常生活中也有体现。例如，我们要制作一杯草莓果汁，可以找一台榨汁机(函数)，放入草莓(参数)，按下按钮让榨汁机工作(调用函数)，然后等待片刻，就能得到一杯新鲜的草莓果汁(返回值)。在使用榨汁机时，不需要关心榨汁机的内部结构和工作机制，只要知道它的使用方法即可。如图 6-2 所示。

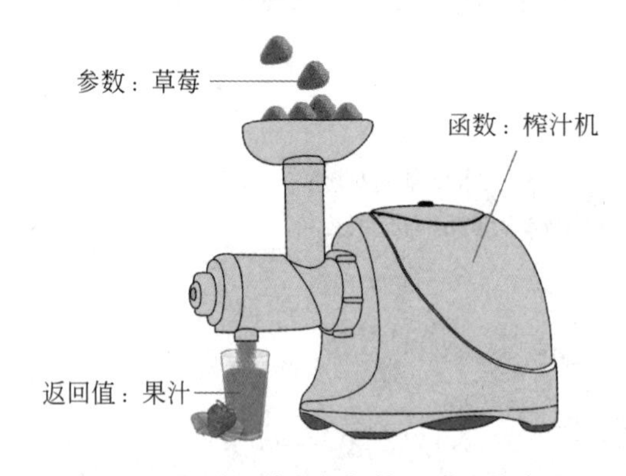

图 6-2 “函数”的思想与榨汁过程的类比

在前面的程序中已经使用了 print()、input()、round()等几个常用函数，接下来将介绍数据类型转换、数学运算和随机数等几类 Python 中的常用函数。

1. 数据类型转换

在 Python 语言中，支持使用整数(int)、浮点数(float)、字符串(str)和布尔类型(bool)等基本数据类型。如果要查看变量的数据类型，可以使用 type()函数。如果要转换变量的数据类型，Python 语言也提供了进行数据类型转换的函数。

(1) int()函数。int()函数用于将浮点数、布尔值或者是由数字(0～9)构成的字符串转换为整数类型。例如：

```
>>>n=int(3.14)
>>>type(n), n
(<class 'int'>, 3)
>>>n=int('1234567890')
>>>type(n), n
(<class 'int'>, 1234567890)
```

int()函数默认用 10 进制转换数据，如果试图转换含有英文字母、特殊符号等非数字的字符串，则会报错。

(2) float()函数。float()函数用于将整数、布尔值或者是由数字(0～9)和小数点(.)构成的字符串转换为浮点数类型。例如：

```
>>>f=float(123)
>>>type(f), f
(<class 'float'>, 123.0)
>>>f=float('3.14')
>>>type(f), f
(<class 'float'>, 3.14)
```

如果要转换的字符串中含有数字(0～9)和小数点(.)之外的其他字符，则会报错。

(3) str()函数。str()函数用于将整数、浮点数、布尔值等类型的数据转换为字符串。例如：

```
>>>s=str(12345)
>>>type(s), s
(<class 'str'>, '12345')
>>>s=str(3.14)
>>>type(s), s
(<class 'str'>, '3.14')
```

(4) bool()函数。bool()函数用于将其他数据类型转换为布尔类型。

2. 常用数学函数

(1) round 函数。round()函数用于将一个浮点数作四舍五入，并返回一个近似值。例如：

```
>>> round(3.14)
3
```

如果需要指定保留小数的位数，可以在该函数的第 2 个参数中设定。例如，对浮点数 3.14159 四舍五入，保留两位小数。代码如下：

```
>>> round(3.14159, 2)
3.14
```

但是，有时候在使用 round()函数时，它返回的近似值可能并不是你想要的。例如：

```
>>> round(2.5)
2
>>> round(2.675, 2)
2.67
```

简单地说，这是因为有些浮点数在计算机中并不能像整数那样被准确表达，它可能是近似值。解决这个问题有一个简单的办法，就是对要操作的数加上一个非常小的数再进行操作，例如：

```
>>> round(2.5+0.0000000001)
3
>>> round(2.675+0.0000000001, 2)
2.68
```

(2) abs()函数。abs()函数用于返回一个数的绝对值，和数学上的一致。例如：

```
>>> abs(0)
0
>>> abs(3)
3
>>> abs(-3)
3
```

(3) math 模块中的常用数学函数。Python 语言为我们提供了丰富多样的函数，为了方便管理，将各种函数分门别类划分到不同的模块中。像三角函数、开方、对数运算等用于数学运算的函数放在一个名为 math 的内置模块中。常用的数学函数见表 6-1。

表 6-1 math 模块中的常用数学函数

函数名	描　述	示　例
ceil	向上取整。取大于等于 x 的最小的整数值，如果 x 是一个整数，则返回 x	>>>math. ceil(1. 2) 2

续表

函数名	描　　述	示　　例
floor	向下取整。取小于等于 x 的最大的整数值,如果 x 是一个整数,则返回自身	>>>math.floor(1.9) 1
sqrt	求 x 的平方根	>>>math.sqrt(4) 2.0
radians	把角度 x 转换成弧度	>>>math.radians(180) 3.141592653589793
degrees	把弧度 x 转换为角度	>>>math.degrees(3.141592653589793) 180.0
sin	求 x 的正弦值,x 必须是弧度	>>>math.sin(math.radians(60)) 0.8660254037844386
cos	求 x 的余弦值,x 必须是弧度	>>>math.cos(math.radians(30)) 0.8660254037844387
tan	求 x 的正切值,x 必须是弧度	>>>math.tan(math.radians(45)) 0.9999999999999999
asin	返回 x 的反正弦弧度值	>>>math.degrees(math.asin(0.866)) 59.997089068811974
acos	返回 x 的反余弦弧度值	>>>math.degrees(math.acos(0.866)) 30.002910931188026
atan	返回 x 的反正切弧度值	>>>math.degrees(math.atan(0.999)) 44.971337781523935

在使用 math 模块的函数之前,需要用 import math 语句将 math 模块导入到 Python 环境中。例如:

```
>>>import math
>>>math.ceil(3.14)
4
>>>math.floor(9.8)
9
```

在 Python 语言中,三角函数 sin()、cos()、tan()等函数的参数使用弧度值,而不是角度值。在使用这些函数时,需要使用 radians()函数把角度值转换为弧度值。例如:

```
>>>math.sin(math.radians(60))
0.8660254037844386
```

三角函数的反函数 asin()、acos()、atan()等函数的返回值是弧度值,而不是角度值。在需要的时候,可以使用 degrees()函数把弧度值转换为角度值。例如:

```
>>>math.degrees(math.asin(0.866))
59.997089068811974
```

3. 随机数

Python 语言内置的 random 模块提供了一些生成随机数的函数，在使用前先用 import random 语句导入 random 模块。

(1) 随机生成整数。使用 randint()函数可以在指定范围内随机生成一个整数。例如：

```
>>>import random
>>>random.randint(1,10)
5
```

上面的代码会随机产生 1～10(包含 1 和 10)中的一个整数。randint()函数的参数必须是整数，不能是浮点数，否则会报错；下限必须小于或等于上限。

(2) 随机生成浮点数。使用 random()函数可以随机生成一个 0～1 的浮点数，包括 0 但不包括 1。例如：

```
>>>import random
>>>random.random()
0.8650763707025828
```

如果要在指定的范围内随机生成一个浮点数，可以使用 uniform()函数。例如：

```
>>>import random
>>>random.uniform(1, 10)
1.7329402093479744
```

上面的代码将在 1～10 随机产生一个浮点数，包括 1，但不包括 10。

4. 时间函数

Python 内置的 time 模块提供了一些操作时间的函数，在使用前先用 import time 语句导入 time 模块。

使用 time()函数，可以获取当前时间的时间戳。例如：

```
>>>import time
>>>time.time()
1543560628.925677
```

时间戳是自 1970 年 01 月 01 日 00 时 00 分 00 秒起经过的秒数，是一个浮点数。

使用 sleep()函数，可以让运行中的程序暂停一段时间(以秒(s)为单位)。例如：

```
>>>import time
>>>time.sleep(3)
```

在执行 time. sleep(3)函数时，将使程序暂停 3s。

想要了解更多时间函数，请浏览以下链接：

http://www.runoob.com/python/python-date-time.html

1. 利用________函数,可以获取用户通过键盘输入的数据;利用________函数,可以将一个字符串输出到计算机屏幕。

2. 下列有关 int()函数的使用,(　　)是正确的,(　　)是错误的。

   A. int(99.99)　　B. int('99.99')　　C. int('123a')　　D. int(True)

3. 表达式 float('3.14') * 2 的计算结果是________。

4. 连连看。将下列函数与它的作用描述正确地连接起来。

str()	查看数据类型
round()	返回一个数的绝对值
abs()	把其他类型的数据转换为字符串
type()	返回一个浮点数的四舍五入值

5. 在 1～10 随机生成一个整数,应该使用 random 模块中的________函数。

6. 让运行中的程序暂停一段时间,应该使用 time 模块中的________函数。

7. 在 Python Shell 窗口中计算下列三角函数的值。

(1) sin30°=________

(2) cos45°=________

(3) tan30°=________

8. 已知直角三角形两直角边的边长分别为 3 和 4,请编程求出斜边的长度。

9. 已知直角三角形的斜边为 100,一个锐角为 35°,请编程求出三角形的周长。

第 7 课

几何拼贴画——海龟绘图

7.1 海龟绘图初步

海龟绘图(Turtle Graphics)是 Python 语言内置的绘图模块,是早期的 LOGO 编程语言在 Python 语言中的实现。使用这个模块绘图时,可以把屏幕当成一块画布,通过控制一个小三角形(或小海龟)的画笔在画布上移动,从而在它前进的路径上绘制出图形。这和 Scratch 中画笔的功能类似。

turtle 模块提供一套用于绘图的函数,在使用之前要先导入 turtle 模块。打开 IDLE 环境,在 Python Shell 窗口中使用 import 语句导入 turtle 模块:

```
>>>import turtle
```

准备就绪,先来画一条直线吧。输入下面一行代码:

```
>>>turtle.fd(100)
```

这时会出现一个标题为 Python Turtle Graphics 的窗口,在窗口中央有一个小三角形图标向右移动并画出一条直线,如图 7-1 所示。如果看不到这个窗口,可能是被 Python Shell 窗口遮挡住了。

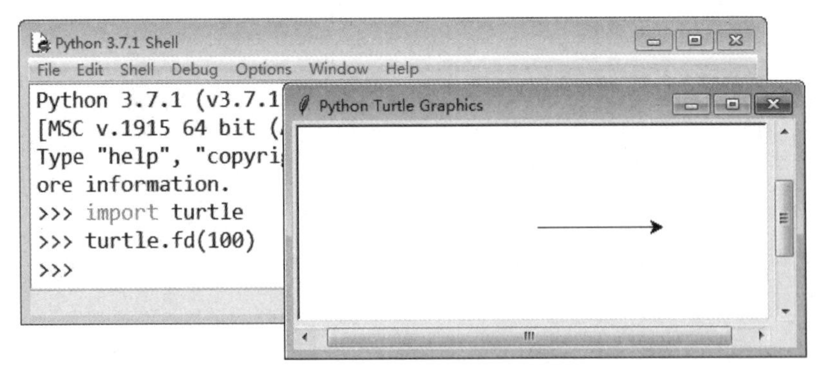

图 7-1 在海龟绘图窗口画一条直线

在海龟绘图中,默认的方向是正东(向右),并且画笔的默认状态是落笔,因此,这个代码执行时会在屏幕上让画笔向右移动 100 个像素并画出一条直线。

在代码 turtle. fd(100)中，turtle 是模块名，fd 是函数名，两者之间有一个点号(.)。也就是以“模块名. 函数名(参数)”的形式调用模块中的函数。

在后面的内容中，将会频繁调用 turtle 模块中的函数，因此，我们需要换一种更便捷的方式，即不通过模块名而直接调用模块中的函数。

把 IDLE 环境关闭后重新打开，在 Python Shell 窗口输入下面的代码：

```
>>>from turtle import *
>>>fd(100)
```

使用 from turtle import * 语句导入 turtle 模块后，就可以直接调用该模块中的函数，不再需要指定模块名。上面的代码也画出了和图 7-1 一样的直线。

接下来，将介绍海龟绘图中的画布坐标系统、画笔运动控制、画笔设置等。

1. 相对运动

在海龟绘图中，提供一些函数用于控制画笔的前进、旋转和方向。例如，fd()函数让画笔前进，bk()函数让画笔后退，left()函数让画笔向左转，right()函数让画笔向右转，seth()函数用来设定画笔的前进方向。

关闭 IDLE 环境并重新打开，在 Python Shell 窗口中输入下面的代码：

```
>>>from turtle import *
>>>fd(100)
>>>left(45)
>>>bk(200)
>>>right(45)
>>>fd(100)
```

上面的代码执行时，画笔在画布上的移动过程为：先向右前进 100 像素，再向左转 45°，接着后退 200 像素，再向右转 45°，最后再前进 100 像素。由于画笔默认是落笔状态，于是画布上就留下一个 Z 字形的痕迹。

上面代码中的几个函数也支持使用负值参数。例如，fd(－100)表示后退 100 像素，bk(－200)表示前进 200 像素，left(－45)表示向右转 45°，right(－45)表示向左转 45°。

试一试　*控制画笔在画布上前进、后退、向左转或向右转，画出 H 字形的痕迹。*

在海龟绘图中，可以使用 seth()函数设定画笔的前进方向。关闭 IDLE 环境并重新打开，在 Python Shell 窗口输入下面的代码：

```
>>>from turtle import *
>>>seth(90)
>>>fd(100)
```

这几行代码执行后，画笔的方向会旋转 90°，再向上移动并画出一条直线。

在海龟绘图中，默认工作在标准模式下，以正东方向（向右）作为 0°，并按逆时针方向旋转，各个方向对应的角度如图 7-2 所示。

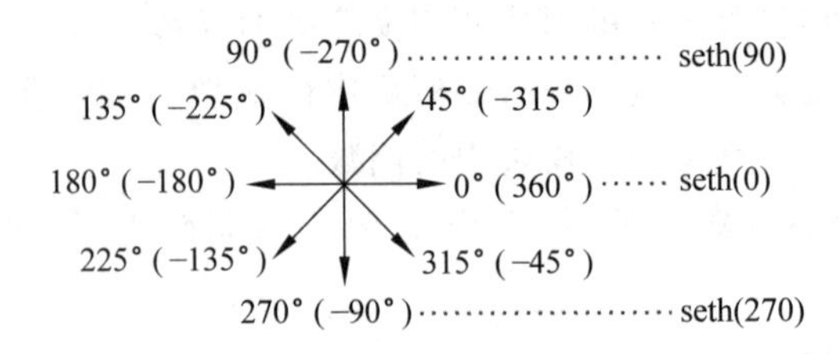

图 7-2　海龟绘图标准模式下各方向对应的角度

2. 绝对运动

在海龟绘图中，画布坐标系统的原点(0,0)位于画布正中央。使用 goto()函数，可以将画笔精确地移动到画布上的某个坐标位置。

关闭 IDLE 环境并重新打开，在 Python Shell 窗口中输入下面的代码：

```
>>>from turtle import *
>>>goto(150,100)
```

在上面的代码中，调用 goto()函数时用的两个参数 x 坐标和 y 坐标分别为 150 和 100，这使画笔从初始坐标(0,0)移动到坐标(150,100)。如图 7-3 所示。

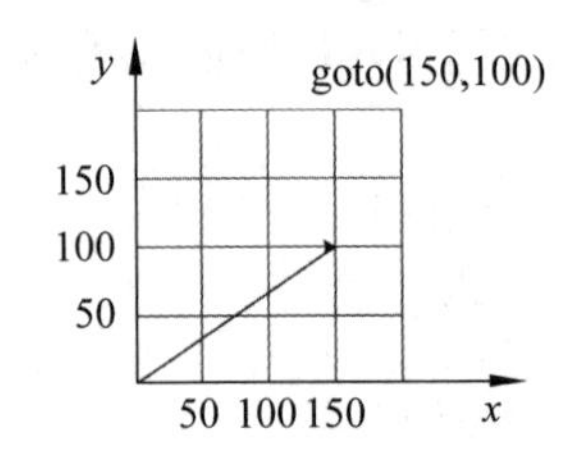

图 7-3　用 goto()函数将画笔移到指定坐标

3. 画布和画笔设置

在海龟绘图中，如果要清除画布上的内容，不需要每次都重启 IDLE 环境，使用 turtle 模块提供的 reset()函数即可。在 Python Shell 窗口中输入下面的代码：

```
>>>reset()
```

执行这个函数后，将会清除画布上的所有内容，并使画笔恢复初始状态。

如果只想清除画布内容，而保留画笔的当前状态，可用 clear()函数，代码如下：

```
>>>clear()
```

在海龟绘图中，up()函数让画笔抬起，down()函数让画笔落下；使用 pensize()函数设定画笔的大小，使用 pencolor()函数设置画笔的颜色，画笔的默认颜色为黑色。在 Python Shell 窗口中输入下面的代码：

```
>>>reset()
>>>fd(50);up();fd(50);down()
>>>pensize(5);pencolor('Red');fd(50)
>>>ht()
```

这几行代码执行后，会出现一条黑色的细线段和一条红色的粗线段。

小技巧：在 Python 语言中，用分号作分隔符把多个语句写在一行，使代码更紧凑。

使用 pencolor()函数时，参数可以用英文颜色码（如'red'、'yellow'、'blue'等）或者是十六进制的颜色码（如'#b0ccf9'）。

使用 ht()函数能隐藏画笔图标，使用 st()函数能显示画笔图标。

7.2 画几何图形

经过前面的准备，接下来介绍一些简单的几何图形的画法。

1. 使用相对运动方式画三角形

```
>>>reset();ht()
>>>seth(45);fd(100);right(90);fd(100);home()
```

上面代码运行后，将在画布上画出一个底角为 45°的等腰直角三角形。home()函数的作用是回到画布中心，相当于调用 goto(0,0)函数。使用这个方法也可以画出多边形。

2. 使用绝对运动方式画三角形

```
>>>reset();ht()
>>>goto(100,100);goto(200,0);goto(0,0)
```

上面代码运行后，画笔将通过三角形的 3 个顶点在画布上画出一个三角形。使用这个方法也可以画出多边形。

3. 使用颜色填充图形

在海龟绘图中，可用指定颜色填充绘制的图形。在 Python Shell 窗口中输入下面代码：

```
>>>reset();ht()
>>>pencolor('Red')
>>>fillcolor('Blue')
>>>begin_fill()
>>>goto(100,100);goto(200,0);goto(0,0)
>>>end_fill()
```

上面代码运行后，将得到一个边框为红色、内部填充为蓝色的三角形。在 begin_fill()函数和 end_fill()函数之间绘制一个图形，当执行到 end_fill()时就会使用 fillcolor()函数指定的颜色填充图形。

另外，使用 color()函数时，可以分别或同时指定画笔颜色和填充颜色。例如，通过调用 color('red', 'blue')函数，设置画笔颜色为红色，填充颜色为蓝色。

如果只指定一个参数，那么将设置画笔颜色和填充颜色为相同的颜色。例如，通过调用 color('blue')函数，把画笔颜色和填充颜色都设置为蓝色。

试一试 使用相对运动和绝对运动两种方式画出正方形，并使用红色进行填充。

4. 画圆或多边形

在海龟绘图中，circle()函数可以用来画圆，或者画圆的内切正多边形。

（1）以指定半径画圆。如果半径是正数，则沿逆时针方向画；如果是负数，则沿顺时针方向画。在 Python Shell 窗口中输入下面代码：

```
>>>reset()
>>>circle(50)
>>>circle(-50)
```

上面代码执行后，画笔位于画布的中心，circle(50)函数将使画笔沿逆时针方向移动一周，circle(－50)函数将使画笔沿顺时针方向移动一周，最后画出半径为 50 像素的两个圆形，两者上下排列，呈 8 字形。

（2）以指定半径和弧度画圆。调用 circle()函数时，使用第 2 个参数指定圆的弧度。在 Python Shell 窗口中输入下面代码：

```
>>>reset()
>>>circle(50, 180)
>>>circle(-50, 180)
```

上面代码执行后，从画布中心开始，circle(50,180)函数让画笔沿着逆时针方向移动半周；接着，circle(－50,180)函数使画笔沿着顺时针方向继续移动半周，最终画出半径为 50 像素的两个半圆，两者上下排列，呈 S 形。

（3）以指定半径画圆的内切正多边形。在调用 circle()函数时，使用参数 steps 指定内切正多边形的边数。在 Python Shell 窗口中输入下面代码：

```
>>>reset()
>>>circle(50, steps=3)
```

在上面代码中，circle()函数的 steps 参数为 3，将会在一个半径为 50 像素的圆内画一个内切正三边形（等边三角形），如图 7-4 中的第 1 个图。这里要注意参数 steps 的写法。

如果分别以 4、6、12、24 作为参数 steps 的值，使用 circle()函数可以画出图 7-4 中其他的图形。可见，steps 值越大，多边形就越逼近于圆。

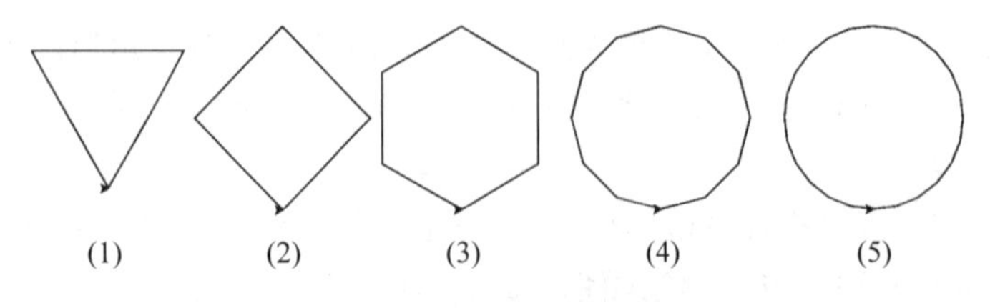

图 7-4 画圆的内切多边形

5. 画点

使用 dot()函数时,将用指定直径和颜色画一个圆点。在 Python Shell 窗口中输入下面代码:

```
>>>reset()
>>>dot(20, 'Green')
```

执行上面代码,将以画笔当前位置为圆心,画出一个直径为 20 像素的绿色圆点。如果不指定大小,则在画笔大小+4 和画笔大小 * 2 之间取最大值作为圆点的直径。如果不指定颜色,则使用画笔颜色。

7.3 创意绘画

如图 7-5 所示,在这幅美丽的几何拼贴画中,使用一些简单的几何图形画出了太阳、草地、栅栏、绿树、房子和炊烟等元素。请仔细观察这幅画是由哪些几何图形构成的,然后也来创作一幅吧。

图 7-5　几何拼贴画

提示:在前面学习海龟绘图时,是在 Python Shell 窗口中输入和运行代码。因为代码量很少,且不需要建立文件存储源代码,感觉比较方便。而下面要编写的绘画程序的代码很多,应该使用 Python 编辑器来编写代码,并将源代码保存到文件中,这样才能方便地对代码进行编辑操作。

打开 IDLE 环境,新建一个 Python 编辑器窗口,以“几何拼贴画.py”作为文件名将空白源文件保存到本地磁盘上,然后开始编写 Python 代码。

(1) 准备工作,即导入 turtle 模块、隐藏海龟图标、调整绘图速度。

```
from turtle import *
ht()
#调整绘图速度,取值为: slowest, slow, normal, fast, fastest
speed('normal')
```

（2）画大地。

```
#大地,画一条长为 800 像素的线段,画笔大小 50 像素,填充颜色'LightGreen'
pensize(50);pencolor('LightGreen')
up();goto(-400, -200);down();goto(400, -200)
```

（3）画栅栏。栅栏可分解为 1 条横线和 4 条竖线，依次画出。

```
#栅栏,画笔大小 20 像素,填充颜色'GoldEnrod'
pensize(20);pencolor('GoldEnrod')
up();goto(-400, -150);down();goto(400, -150)
up();goto(-250, -200);down();goto(-250, -100)
up();goto(-100, -200);down();goto(-100, -100)
up();goto(30, -200);down();goto(30, -100)
up();goto(300, -200);down();goto(300, -100)
```

（4）画树。树可分解为树干和树冠，依次画出。

```
#树干,画一条长为 80 像素的线段,画笔大小 30 像素,填充颜色'Olive'
pensize(30);pencolor('Olive')
up();goto(-150, -200);down();goto(-150, -120)

#树冠,分别以半径为 80、60 和 40 画出圆的内切正 3 边形,填充颜色'ForestGreen'
pensize(1);color('ForestGreen')
up();goto(-80, -120);down()
begin_fill();seth(60);circle(80, steps=3);end_fill()
up();goto(-95, -50);down()
begin_fill();seth(60);circle(60, steps=3);end_fill()
up();goto(-110, 0);down()
begin_fill();seth(60);circle(40, steps=3);end_fill()
```

（5）画房子。房子可分解为墙体、房顶、窗户、门和烟囱等，依次画出。

```
#房子的墙体,画一个边长为 200 像素的正方形,填充颜色'RoyalBlue'
pensize(1);color('RoyalBlue')
up();home();fd(70);right(90);down()
begin_fill();fd(200);left(90);fd(200);left(90);fd(200);end_fill()

#烟囱,画一条长为 90 像素的线段,画笔大小 30 像素,填充颜色'DimGray'
pensize(30);pencolor('DimGray');
up();goto(230, 30);down();goto(230, 120)

#房顶,画一个底角为 30 度、腰为 200 像素的等腰三角形,填充颜色'DeepPink'
pensize(1);color('DeepPink');up();home();down()
```

```
begin_fill();left(30);fd(200);right(60);fd(200);home();end_fill()

#窗户,画一个半径为 50 像素的圆的内切正 4 边形,填充颜色'Violet'
color('Violet');up();goto(160, -90);down()
begin_fill();seth(45);circle(50, steps=4);end_fill()

#门,画一个长 120 像素、宽 60 像素的长方形,填充颜色'Chocolate'
color('Chocolate');up();goto(250, -200);down();seth(90)
begin_fill()
fd(120);left(90);fd(60);left(90);fd(120);left(90);fd(60)
end_fill()
```

(6) 画炊烟和太阳。

```
#炊烟,画 3 个依次变小的圆点,填充颜色'AliceBlue'
up();goto(250, 160);dot(30, 'AliceBlue')
goto(270, 200);dot(20, 'AliceBlue')
goto(300, 220);dot(10, 'AliceBlue')

#太阳,画一个 80 像素的圆点,填充颜色'Gold'
goto(-260, 250);dot(80, 'Gold')
```

注意:上面代码采用多行写法,以牺牲可读性换取减少排版篇幅。在实际编程时,应在不降低代码可读性的前提下适当采用多行写法。

将上述代码编辑妥当并保存,然后运行程序,就会画出如图 7-5 所示的一幅图画。

这个案例的代码很长,但都是由简单的指令顺序叠加的,只要细心就能够完成。在编程时,建议每完成一个步骤就保存代码并运行,看看效果是否实现。如果出现错误,也能及时修正。

提示:这个程序的源文件位于“资源包/第 7 课/示例程序/几何拼贴画.py”。

1. 画一个五角星,并填充为红色,效果如图 7-6 所示。

图 7-6　练习题 1 图

2. 画一个太极图的图案，然后进行着色，效果如图 7-7 所示。

图 7-7　练习题 2 图

3. 发挥想象，画一幅漂亮的几何拼贴画。

第 8 课

高烧 100℃——顺序结构

8.1 问题描述

有一天，雯雯感觉自己好像发高烧了。于是拿了一个电子体温计测量体温。当蜂鸣提示声响起时，她看到体温计上的数值是 100，不禁吓了一跳。于是，她赶紧把爸爸叫过来。爸爸拿起体温计一看，马上找到了问题的原因——原来这个电子体温计被设置成了华氏温度，其数值比摄氏温度大许多。

目前，世界上包括我国在内的绝大多数国家都使用摄氏温度(用符号℃表示)，仅有美国等 5 个国家使用华氏度(用符号℉表示)。华氏温度和摄氏温度之间是可以互相转换的。如果用 c 表示摄氏温度、f 表示华氏温度，那么把华氏温度转换为摄氏温度的公式为

$$c=(f-32)\div 1.8$$

根据这个公式，编写一个程序，将一个华氏温度转换为摄氏温度。请想一想，应该如何设计这个程序？

8.2 算法分析

在编写程序之前，先来分析并确定解决问题的算法。所谓算法(Algorithm)，指的是解决问题的方法和步骤。

解决温度转换问题并不难，利用已知公式将华氏温度转换为摄氏温度即可。使用自然语言描述温度转换的算法，其步骤如下。

(1) 输入一个华氏温度 f。

(2) 利用公式 $c=(f-32)/1.8$ 计算摄氏温度。

(3) 输出摄氏温度 c。

除了使用文字描述算法外，还可以使用更直观的流程图来描述算法。如图 8-1 所示，在这个流程图中，明确地描述了将一个华氏温度转换为摄氏温度的具体步骤，各个步骤自上而下依次执行，所有步骤执行完毕，问题就得到解决。像这样具有明确顺序性的结构，在程序设计中被称为顺序结构。

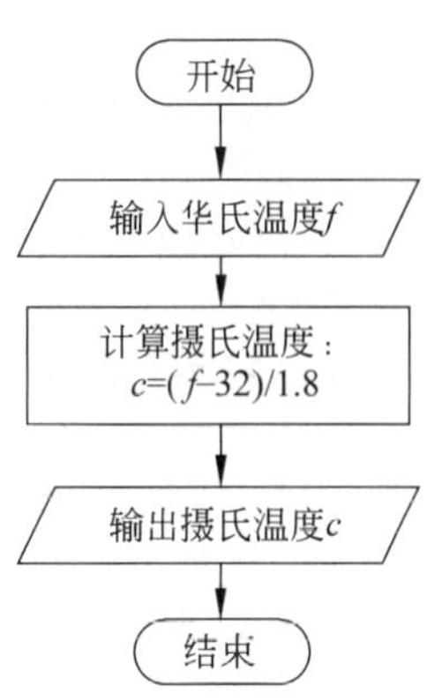

图 8-1　华氏温度转换为摄氏温度流程图

8.3 编程解题

在确定解决问题的算法之后，使用编程语言将算法准确地描述出来就得到程序，之后就可以让计算机执行程序去解决问题。根据上述算法描述，这个温度转换程序可以按照经典的三步曲式的结构编写，即输入数据、处理数据和输出数据。

跟我做

在 IDLE 环境中，打开一个新的 Python 编辑器窗口，以“温度转换.py”作为文件名将空白源文件保存到本地磁盘上，然后开始编写 Python 代码。

(1) 输入数据。使用 input()函数接收用户通过键盘输入的一个华氏温度值，将其赋给变量 f。

```
f=input('请输入一个华氏温度：')
```

(2) 处理数据。先用 int()函数将变量 f 转换为整数类型；再利用公式将华氏温度值转换为摄氏温度值，用变量 c 表示；最后用 round()函数对转换结果进行四舍五入，保留 1 位小数。

```
f=int(f)
c=(f -32)/1.8
c=round(c, 1)
```

(3) 输出数据。使用 print()函数将摄氏温度值 c 输出到屏幕。

```
print('摄氏温度为：', c)
```

(4) 经过 3 个步骤，温度转换的程序编写完毕，见示例程序 8-1。

示例程序 8-1

```
f=input('请输入一个华氏温度：')
f=int(f)
c=(f -32)/1.8
c=round(c, 1)
print('摄氏温度为：', c)
```

(5) 将上述源代码编辑好后保存，然后选择 Run→Run Module 菜单命令运行这个程序，执行结果如下。

```
>>>========RESTART: C:\温度转换.py========
请输入一个华氏温度：100
摄氏温度为：37.8
```

在这个温度转换程序中，5 行代码是按照自上而下的顺序依次执行的，程序执行完毕，问题随之解决。在结构化程序设计中，这个程序的结构是顺序结构。

8.4 程序结构和流程图

流程图(Flow Diagram)是一种使用程序框、流程线和文字说明来描述算法的图形，在程序设计中又被称为程序框图。在表 8-1 中介绍了用于绘制流程图的基本图形符号及其功能说明。

表 8-1　流程图的基本图形符号及功能说明

程　序　框	符号名称	功能说明
	终端框(起止框)	表示一个算法的开始或结束
	输入框或输出框	表示数据的输入或结果的输出
	处理框(执行框)	表示一个执行步骤，如赋值、计算等
	判断框(选择框)	判断给定条件是否成立，成立时在出口标明“是”或“Y”；不成立时标明“否”或“N”
	流程线	用带有方向箭头的流程线连接不同的程序框，表示流程的方向

在结构化程序设计中，将程序结构分为顺序结构、选择结构和循环结构三种基本结构，任何程序都可以由这三种基本结构组成。流程图能够用来描述结构化的程序，它提供的各种程序框和流程线能够直观地表现出顺序结构、选择结构和循环结构的工作流程。

顺序结构只能用来描述顺序执行的程序，常见的输入数据、处理数据、输出数据“三步曲式”的程序就是顺序结构。在流程图中，顺序结构使用流程线将程序框自上而下连接起来，按顺序依次执行各个操作步骤。在图 8-2 所示的顺序结构示意图中，步骤 A 和步骤 B 是依次执行的，只有在执行完步骤 A 中的操作后，才能执行步骤 B 中的操作。

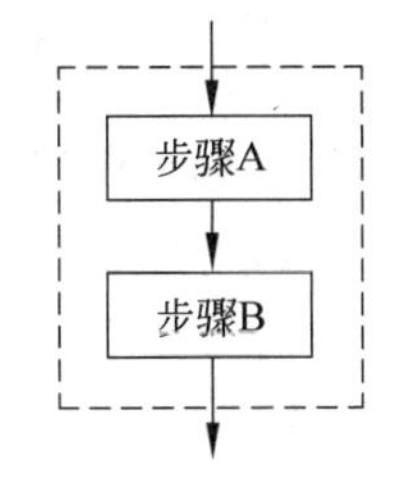

图 8-2　顺序结构示意图

无论是简单的问题，还是复杂的问题，如果想使用顺序结构来描述其算法，都必须将解决问题的方法描述成可以顺序执行的操作步骤。例如，今有若干只鸡和兔子关在同一个笼子里，从上面数，有 35 个头；从下面数，有 94 只脚。问笼子里鸡和兔子各有几只？

这是小学四年级数学课本中经典的“鸡兔同笼”问题，它的解法很多。《孙子算经》中记载了一种简单的“砍足法”，其计算方法是：兔数＝94÷2－35＝12，鸡数＝35－12＝23。很显然，这种算法是顺序执行的，使用顺序结构编写程序即可。又如，一只公鸡 5 元，一只母鸡 3 元，三只小鸡 1 元，问怎么用 100 元买到 100 只鸡？

这是经典的“百鸡问题”，出自古算书《张邱建算经》，书中没有给出解法。从现代数学观点来看，这其实是一个求不定方程整数解的问题。如果让小学（高年级）学生使用数学方法来求解，显然难度很大。但是，如果使用编程的方法，则难度将大大降低，小学（高年级）学生也能使用枚举法编程求解。因为它能够绕过数学解法，借助计算机强大的计算能力进行求解。但是，仅用顺序结构无法编写枚举程序，还需要结合选择结构和循环结构，才能够描述枚举算法。

> 提示：本书第 17 课专门介绍了使用枚举法解决此类数学问题。

总而言之，使用顺序结构、选择结构和循环结构这三种基本结构，能够描述任何简单或复杂的算法，编写出逻辑复杂的程序，充分发挥编程语言的优势。

1. 下面是被打乱的关于烧水泡茶的步骤，正确的顺序：________。

（1）将电热水壶放在底座上并接通电源。

（2）等待水烧开。

（3）从茶叶盒中取茶叶并放入茶杯中。

（4）将开水倒入茶杯中泡茶。

（5）用电热水壶到厨房接冷水。

2. 流程图又称为________，是一种使用________、________及________来描述算法的图形。

3. 在顺序结构程序中，各个执行步骤是按照________的顺序依次执行的。

4. 根据计算三角形面积的算法完善流程图 8-3，在下面的程序框内写上正确的步骤编号。

计算三角形面积算法的各个步骤（顺序已打乱）：

（1）利用公式 $S=a*h/2$ 计算三角形面积。

（2）输入三角形的高 h。

（3）输出三角形面积 S。

（4）输入三角形的底边 a。

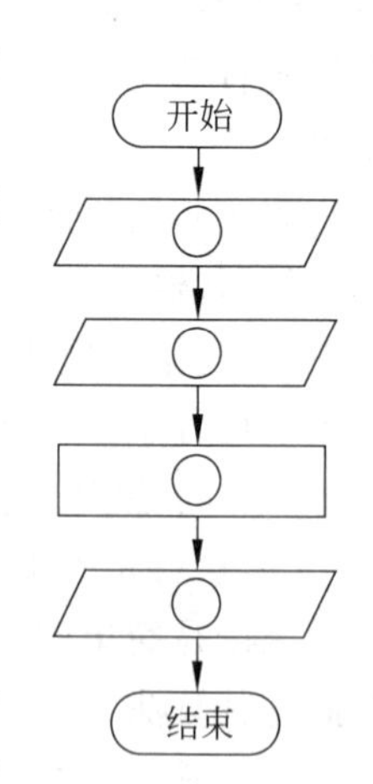

图 8-3 流程图

5. 设计一个算法，计算出某学生期末考试语文、数学和英语三科的平均成绩。请使用自然语言描述算法步骤，画出算法的流程图，并编写程序。

算法步骤

(1) 输入语文成绩 a

(2) ________________

(3) ________________

(4) ________________

(5) 输出平均成绩 y

程序清单

(1) ________________

(2) ________________

(3) ________________

(4) ________________

(5) ________________

流程图

开始

6. 诗仙李白爱喝酒，后人常以此为题材编成数学题。例如：

李白街上走，提壶去买酒。遇店加一倍，见花喝一斗。三遇店和花，喝光壶中酒。试问此壶中，原有多少酒？

请你试一试，编程求出答案。

第 9 课

飞向太空——选择结构

9.1 问题描述

《从地球到月球》是儒勒·凡尔纳在 1865 年创作的科幻小说，讲述美国南北战争结束后，大炮俱乐部的巴比康等人异想天开地制造了一门超级大炮，将一颗载人的空心炮弹发射到太空，并朝着月球飞去。但是这颗大炮弹没能登陆月球，而是成为环绕月球运行的人造卫星。

在现实中，利用大炮发射的炮弹无法摆脱地球强大的引力。航天器要飞向太空，必须要达到宇宙速度。

所谓宇宙速度，就是从地球表面发射的航天器进行环绕地球、脱离地球和飞出太阳系所需要的最小速度，分别称为第一、第二、第三宇宙速度。

第一宇宙速度是 7.9km/s，又称环绕速度。当航天器的速度达到 7.9km/s 时，就会环绕地球作圆周运动；当速度大于 7.9km/s 并且小于 11.2km/s 时，航天器将环绕地球作椭圆运动。

第二宇宙速度是 11.2km/s，又称脱离速度。当航天器达到这个速度时，将会脱离地球引力的束缚，成为围绕太阳运行的人造行星。

第三宇宙速度是 16.7km/s，又称逃逸速度。当航天器达到这个速度时，就能摆脱太阳引力的束缚，逃逸到太阳系以外的宇宙空间去。如图 9-1 所示。

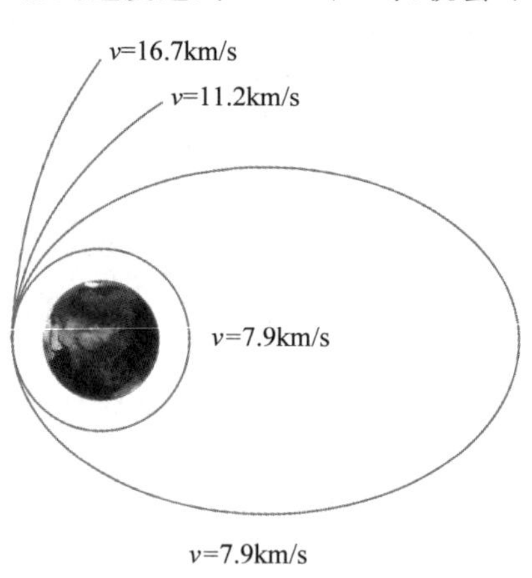

图 9-1　宇宙速度示意

编写一个程序，只要输入航天器的速度，就自动判断它属于哪个宇宙速度，并提示是环绕地球运行，还是围绕太阳运行，或是飞出太阳系。想一想，应该如何设计这个程序？

9.2 算法分析

从地球表面发射的航天器，它达到不同的速度时会呈现出不同的运行状态，将其整理成表格(见表 9-1)，更容易理解。

给定一个航天器的速度，依次比对表中各行的速度数据，判断航天器是否达到宇宙速度，达到哪个宇宙速度，以及知道其运行状态。简单地说，就是通过判断航天器的速度来选择输出相应的信息。

表 9-1 航天器速度和运行状态

航天器速度 v(km/s)	所属宇宙速度	运行状态
$v<7.9$	未达到宇宙速度	不能进入太空
$v=7.9$	第一宇宙速度	进入太空,绕地球作圆周运动
$7.9<v<11.2$	第一宇宙速度	进入太空,绕地球作椭圆运动
$11.2\leqslant v<16.7$	第二宇宙速度	摆脱地球引力,绕太阳运行
$v\geqslant 16.7$	第三宇宙速度	摆脱太阳引力,飞往星际空间

使用自然语言描述判断宇宙速度的算法,其步骤如下。

(1) 从键盘输入一个航大器的速度 v,单位为 km/s。

(2) 判断如果 $v<7.9$,则输出信息“航天器未达到宇宙速度,不能进入太空”。

(3) 判断如果 $v=7.9$,则输出信息“航天器达到第一宇宙速度,进入太空,绕地球作圆周运动”。

(4) 判断如果 $7.9<v<11.2$,则输出信息“航天器达到第一宇宙速度,进入太空,绕地球作椭圆运动”。

(5) 判断如果 $11.2\leqslant v<16.7$,则输出信息“航天器达到第二宇宙速度,摆脱地球引力,绕太阳运行”。

(6) 判断如果 $v\geqslant 16.7$,则输出信息“航天器达到第三宇宙速度,摆脱太阳引力,飞往星际空间”。

如果想更直观地描述上述算法,可以使用流程图来描述,见图 9-2。这个流程图展示

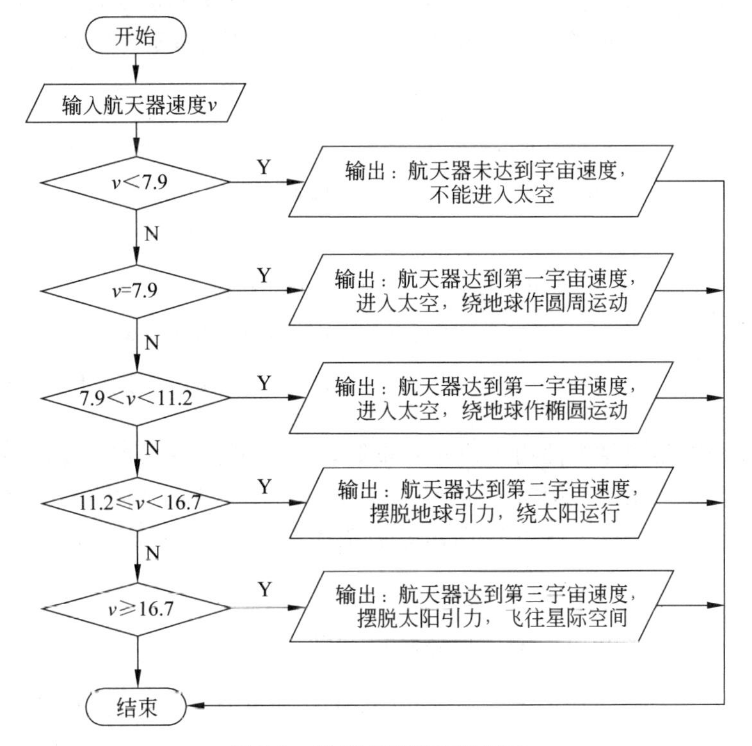

图 9-2 判断宇宙速度流程图

了通过判断航天器的速度来选择输出不同信息。菱形框内是对航天器速度的判断条件，如果条件成立，就选择转向标有 Y 的出口，并输出相应的信息；如果条件不成立，就选择转向标有 N 的出口，然后进行下一个条件的判断。简单地说，菱形框的操作过程是，如果条件成立，那么选择 Y 出口，否则选择 N 出口。

9.3 编程解题

在上面的算法分析中，使用了自然语言和流程图描述判断宇宙速度的算法，接下来使用 Python 语言描述该算法。

跟我做

在 IDLE 环境中，打开一个新的 Python 编辑器窗口，以“飞向太空.py”作为文件名将空白源文件保存到本地磁盘上，然后开始编写 Python 代码。

(1) 输入航天器速度，用变量 v 表示。使用 input()函数接收用户从键盘输入的速度数据，然后使用 float()函数将其转换为浮点数类型。

```
v=input('请输入航天器速度 km/s:')
v=float(v)
```

(2) 通过判断航天器的速度来选择输出相应的信息。

在表 9-1 中，使用数学语言描述通过判断航天器速度来确定宇宙速度的关系式。在编写 Python 程序之前，先将其转换成用 Python 语言描述的布尔表达式，见表 9-2。

表 9-2　判断宇宙速度的关系式

数学关系式	Python 布尔表达式	说　明
$v<7.9$	v < 7.9	两者相同
$v=7.9$	v == 7.9	Python 中使用两个等号(==)表示相等关系
$7.9<v<11.2$	7.9 < v and v < 11.2	Python 中使用 and 表示逻辑与
$11.2\leqslant v<16.7$	11.2 <= v and v < 16.7	Python 中使用<=表示小于或等于关系
$v\geqslant 16.7$	v >= 16.7	Python 中使用>=表示大于或等于关系

在 Python 中，通过结合使用 if 语句和布尔表达式，能实现根据给定的条件有选择地执行某个操作步骤的功能。例如，当航天器速度小于 7.9 时，就输出信息“航天器未达到宇宙速度，不能进入太空”。使用 Python 语言描述这个功能的代码如下。

```
if v<7.9:
    print('航天器未达到宇宙速度,不能进入太空')
```

在这个代码中，布尔表达式 v < 7.9 的计算结果是一个布尔值(其值为 True 或 False)，当它为 True 时，表示条件成立，就会执行 if 语句中的 print()函数。

类似地,根据表 9-2 中提供的 Python 布尔表达式,可以编写出判断各种宇宙速度的程序代码。见示例程序 9-1。

示例程序 9-1

```
v=input('请输入航天器速度 km/s:')
v=float(v)
if v<7.9:
    print('航天器未达到宇宙速度,不能进入太空')
elif v==7.9:
    print('航天器达到第一宇宙速度,进入太空,绕地球作圆周运动')
elif 7.9<v and v<11.2:
    print('航天器达到第一宇宙速度,进入太空,绕地球作椭圆运动')
elif 11.2<=v and v<16.7:
    print('航天器达到第二宇宙速度,摆脱地球引力,绕太阳运行')
elif v>=16.7:
    print('航天器达到第三宇宙速度,摆脱太阳引力,飞向星际空间')
```

说明:elif 是 else if 的简写,在 9.5 节会详细介绍。

(3) 将源代码编辑妥当并保存,然后运行程序,再输入一些速度数据进行验证。

歼-20 是我国研发的一款第五代隐形战斗机,最大飞行速度是 2.8 马赫,约为 0.95km/s。对这个速度的检测结果如下。

```
>>>========RESTART: C:\飞向太空.py========
请输入航天器速度 km/s:0.95
航天器未达到宇宙速度,不能进入太空
```

阿波罗 10 号航天器在 1969 年携带登月舱进入月球轨道进行测试,从月球返回地球途中达到的最大飞行速度是 11.08km/s。对这个速度的检测结果如下。

```
>>>========RESTART: C:\飞向太空.py========
请输入航天器速度 km/s:11.08
航天器达到第一宇宙速度,进入太空,绕地球作椭圆运动
```

太阳神 2 号探测器在 1976 年飞往环日轨道研究太阳活动,创造了 70.22km/s 的飞行速度。对这个速度的检测结果如下。

```
>>>========RESTART: C:\飞向太空.py========
请输入航天器速度 km/s:70.22
航天器达到第三宇宙速度,摆脱太阳引力,飞向星际空间
```

9.4 布尔表达式

布尔类型是 Python 语言中用来表示逻辑值的一种数据类型,布尔类型的变量只能选取 True 或 False 中的一个作为值,用 True 表示逻辑真,用 False 表示逻辑假。能够计算

得到布尔值 True 或 False 的表达式，称为布尔表达式。在 Python 中，进行关系运算和逻辑运算的结果都是布尔值。

1. 关系运算

使用关系运算符比较两个运算量之间大小关系的运算，称为关系运算（或比较运算），运算的结果是一个布尔值。用关系运算符构建的表达式，称为关系表达式。关系运算符有 6 种，分别是等于、不等于、大于、小于、大于或等于、小于或等于。见表 9-3。

表 9-3 关系运算符

名　　称	数学符号	Python 运算符	示例(a=8)	结果
等于	=	==	a == 0	False
不等于	≠	!=	a != 0	True
大于	>	>	a > 0	True
小于	<	<	a < 0	False
大于或等于	≥	>=	a >= 0	True
小于或等于	≤	<=	a <= 0	False

注意：Python 中用双等号（==）表示相等关系，用单等号（=）表示赋值操作。

利用关系运算符，既可以进行数值的比较，也可以进行字符串的比较。数值的比较按照数值大小进行，字符串的比较按照字母表顺序进行。排在字母表前面的小，排在字母表后面的大。例如，在字母表中 a 排在 b 的前面，则字符 a 小于字符 b。输入如下代码进行测试。

```
>>>'a'<'b'
True
```

确切地说，字符串是按照字符的 ASCII 码顺序来比较大小的。比较两个字符串时，将字符串左对齐，逐个比较字符的 ASCII 码值。

小知识

在计算机中，英文字母、数字、标点符号等使用 ASCII 码表示。ASCII 是 American Standard Code for Information Interchange 的简称，意思是美国标准信息交换代码。它已被国际标准化组织定为国标标准。

例如，小写字母 a 的 ASCII 码为 97，大写字母 A 的 ASCII 码为 65。使用 ord() 函数可以查看字符的 ASCII 码。输入下面代码进行测试。

```
>>>ord('a'),ord('A')
(97, 65)
>>>'a'>'A'
True
```

2. 逻辑运算

使用逻辑运算符表示运算量逻辑关系的运算，称为逻辑运算，运算的结果是一个布尔值。逻辑运算符也称为布尔运算符。在Python语言中支持的逻辑运算符有：逻辑与(and)、逻辑或(or)和逻辑非(not)。

(1) 逻辑与(and)。当进行逻辑与运算的两个运算量同时为True时，运算结果才为True，否则为False。输入下面代码进行测试。

```
>>>x=True
>>>y=False
>>>x and y
False
>>>y=True
>>>x and y
True
```

(2) 逻辑或(or)。当参与逻辑或运算的两个运算量同时为False时，运算结果才为False，否则为True。输入下面代码进行测试。

```
>>>x=True
>>>y=False
>>>x or y
True
>>>x=False
>>>x or y
False
```

(3) 逻辑非(not)。逻辑非运算符用于对表达式的结果进行取反操作。当表达式的值为True时，逻辑非运算的结果为False，反之为True。输入下面代码进行测试。

```
>>>x=True
>>>not x
False
>>>x=False
>>>not x
True
```

3. 表示复杂逻辑

(1) 把关系表达式作为逻辑表达式的运算量，用以表示复杂的逻辑。例如，

```
>>>v=10
>>>v>7.9 and v<11.2
True
```

注意：关系运算符的优先级高于逻辑运算符。

（2）如果不清楚运算优先级，可以使用小括号将运算量括起来。例如，

```
>>>v = 10
>>> (v > 7.9) and (v < 11.2)
True
```

（3）当表示一个区间内的数据时，可以将运算量放在 and 运算符的两端。例如，

```
>>>v = 10
>>>7.9 < v and v < 11.2
True
```

（4）也可以采用和数学相同的写法，更为简洁。例如，

```
>>>v = 10
>>>7.9 < v < 11.2
True
```

修改本课程的案例程序，使用这种与数学相同的写法来判断宇宙速度。

9.5 选择结构

在程序设计中，顺序结构无法描述复杂的控制流程。在某些时候，程序需要根据给定的条件作出选择，如果条件成立执行步骤 A，否则执行步骤 B。例如，在一些游戏程序中，程序要判断玩家的生命值，如果生命值大于 0，就让玩家继续进行游戏，否则，就显示 Game Over 并结束游戏。选择结构就是用来实现这种控制逻辑的程序结构。根据可选择分支的多少，通常分为单分支选择结构、双分支选择结构和多分支选择结构。

在程序框图中，选择结构使用菱形的判断框（选择框）表示。把给定条件写在判断框内，它的两个出口分别指向两个不同的分支，在指向条件成立的出口处标明“是”或 Y，在指向条件不成立的出口处标明“否”或 N。一个判断框可以用来描述单分支选择结构和双分支选择结构，而通过多个判断框的组合可以用来描述多分支选择结构。

图 9-3 所示的是单分支选择结构，图 9-4 所示的是双分支选择结构。

1. 单分支选择结构

在 Python 语言中，使用 if 语句描述单分支选择结构。当给定条件满足时，执行语句体，否则执行 if 语句后面的代码。Python 的 if 语句和 Scratch 的 if...then 积木的作用相同，其语法格式如图 9-5 所示。

例如，到电影院买票时，如果儿童身高不超过 120cm，可以免票。这是一个单分支选择结构，使用 Python 语言描述如下。

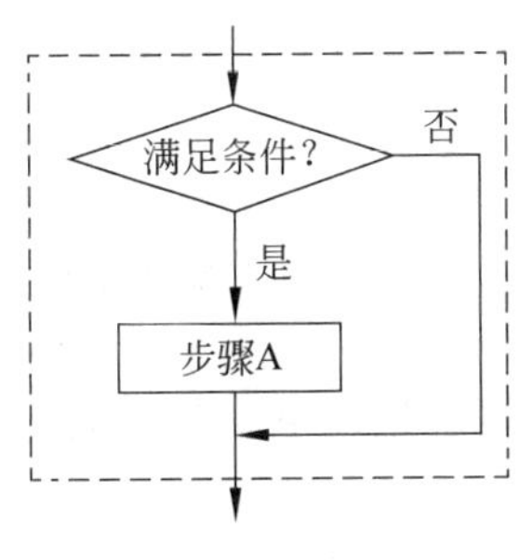

图 9-3　单分支选择结构

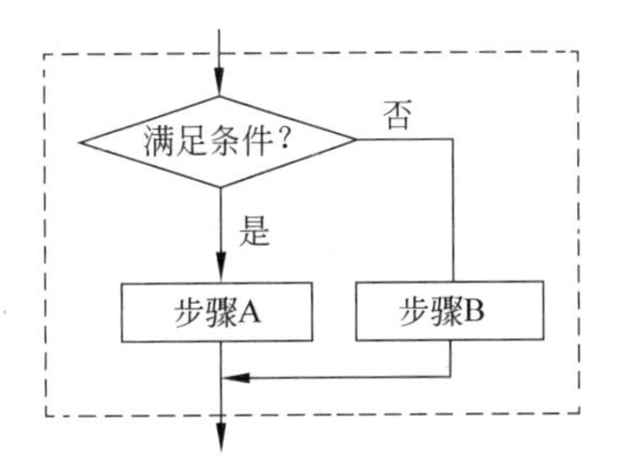

图 9-4　双分支选择结构

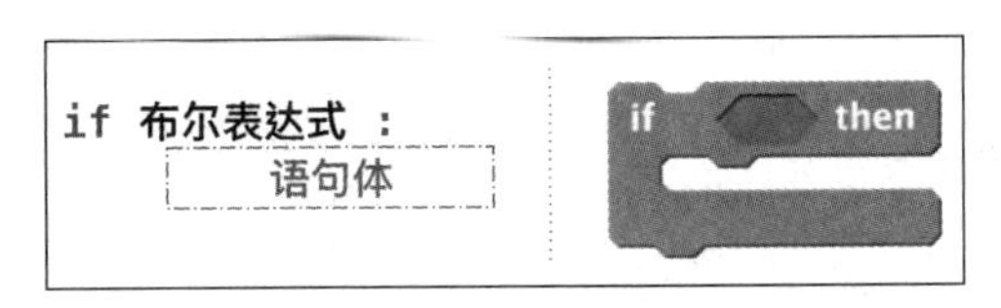

图 9-5　Python 的 if 语句和 Scratch 的 if...then 积木对比

```
height = int(input('请输入儿童身高 cm:'))
if height <= 120:
    print('可以免票')
```

注意：语句体相对于前面的 if 语句要向右缩进 4 个空格。

2. 双分支选择结构

在 Python 语言中，使用 if...else 语句描述双分支选择结构。当给定的条件满足，选择执行 if 语句体，否则选择执行 else 语句体。Python 的 if...else 语句和 Scratch 的 if...then...else 积木的作用相同，其语法格式如图 9-6 所示。

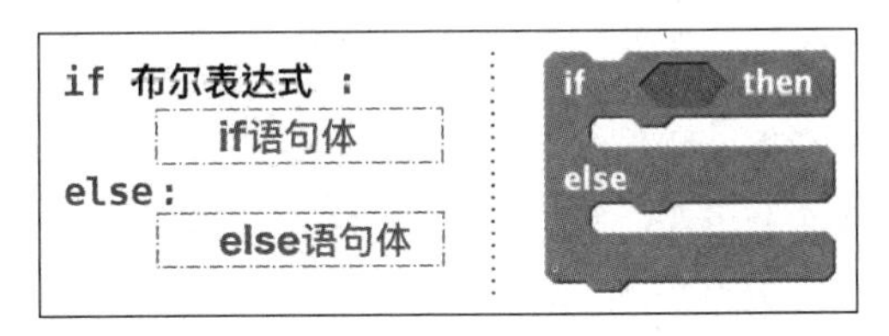

图 9-6　Python 的 if...else 语句和 Scratch 的 if...then...else 积木对比

例如，到电影院买票时，如果儿童身高不超过 120cm，可以免票，否则就要买票。这是一个双分支选择结构，使用 Python 语言描述如下。

```
height = int(input('请输入儿童身高 cm:'))
if height <= 120:
    print('可以免票')
else:
    print('请买票')
```

注意：else 关键字后面带有一个冒号(:)，else 语句体也要向右缩进 4 个空格。

3. 多分支选择结构

在 Python 语言中，通过组合或嵌套多个 if 语句可以实现多分支选择结构。下面以判断宇宙速度为例，介绍多分支选择结构的 3 种实现方式。

(1) 并列使用多个 if 语句，通过设定不同的条件让流程进入不同的分支。例如，

```
if v<7.9:
    pass
if v==7.9:
    pass
if 7.9<v and v<11.2:
    pass
if 11.2<=v and v<16.7:
    pass
if v>=16.7:
    pass
```

提示：pass 语句是一个空语句，表示不做任何事情，起到占位的作用。

采用这种方式时，每个 if 语句都会被检查和执行，因此必须严格设定 if 语句控制条件的布尔表达式，避免多个分支被执行。

(2) 嵌套使用多个 if 或 if...else 语句实现多分支选择结构。例如，

```
if v<7.9:
    pass
else:
    if v==7.9:
        pass
    else:
        if v<11.2:
            pass
        else:
            if v<16.7:
                pass
            else:
                pass
```

这种方式的缺点是分支越多，缩进层次就越深。通常建议嵌套不要超过 3 层。

(3) 使用 if...elif...else 语句实现平面化的多分支选择结构。例如，

```
if v<7.9:
    pass
```

```
elif v==7.9:
    pass
elif v<11.2:
    pass
elif v<16.7:
    pass
else:
    pass
```

这种方式是利用 elif 语句代替 else...if 语句，从而使多层缩进的嵌套结构平面化，提高了代码的可读性。

1. 布尔类型的变量只能取值为________或________。
2. 判断两个变量是否相等，使用的运算符是________。
3. 计算下面各个布尔表达式的值，将答案写在表 9-4 的“运算结果”栏中。

表 9-4　布尔表达式及其运算结果

布尔表达式(设 a=8，b=5)	运算结果
a < b	
a % 2 == 0	
b % 2 != 0	
a > b and b > a	
not (a > b or b > a)	
a % 2 == 0 and b % 2 != 0	

4. 在程序框图中，选择结构使用________表示，其外形呈________形。
5. 编写一个程序，实现判断输入的正整数是奇数还是偶数，请完善流程图 9-7 和程序。

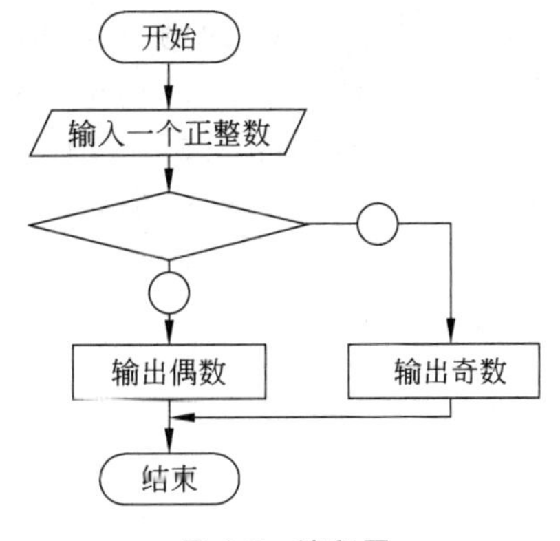

图 9-7　流程图

```
x=int(input('输入一个正整数：'))
if ____________________:
    print('偶数')
else:
    print('奇数')
```

6. 请完善程序，实现判断闰年的功能。判断闰年的标准：①年份能整除 400；②年份能整除 4 且不能整除 100。

```
year=int(input('请输入一个年份：'))
if (____________________) or (____________________):
    print('是闰年')
else:
    print('不是闰年')
```

7. 有的小学将成绩从百分制转换到等级制，转换规则是：60 分以下为不合格；60～69 分为合格；70～89 分为良好；90 分以上为优秀。设计一个自动转换程序，输入一个百分制成绩，然后输出等级制。例如，输入 80，输出“良好”。要求完善程序并画出流程图。

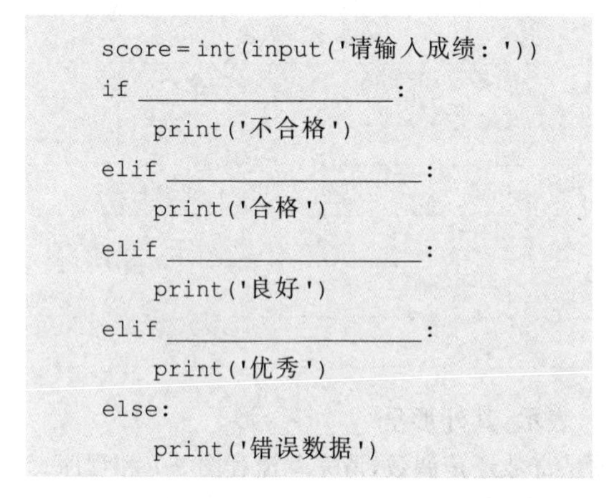

```
score=int(input('请输入成绩：'))
if ____________________:
    print('不合格')
elif ____________________:
    print('合格')
elif ____________________:
    print('良好')
elif ____________________:
    print('优秀')
else:
    print('错误数据')
```

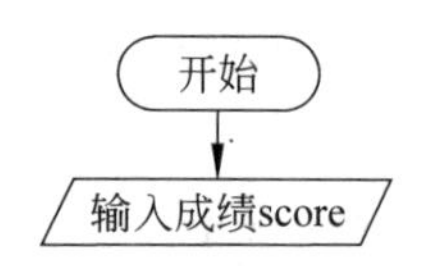

8. 身体质量指数(BMI)，是目前国际上常用的衡量人体胖瘦程度以及是否健康的一个标准。它的计算公式：BMI＝体重÷身高^2。其中，体重的单位是 kg，身高的单位是 m。中国人的 BMI 参考标准：BMI＜18.5 为偏瘦；18.5≤BMI＜24 为正常；24≤BMI＜28 为偏胖；BMI≥28 为肥胖。编写一个程序，输入一个人的体重和身高，计算 BMI 并指出体重是否正常。

第10课

棋盘麦粒——循环结构

10.1 问题描述

古时候,印度有个国王很爱下国际象棋,从来没有人赢过他。时间久了,国王觉得很无聊,就下令谁能赢了他,就会满足这个人的一个愿望。有一天,一个聪明的大臣提出要和国王下棋。骄傲的国王根本没把这个大臣放在眼里,结果输了。

国王决定信守诺言,他对大臣说:"我要重赏你。你想要什么金银珠宝,我都可以给你。"大臣回答道:"我只想要一些麦粒。陛下,请用这个棋盘的格子来计数,数到第1个格子时给我1颗麦粒,第2个格子给我2颗麦粒,第3个格子给我4颗麦粒,第4个格子给我8颗麦粒……照此规律数完全部64个格子,就是我要的麦粒数量。"

国王听了大臣的要求,哈哈大笑。立刻吩咐管粮食的大臣说:"你去拿几袋麦子赏给他吧。"管粮大臣在计算之后大惊失色,忙向国王报告道:"陛下,就算把全国的粮食都给他,也远远不够啊!"国王知道计算结果后,感到进退两难。这时,管粮大臣灵机一动,对国王说道:"陛下,请您下令让他自己到粮仓取麦子,让他一粒一粒地数出那些麦子……"

故事的结局是输了棋的国王没有失信于人,而赢了棋的大臣也没办法取走自己想要的麦子。因为按照赢棋大臣的算法计算出来的麦粒数量是一个非常巨大的天文数字,无论是给麦子,还是取麦子,都是一个不可能完成的任务。

那么,赢棋大臣想要的麦粒数量到底是多少呢?请编写一个程序计算麦粒数量。

10.2 算法分析

赢棋大臣的计算方法是以棋盘格子进行计数,第1格为1颗麦粒,从第2格到第64格,每一格的麦粒数是前一格的2倍,依次算出每一格的麦粒数,并累计得到麦粒总数。按此方法进行计算,过程如下。

第1格:1颗,总数为1颗;

第2格:1×2=2颗,总数为1+2=3颗;

第3格:2×2=4颗,总数为3+4=7颗;

第4格:4×2=8颗,总数为7+8=15颗;

第5格:8×2=16颗,总数为15+16=31颗;

第 6 格：16×2=32 颗，总数为 31+32=63 颗；

……

显然，这个计算过程包含重复操作的步骤。从棋盘的第 2 格开始，每数一个格子需要做两个操作：①计算当前格子的麦粒数；②累加麦粒总数。

为方便地描述这个问题的数学模型，我们用变量 n 表示每个格子中的麦粒数，用变量 s 表示累加的麦粒总数，这样每次的操作可以表示为

$$n=n*2$$
$$s=s+n$$

其中，变量 n 和 s 的初始值都为 1。只要对上述操作重复进行 63 次，就能计算出麦粒总数。

在程序设计中，如果要编写包含重复执行的操作步骤的程序，可以使用循环结构。使用自然语言描述计算棋盘麦粒的算法，步骤如下。

(1) 设初始变量 $n=1,s=1,i=2$。

(2) 如果 $i\leqslant 64$ 成立，执行步骤(3)；否则输出 s，结束算法。

(3) 计算 $n=n*2$、$s=s+n$ 和 $i=i+1$，然后返回步骤(2)。

在这个算法中，变量 i 作为循环结构的计数器使用，代表从棋盘的第 2 格到第 64 格。

为了更直观地描述上述算法，可以使用流程图来描述，如图 10-1 所示。

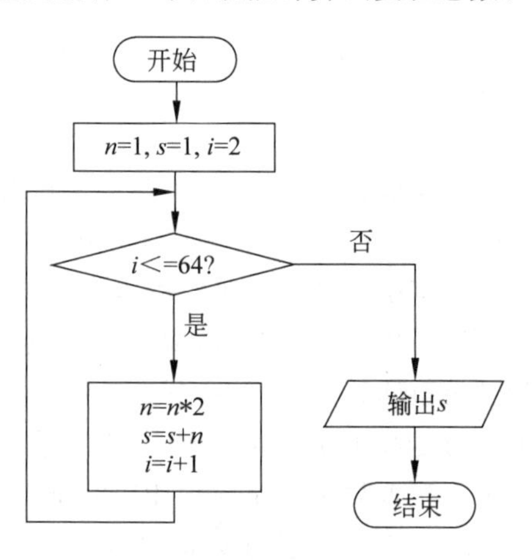

图 10-1 棋盘麦粒算法流程图

10.3 编程解题

棋盘麦粒问题并不难，手工也能计算，但是过于烦琐，且容易出错。重复的事情就让程序来做，正好发挥计算机速度快的优势。接下来将编写循环结构的程序求解棋盘麦粒问题。

跟我做

在 IDLE 环境中，打开一个新的 Python 编辑器窗口，以“棋盘麦粒.py”作为文件名将空白源文件保存到本地磁盘上，然后开始编写 Python 代码。

(1) 计算棋盘第 1 格的麦粒。创建变量 n 表示每个格子中的麦粒数，设初值为 1；创建变量 s 表示麦粒总数，设初值为 1。这相当于在棋盘第 1 个格子放上 1 颗麦粒。

```
n=1
s=1
```

(2) 计算棋盘第 2～64 格的麦粒。计算后面格子中的麦粒数量是一个重复性的工作，适合使用循环结构的程序来实现。这里使用 while 语句构建一个计数型循环。先创

建一个变量 i 作为循环结构的计数器，设初值为 2，表示从第 2 个格子开始计数；再使用条件 i <= 64 来判断是否数到第 64 个格子。

```
i=2
while i<=64:
```

在这个代码中，i <= 64 是一个关系表达式，它的运算结果是一个布尔值。当它的值为 True 时，就会执行循环体中的代码；当它的值为 False 时，结束循环，然后执行循环结构后面的代码。

接着在循环体中编写需要重复执行的操作步骤，也就是计算当前格子的麦粒数和累加麦粒总数。

```
    n=n*2
    s=s+n
```

注意：这两行代码相对于 while 语句要向右缩进 4 个空格，表明它们是循环体的代码。

在这个循环结构中，循环控制条件是 i <= 64。为了让循环结构能够正常运行，在执行重复的操作步骤之后，需要让计数器变量 i 的值增加 1。这也相当于准备数下一个格子中的麦粒。在编辑器中继续输入下面一行代码。

```
    i=i+1
```

注意：这行代码也属于循环体，也要向右缩进 4 个空格。

(3) 循环结束后，使用 print() 函数输出麦粒总数。

```
print('麦粒总数是:', s)
```

注意：这行代码要与 while 语句左对齐，表明它不属于循环体。

(4) 至此，计算棋盘麦粒的程序编写完毕，见示例程序 10-1。

示例程序 10-1

```
#棋盘第 1 格的麦粒数
s=1
n=1
#棋盘第 2 到 64 格的麦粒数
i=2
while i<=64:
    n=n*2
    s=s+n
    i=i+1
```

```
#输出麦粒总数
print('麦粒总数是:', s)
```

(5) 将源代码编辑妥当并保存，然后运行程序，计算结果如下。

```
>>>========RESTART: C:\棋盘麦粒.py ========
麦粒总数是: 18446744073709551615
```

数一数这个数字有多少位，你能将它读出来吗？面对如此巨大的天文数字，难怪无论是国王，还是赢棋的大臣都没有办法。也许赢棋的大臣原本就没有想要这么多的麦粒，而是想借此机会看看谁更聪明吧。

10.4 循环结构

在程序设计中，算法的某些操作步骤在一定条件下会被重复执行，这就是算法中的循环结构，通常由循环控制语句、循环条件和循环体等组成。反复执行的操作步骤称为循环体，由若干个操作步骤组成，它们可以按顺序结构、选择结构或者循环结构来组织，也可以是这些基本结构的嵌套组合。

在程序框图中，循环结构使用判断框和流程线表示。在判断框内写上条件，它的两个出口分别指向条件成立和条件不成立时所执行的不同操作步骤。其中一个出口指向循环体，再从循环体回到判断框的入口处；另一个出口指向循环结构之外的其他操作步骤。

在 Python 语言中，使用 while 语句编写循环结构的程序。while 语句使用一个布尔表达式作为循环的控制条件。当条件成立时，执行循环体中的代码；否则，结束循环，执行循环结构后面的代码。如图 10-2 所示。

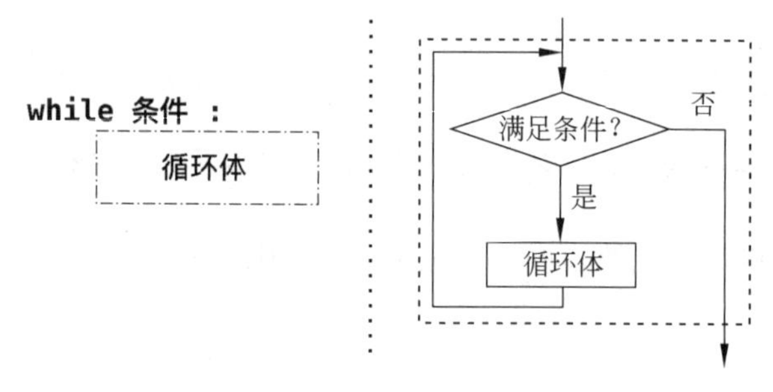

图 10-2　while 循环结构

根据循环次数是否确定，可以将循环结构分为计数型循环和条件型循环。

1. 计数型循环

计数型循环是一种循环次数确定的循环结构。通常采用计数器变量来控制循环的次数，需要设置计数器变量的起始值和终止值、每次变化的增量，循环的结束条件是计数器变量超出给定的数值范围。

图 10-3 展示了一个计数型循环的基本框架和流程图。在这个计数型循环结构中，变

量 i 是一个计数器，它的数值范围为 0≤i<10。计数器变量的值从 0 开始，每次增加 1，共循环 10 次。当循环控制条件 i<10 成立时，就会重复地执行循环体中的代码。

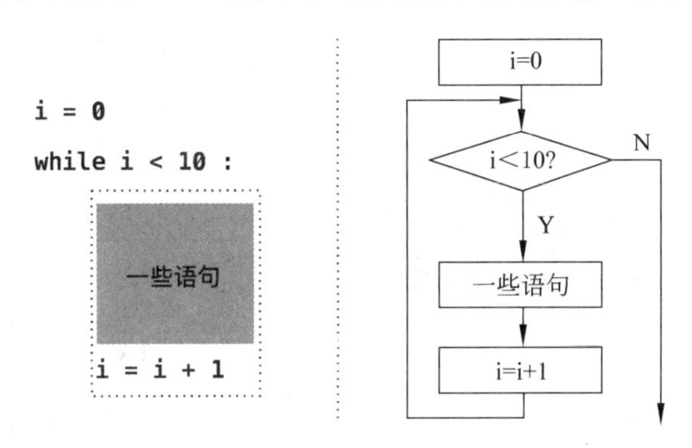

图 10-3　计数型循环的基本框架和流程图

例如，求 1+2+3+…+100 的和。

使用计数型循环结构编写程序，计数器变量 i 的数值范围为 1≤i≤100，计数器变量 i 的值从 1 开始，每次增加 1，直到大于 100 时结束，共循环 100 次。在循环体中，累加变量 i 的各个值，结果放在变量 s 中。见示例程序 10-2。

示例程序 10-2

```
s=0
i=1
while i<=100:
    s=s+i
    i=i+1
print(s)
```

运行程序，执行结果如下。

```
>>>========RESTART: C:\累加求和.py========
5050
```

2. 条件型循环

条件型循环是一种循环次数不确定的循环结构。通常采用标记值控制循环，当使用标记值表示的循环条件不成立时，循环才会结束。在循环体内一定要有改变循环条件的语句，让循环条件中的标记值发生改变，使循环趋向于结束；否则，循环将无休止地执行，形成所谓的“死循环”。

图 10-4 是一个条件型循环的基本框架和流程图。在这个条件型循环结构中，使用标记变量 state 控制循环。标记变量 state 的初始值为 True，使循环能够运行，并重复执行循环体中的代码。在循环体中，判断如果给定的布尔表达式成立时，就修改变量 state 的值为 False，使循环结束，而不会进入死循环。例如，任意取一个正整数 n。如果 n 是偶数，就把 n 变成 n/2；如果 n 是奇数，就把 n 变成 3 * n+1。不断重复操作，最终一定会得

到1。

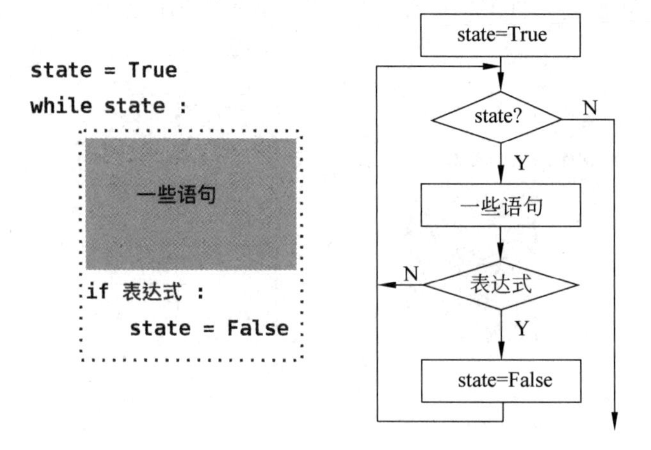

图 10-4 条件型循环的基本框架和流程图

正整数 n 取不同值时，每次变换的过程都不相同，无法确定循环体重复执行的次数。只知道 n 最终会变成 1。因此，循环的终止条件就是 n 被变换为 1。

使用条件型循环结构编写程序，使用变量 state 控制循环，先将 state 的值设为 True，使循环结构能够运行。在循环体内，反复进行变换操作，同时还要判断，当 n 被变换为 1 时，就将 state 的值设为 False，从而使循环结束。见示例程序 10-3。

示例程序 10-3

```
n=int(input('请输入一个正整数:'))
state=True
while state:
    if n % 2==0:
        n=n // 2
    else:
        n=3*n+1
    print(n)
    if n==1:
        state=False        #让循环结束
```

运行程序，输入一个正整数 5，执行结果如下。

```
>>>========RESTART: C:\冰雹猜想.py========
请输入一个正整数:5
16
8
4
2
1
```

也可以不依赖特定的标记值，而是使用循环体中的数据变量来控制循环。只要能够控制循环按预定的条件退出，不进入死循环即可。修改后的程序见示例程序10-4。

示例程序 10-4

```
n=int(input('请输入一个正整数:'))
while n>1:
    if n % 2==0:
        n=n // 2
    else:
        n=3*n+1
    print(n)
```

3. 循环的干预

1）用 continue 语句继续下一轮循环

在循环体中，当某个条件满足时，使用 continue 语句可立即结束本轮循环，continue 语句之后的代码会被忽略，并跳转到循环结构开始处，开始新一轮循环。

例如，在示例程序10-5所示的计数型循环结构中，循环控制条件是 i ＜ 10。在循环体中，当 i 是偶数(i ％ 2＝＝0)时，用 continue 语句开始新一轮循环。见示例程序10-5。

示例程序 10-5

```
i=0
while i<10:
    i=i+1
    if i % 2==0:
        continue
    print(i)
```

运行程序，结果如下：

```
>>>RESTART: ========C:\用 continue 继续下一轮循环.py========
1
3
5
7
9
```

从运行结果来看，当 i 是偶数时，就会提前结束本轮循环，并开始下一轮循环。在循环体中，continue 语句后面的语句被忽略，因此，这个程序只输出1～10中的奇数，而忽略掉偶数。

2）用 break 语句退出整个循环

在循环体中，当某个条件满足时，使用 break 语句可以从一个循环结构中提前退出，让程序开始执行循环结构后面的代码。退出循环是强制性的，不用考虑循环体中的代码是否全部执行完，也不用考虑循环控制条件是否依然成立。

例如，在示例程序10-6所示的计数型循环结构中，循环控制条件是 i ＜＝ 10。在循环体中，当 i == 5 成立时，用 break 语句强制结束循环。见示例程序 10-6。

示例程序 10-6

```
i=1
while i<=10:
    if i==5:
        break
    print(i)
    i=i+1
```

运行程序，执行结果如下。

```
>>>========RESTART: C:\用 break 退出循环.py========
1
2
3
4
```

从运行结果来看，当执行到 break 语句时，就直接退出了循环结构，在循环体中，break 语句后面的两行代码没有被执行。同时，虽然循环控制条件 i <= 10 仍然成立，但是整个循环已经被强制结束，因此，这个程序最后只输出了 4 个数字。

4. 循环的嵌套

在一个循环结构中包含另一个循环结构，称为循环嵌套。通常，按照循环嵌套的层数，嵌套几层就叫几重循环。循环嵌套的层数越多，运行时间越久，程序也越复杂。一般常用的有双重循环和三重循环。

例如，示例程序 10-7 是使用双重循环结构向屏幕输出一个由星号（*）构成的 3 行 3 列的方形图案。见示例程序 10-7。

示例程序 10-7

```
i=1
while i<=3:
    j=1
    while j<=3:
        print('*', end='')
        j=j+1
    print()
    i=i+1
```

运行程序，执行结果如下。

```
>>>========RESTART: C:\循环嵌套 1.py========
***
***
***
```

在这个程序中，外层循环用变量 i 控制行数，内层循环用变量 j 控制列数。在内层循环中连续输出一行星号，在调用 print()函数时加上参数 end=''使输出星号后不换行；在外层循环中用 print()函数输出一个空行，达到换行的目的。这个双重循环结构使用的都是计数型循环，总的循环次数是各层循环次数的乘积。因此，这个程序输出 3 行 3 列共 9 个星号，构成一个方形图案。

在循环嵌套中，通过构建可变化的循环条件，能让程序更灵活。示例程序 10-8 将上面的程序稍作修改，将内层循环的循环条件修改为 j <= i，就能实现向屏幕输出一个由星号(*)构成的三角形图案。见示例程序 10-8。

示例程序 10-8

```
i=1
while i<=3:
    j=1
    while j<=i:
        print('*', end='')
        j=j+1
    print()
    i=i+1
```

运行程序，执行结果如下。

```
>>>========RESTART: C:\循环嵌套 2.py========
*
**
***
```

在这个程序中，内层循环的计数器变量 j 的终止值使用的是外层循环的计数器变量 i 的值，使内层循环的循环次数依次为 1、2、3，从而控制了每行中输出的星号(*)的数量。

使用 break 语句只能跳出一个循环结构，在嵌套的多个循环结构中使用也是如此，只能影响 break 所在的循环结构。

例如，示例程序 10-9 是在上面程序的内层循环中加入一条 break 语句，使内层循环在输出一个星号(*)之后就被强制结束了。见示例程序 10-9。

示例程序 10-9

```
i=1
while i<=3:
    j=1
    while j<=i:
        print('*', end='')
```

```
        break
        j=j+1
    print()
    i=i+1
```

运行程序，执行结果如下。

```
>>>========RESTART: C:\跳出循环.py========
*
*
*
```

从执行结果来看，在内层循环中使用的 break 语句，只对内层循环起作用，而不会影响外层循环，因此，这个程序在每行只输出一个星号。

练习题

1. 在程序设计中，如果有些操作步骤需要重复执行，应该使用________结构。
2. 在程序框图中，循环结构使用________和________表示。
3. 根据循环次数是否确定，可以将循环结构分为________循环和________循环。
4. 如果想要结束本轮循环，并开始下一轮循环，可以使用________语句。
5. 如果想要强制从循环结构中退出，可以使用________语句。

6. 一只狗熊准备掰一些玉米过冬，第 1 天掰了 2 个，第 2 天掰了 4 个，以后每天都比前一天多掰 2 个，直到有一天，狗熊掰了 50 个玉米，它觉得这么多玉米已经足够过冬了，于是就不再掰了。请你帮狗熊算一算总共掰了多少个玉米？请完善流程图 10-5 和程序。

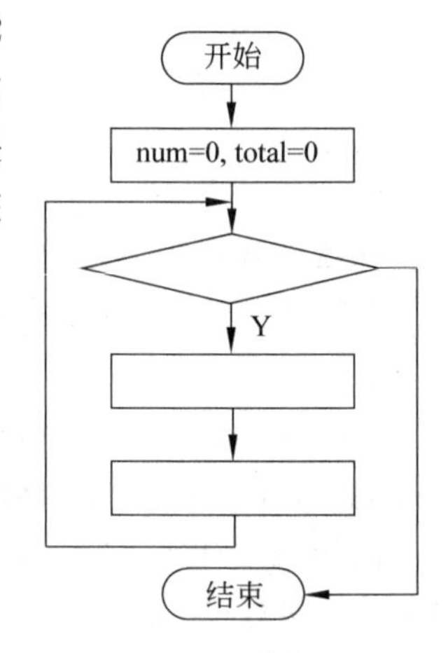

图 10-5　流程图

```
num, total=0, 0
while _______:
    ____________________
    num=num+2
print(total)
```

7. 请完善程序，实现打印九九乘法表的功能。

```
i=1
while i<=9:
    j=1
    while ___________:
        print(j, 'x', i, '=', i*j, end='')
```

```
    ________________
    print()
    i+=1
```

8. 在海龟绘图中,使用循环结构绘制一个五角星。

9. 假设有一张厚 0.5mm、面积足够大的纸。把这张纸不断对折,请问对折多少次后,可达到珠穆朗玛峰的高度(8848m)[①]。请编写循环结构的程序求解答案。

10. 编写一个循环结构的程序,利用尼拉坎特哈级数求圆周率的近似值。这个级数的收敛比较快,建议迭代 15000 次。(提示:可在第 2 课中查看关于尼拉坎特哈级数的介绍。)

① 根据 2005 年中国国家测绘局测量的珠穆朗玛峰的高度为 8844.43m。

第11课

恺撒加密——字符串处理

11.1 问题描述

《罗马帝王传》中描述了古罗马恺撒大帝在公元2世纪使用的一种加密方法，它通过将字母按字母表中的顺序后移3位起到加密作用，如将字母A换作字母D，将字母B换作字母E，以此类推。假如有这样一道命令RETURN TO ROME，在用恺撒的方法加密之后就成为UHWXUQ WR URPH这样的密文。这样即使被敌军截获，也无法从字面上获得有用信息。在《罗马帝王传》中还说到解密方法："如果想知道它们的意思，得用第4个字母置换第1个字母，即以D代A，以此类推。"当恺撒的将领们收到密文后，会按此法将密文还原，然后执行恺撒的命令。

虽然没有史书记载恺撒加密术在当时的效果如何，但是从恺撒所取得的军事成就来看，相信它在当时是安全可靠的。直到公元9世纪，破解恺撒密码的方法才出现在阿拉伯人阿尔·肯迪有关发现频率分析的著作中。现在利用计算机程序破解恺撒密码是轻而易举的事情。

请编写一个程序实现恺撒加密算法。使用英文输入一句话，只加密字母，加密规则是将字母A换作字母D，B变成E……以此类推X将变成A，Y变成B，Z变成C。加密时区分字母的大小写。

11.2 算法分析

1. 恺撒加密法的操作

为方便使用，先按照恺撒加密法的规则制成明文和密文字母对照表，如下。

明文字母表：ABCDEFGHIJKLMNOPQRSTUVWXYZ

密文字母表：DEFGHIJKLMNOPQRSTUVWXYZABC

恺撒和将领们通信时，利用对照表很容易实现明文和密文之间的转换。例如，

明文：RETURN TO ROME

密文：UHWXUQ WR URPH

2. 利用ASCII码实现恺撒加密

例如，大写字母A的ASCII码为65，小写字母a的ASCII码为97。利用ord()函数，

可以获取一个字符的 ASCII 码。在 Python Shell 窗口中进行下面操作。

```
>>>ord('A')
65
```

如果知道一个字符的 ASCII 码，利用 chr()函数可将其转换为对应的字符。例如，

```
>>>chr(65)
'A'
```

英文大小写字母的 ASCII 码是连续的，大写字母 A～Z 的 ASCII 码是 65～90，小写字母 a～z 的 ASCII 码是 97～122。如表 11-1 所示。

表 11-1　部分英文字母与 ASCII 码对照表

A	B	C	D	…	W	X	Y	Z
65	66	67	68	…	87	88	89	90
a	b	c	d	…	w	x	y	z
97	98	99	100	…	119	120	121	122

利用 ASCII 码进行恺撒加密的方法：对于字母 A～W 或 a～w，将字母的 ASCII 码加上 3；对于字母 X～Z 或 x～z，将字母的 ASCII 码减去 23。

例如，要将 A 替换 D，可以进行如下操作。

```
>>>chr(ord('A')+3)
'D'
```

当处理 XYZ 或 xyz 时，需要折回到字母序列的开头，替换为 ABC 或 abc。例如，将 X 替换为 A，可以进行如下操作。

```
>>>chr(ord('X') -23)
'A'
```

3. 算法步骤

将输入的明文字符串存放到变量 text 中，再创建一个计数型循环结构，以计数器 i 作为字符串的下标，逐个读取明文字符串 text 中的字符，加密后存放到密文字符串 s 中。循环控制条件是 i ＜ len(text)，其中 len()函数用于获取字符串的长度。使用自然语言描述恺撒加密算法，具体实现步骤如下。

(1) 输入一个明文字符串 text。

(2) 将密文字符串 s 初始化为空串，循环计数器 i 初始化为 0。

(3) 判断如果 i ＜ len(text)成立，就转到第(4)步，否则，转到第(8)步。

(4) 从明文字符串 text 中读取一个字符，存放到变量 c 中。

(5) 加密英文字符，其他保留。如果变量 c 中的字符是 A～W 或 a～w，就用 chr

(ord(c)+3)加密；如果是 X～Z 或 x～z，就用 chr(ord(c)-23)加密；如果不是字母则不加密。

(6) 将加密字符或保留字符连接到字符串 s 中，即 s=s+c。

(7) 将循环计数器加 1，即 i=i+1。跳到第(3)步执行。

(8) 输出密文字符串 s。

使用流程图描述恺撒加密算法，如图 11-1 所示。

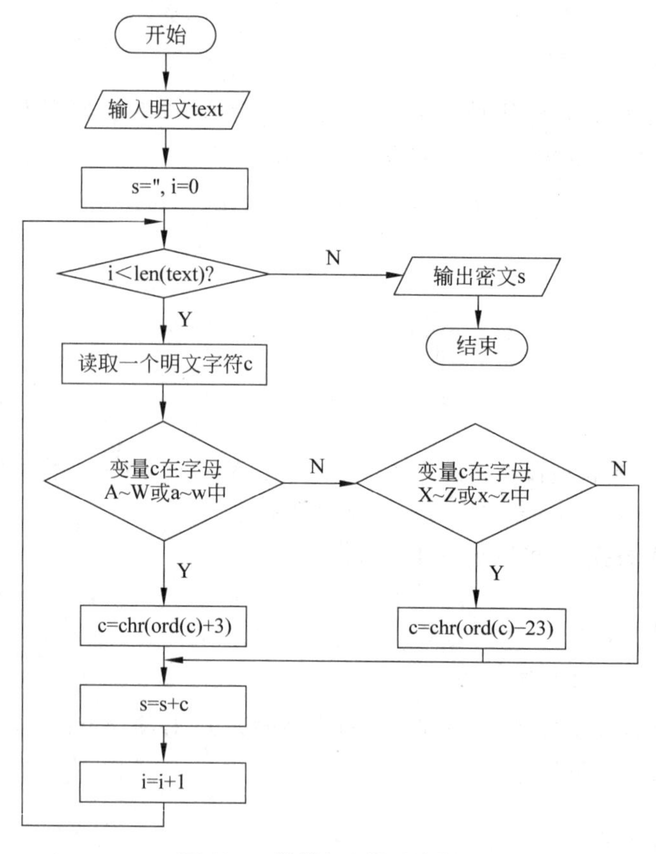

图 11-1　恺撒加密算法流程图

11.3 编程解题

根据上述算法分析中给出的编程思路，利用 ASCII 码的特点编程实现恺撒加密算法。

跟我做

在 IDLE 环境中，打开一个新的 Python 编辑器窗口，以"恺撒加密.py"作为文件名将空白源文件保存到本地磁盘中，然后开始编写 Python 代码。

(1) 让用户通过键盘输入一个明文字符串，存放在变量 text 中。

```
text=input('请输入明文:')
```

(2) 用一个计数型循环结构处理明文字符串。创建字符串 s 用来存放密文,初值为空串;创建循环的计数器变量 i,初值为 0;创建 while 循环,循环控制条件为 i<len(text)。

```
s=''
i=0
while i<len(text):
```

(3) 在循环体中,逐个读取明文字符串中的字符,并按照恺撒加密算法进行加密。继续输入下面代码,注意这些代码相对于 while 语句向右缩进 4 个空格。

```
    c=text[i]
    if 'a'<=c<='w' or 'A'<=c<='W':
        c=chr(ord(c)+3)
    elif 'x'<=c<='z' or 'X'<=c<='Z':
        c=chr(ord(c) -23)
```

在上面代码中,text[i]表示读取字符串 text 的第 i 个字符,读取之后将字符赋给变量 c。然后,通过布尔表达式判断变量 c 中的明文字符所属的范围来执行相应的加密操作。

布尔表达式'a' <= c <= 'w' or 'A' <= c <= 'W'用于判断字母是否在 A～W 或 a～w 中,如果成立就执行加密操作 c = chr(ord(c) + 3)。

布尔表达式'x' <= c <= 'z' or 'X' <= c <= 'Z 用于判断字母是否在 X～Z 或 x～z 中,如果成立就执行加密操作 c = chr(ord(c) − 23)。

(4) 变量 c 中的字符被加密之后,和密文字符串 s 连接在一起。然后,让计数器变量 i 加 1,并返回循环结构开始处继续下一轮循环。

```
s=s+c
i=i+1
```

(5) 当循环结束时,输出密文字符串 s。注意这行代码与 while 语句左端对齐。

```
print('输出密文:'+s)
```

(6) 至此,实现恺撒加密算法的程序编写完毕,见示例程序 11-1。

示例程序 11-1

```
#输入明文
text=input('请输入明文:')
#恺撒加密
s=''
i=0
```

```
while i<len(text):
    c=text[i]
    if 'a'<=c<='w' or 'A'<=c<='W':
        c=chr(ord(c)+3)
    elif 'x'<=c<='z' or 'X'<=c<='Z':
        c=chr(ord(c) - 23)
    s=s+c
    i=i+1
#输出密文
print('输出密文:'+s)
```

将源代码编辑好后并保存，然后运行程序，再输入一个明文字符串'hello, world'，执行结果如下。

```
>>>========RESTART: C:\恺撒加密.py========
请输入明文:hello, world
输出密文:khoor, zruog
```

试一试 编写恺撒密码的解密程序，将密文 Krz duh brx grlqj 还原成明文。

11.4 格式化字符串

在 Python 语言中，使用 print()函数输出信息时，可以使用加号(+)连接不同的字符串，按一定顺序组织成需要的格式后再输出到屏幕。例如，

```
>>>name='小明'
>>>age=6
>>>height=103.2
>>>print(name+'今年'+str(age)+'岁,身高'+str(height)+'厘米。')
小明今年 6 岁,身高 103.2 厘米。
```

在上面代码中，变量 age 和 height 不是字符串类型，需要用 str()函数转换为字符串类型，才能和其他字符串连接。

如果要连接的数据项较多，更好的处理方式是使用格式化字符串的功能。

1. 用%占位符格式化字符串

Python 语言提供用于格式化输出的%运算符，一般使用格式为“模板字符串 %(数据项)”。输入下面代码进行测试。

```
>>>name='小明'
>>>age=6
>>>height=103.2
```

```
>>>print('% s今年% d岁,身高% .1f厘米。' % ('小明', age, height))
小明今年 6 岁,身高 103.2 厘米。
```

在这个代码中,字符串'%s 今年%d 岁,身高%.1f 厘米。'是一个格式化模板,其中,%s、%d 和%.1f 是占位符;('小明', age, height)是用小括号括起来的数据项,各项之间用逗号分隔;两者进行% 运算后,数据项中的各个数据会按先后顺序替换掉占位符,就得到格式化好的字符串。

对常用的% s、% d、% f 占位符简要说明如下。

(1) % s 是字符串占位符,把一个数据项转换为一个字符串。

(2) % d 是整数占位符,把一个数据项转换为一个十进制整数。

(3) % f 是浮点数占位符,把一个数据项转换为一个浮点数。默认保留 6 位小数,% .1f 表示保留 1 位小数,% .2f 表示保留 2 位小数,以此类推。

另外,符号% 被用作占位符,如果想要输出符号% ,可用% % 表示。例如,

```
>>>print('小明所在班级有%d%%是女生。' % (60))
小明所在班级有 60% 是女生。
```

2. 用 format()方法格式化字符串

Python 语言还提供功能更为强大的 format()方法用于格式化字符串。该方法使用一个字符串作为模板,使用一对大括号{}作为占位符,通过传入的参数替换占位符,就得到格式化后的字符串。下面是 format()方法的几种基本用法。

(1) 使用空的大括号对{}作为占位符。输入下面代码进行测试。

```
>>>print('{}今年{}岁,身高{}厘米。'.format('小明',6, 103.2))
小明今年 6 岁,身高 103.2 厘米。
```

这种方式将按照 format()方法中的数据项的顺序依次替换各个占位符,数据项的数量不能少于占位符的数量。

(2) 使用带数字编号的占位符,如{0}、{1}、{2}等。输入下面代码进行测试。

```
>>>print('{0}今年{1}岁,身高{2}厘米。'.format('小明',6, 103.2))
小明今年 6 岁,身高 103.2 厘米。
```

在 format()方法中的各个数据项从 0 开始编号,由于占位符带有编号,所以它在模板字符串中的顺序是可变的。例如,

```
>>>print('今年{1}岁的{0},身高{2}厘米。'.format('小明',6, 103.2))
今年 6 岁的小明,身高 103.2 厘米。
```

(3) 使用带名称的占位符,如{name}、{age}、{height}等。输入下面代码进行测试。

```
>>>print('{name}今年{age}岁,身高{height}厘米。'.format(name='小明',age=6,
```

```
height=103.2))
小明今年6岁,身高103.2厘米。
```

使用这种方式时，需要在format()中为各个数据项设定名字(如name='小明')，然后模板字符串就可以使用带名称的占位符，并且这种占位符的顺序也是可变的。

11.5 处理字符串

1. 转义字符串

在Python语言中，字符串是由一对单引号或双引号括起来的。如果字符串中含有单引号(')，就用双引号(")将字符串括起来，如"What's your name?"；反之也一样，如'Have you read "The Old Man and the Sea"? '。但是，如果字符串中同时含有单引号和双引号呢？这就需要对字符串进行转义。输入下面代码进行测试。

```
>>>print('单引号是\'和双引号是"')
单引号是'和双引号是"
>>>print("单引号是'和双引号是\"")
单引号是'和双引号是"
```

在使用单引号括起来的字符串中，使用\'表示一个单引号；同样地，在使用双引号括起来的字符串中，使用\"表示一个双引号。此外，如果在一个字符串中要表示一些特殊字符，也需要进行转义。如制表符用\t表示、换行符用\r表示、反斜杠用\\表示等。输入下面代码进行测试。

```
>>>print('单引号是\'\t双引号是"\r反斜杠是\\')
单引号是'双引号是"
反斜杠是\
```

2. 读取字符串

(1) 用下标运算符[]读取字符串。

在Python语言中，字符串是一个由若干个字符组成的有限序列。使用数字编号可以访问字符串中的各个字符，字符串中的第1个字符的编号是0，第2个的编号是1，以此类推。例如，有一个字符串s='abc'，使用s[0]可以访问字符串s中的第1个字符。输入下面代码进行测试。

```
>>>s='abc'
>>>s[0]
'a'
```

(2) 使用截取运算符[start:end]读取字符串。

这种方式又称为切片，是通过使用s[start:end]的语法从一个字符串中读取其中的一

部分，也就是返回从下标 start 到下标 end－1 范围内的一个子串。例如，

```
>>>s='hello, world'
>>>s[1:5]
'ello'
```

注意：下标从 0 开始，s[1:5]返回下标 1 到下标 4 的子串。

起始下标 start 或结束下标 end 是可以忽略的，默认的起始下标是 0，结束下标是最后一个下标。输入下面代码进行测试。

```
>>>s='hello, world'
>>>s[:5]
'hello'
>>>s[7:]
'world'
```

(3) 使用 for...in 语句遍历字符串。

使用 len()函数可以获取一个字符串的长度，然后构建一个计数型循环来遍历一个字符串中的各个字符。在前面介绍的恺撒加密程序中已经使用过这种方式。此外，还可以使用 for...in 语句来遍历字符串序列中的各个字符。输入下面代码进行测试。

```
>>>s='abc'
>>>for c in s:
        print(c)

a
b
c
```

从上面的代码来看，使用 for...in 语句构建的循环结构能方便地遍历字符串，省去了使用 while 语句时依赖的循环计数器。

试一试 使用 for...in 循环改写恺撒加密程序，替换掉 while 循环。

(4) 在字符串中查找子串。

使用 in 操作符可以判断一个子串是否包含在一个字符串中。例如，

```
>>>'apple' in 'banana, apple, watermelon'
True
>>>'orange' in 'banana, apple, watermelon'
False
```

此外，字符串的 find()方法也能检测一个字符串中是否包含某个子字符串，如果包含

子字符串就返回其位置，否则就返回－1。例如，

```
>>>'I have a pen. I have an apple'.find('apple')
24
>>>'I have a pen. I have an apple'.find('orange')
-1
```

3. 检测字符串的构成

Python语言提供一些方法用于检测字符串是否包含数字或字母，以及字母是大写还是小写等，并返回一个布尔类型的结果。下面介绍一些常用的检测方法。

（1）字符串的isalpha()方法用于判断一个字符串是否全部由字母构成。例如，

```
>>>'hello'.isalpha()
True
>>>'hello007'.isalpha()
False
```

（2）字符串的isdigit()方法用于判断一个字符串是否全部由数字构成。例如，

```
>>>'12345'.isdigit()
True
>>>'12345abc'.isdigit()
False
```

（3）字符串的isalnum()方法用于判断一个字符串是否全部由字母和数字构成。例如，

```
>>>'hello007'.isalnum()
True
>>>'hello, 007'.isalnum()
False
```

（4）字符串的islower()方法用于判断一个字符串中的字母是否全为小写。例如，

```
>>>'hello, world'.islower()
True
>>>'hello, WORLD'.islower()
False
```

（5）字符串的isupper()方法用于判断一个字符串中的字母是否全为大写。例如，

```
>>>'HELLO, WORLD'.isupper()
True
>>>'HELLO, Wrold'.isupper()
False
```

（6）字符串的 istitle()方法用于判断一个字符串中各英文单词的首字母是否都为大写。例如，

```
>>>'Hello, World'.istitle()
True
>>>'Hello, world'.istitle()
False
```

4. 大小写转换

Python 语言提供一些用于转换字母大小写的方法，常用的方法如下。

（1）字符串的 capitalize()方法用于将一个字符串的第一个字母变成大写，其他字母变成小写。例如，

```
>>>'HELLO, WORlD'.capitalize()
'Hello, world'
```

（2）字符串的 title()方法用于将一个字符串中各个英文单词的首字母变成大写，其他字母变成小写。例如，

```
>>>'hello, world'.title()
'Hello, World'
```

（3）字符串的 upper()方法用于将一个字符串中的小写字母变成大写字母。例如，

```
>>>'hello, world'.upper()
'HELLO, WORLD'
```

（4）字符串的 lower()方法用于将一个字符串中的大写字母变成小写字母。例如，

```
>>>'HELLO, WORLD'.lower()
'hello, world'
```

5. 字符串替换

字符串的 replace()方法用于将一个字符串的某个子串替换为另一个字符串。例如，有一个字符串'Hello，world'，现在要将其中的'world'替换为'China'，代码如下。

```
>>>'Hello, world'.replace('world', 'China')
'Hello, China'
```

1. 如果一个字符串中含有单引号，可以使用________将字符串括起来，或者在字符串中使用________对单引号进行转义。

2. 字符串"world"中各个字符的 ASCII 码分别是________________。

3. ord()函数的作用是________________________。

4. chr()函数的作用是________________________。

5. 请完善程序，实现格式化输出“两个黄鹂鸣翠柳，一行白鹭上青天”的功能。

```
a, b='黄鹂', '白鹭'
print('________________________' %(a, b))
```

6. 请完善程序，实现格式化输出“《将进酒》是唐代诗人李白的诗作”的功能。

```
a, b, c='唐代', '将进酒', '李白'
print('________________________'.format(a, b, c))
```

7. 请完善程序，实现将字符串'python'中的各个字符以 ASCII 值的形式单独输出。

```
s='python'
i=0
while ______:
    print(______)
    i+=1
```

8. 请完善程序，实现将字符串'hello, world'中的各个字符单独输出。

```
s='hello, world'
____________:
    print(______)
```

第12课

素数筛法——列表的使用

12.1 问题描述

在2000多年前的古希腊，数学家厄拉多塞在写一本《算术入门》的书。在写到“数的整除”部分时，他想：怎样才能找到一种最简单的判断素数的方法呢？左思右想也没有结果，于是他就去郊外散步。他边走边思考，竟然走到了一家磨坊。磨坊的工人们正在忙碌着，有的搬运麦子，有的磨面，有的筛粉。厄拉多塞眼前突然一亮，心想：是否可以用筛选的方法来挑选素数？把合数像筛粉一样筛掉，留下的肯定就是素数了。

厄拉多塞受此启发创造了这样一种与众不同的寻找素数的方法：先将2～n的各个自然数放入表中，然后在2的上面画一个圆圈，再划去2的倍数；第一个既未画圈又没有被划去的数是3，将它画圈，再划去3的倍数；现在既未画圈又没有被划去的第一个数是5，将它画圈，并划去5的倍数……以此类推，直到所有小于或等于n的各数都画了圈或被划去为止。这时，表中画了圈的以及未划去的那些数正好就是小于n的素数。这个简单而高效的寻找素数的方法被称作厄拉多塞筛法。

请编程实现厄拉多塞筛法，输入一个自然数n，并找出2～n之间的所有素数。

12.2 算法分析

Python语言提供列表(list)数据类型用于存放批量数据。在本案例中，把它作为数表用来存放要筛选的一批自然数。在使用厄拉多塞筛法时，创建一个双重的计数型循环结构用来删除数表中的合数。外层循环用于从数表的头部到尾部逐个读取数表中的素数，内层循环用于从该素数的下一个数开始，逐个删除数表中该素数的倍数。

使用自然语言描述厄拉多塞筛法的算法，具体步骤如下。

(1) 输入一个自然数n作为筛选的上界。

(2) 生成一个由2～n自然数构成的数表a。

(3) 设外层循环的计数器变量i=0。

(4) 判断如果i < len(a)成立，就转到第(5)步执行；否则就输出数表中留下的素数。

(5) 设内层循环的计数器变量j=i + 1。

(6) 如果j < len(a)成立，就转到第(7)步，否则转到第(8)步。

(7) 判断如果 a[j]是 a[i]的倍数(即 a[j] % a[i] == 0)，就删除 a[j]；否则就使计数器 j + 1，再转到第(6)步执行。

(8) 使计数器 i + 1，转到第(4)步执行。

使用直观的流程图描述上述算法，如图 12-1 所示。

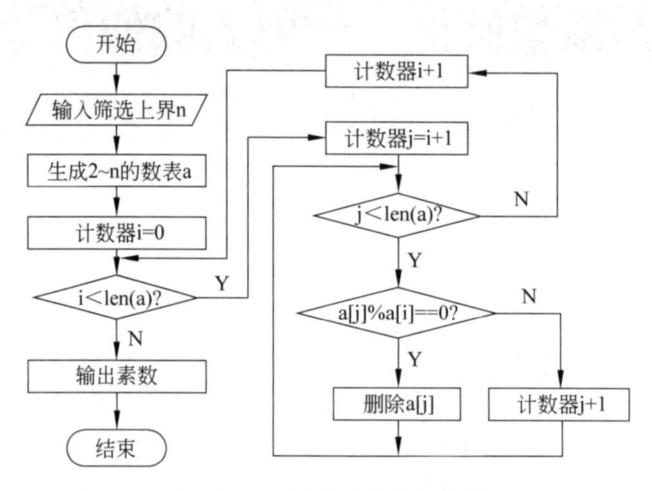

图 12-1 素数筛选算法流程图

12.3 编程解题

根据上述算法分析中给出的编程思路，利用列表类型的特点编程实现厄拉多塞筛法。

跟我做

在 IDLE 环境中，打开一个新的 Python 编辑器窗口，以“素数筛法.py”作为文件名将空白源文件保存到本地磁盘上，然后开始编写 Python 代码。

(1) 让用户从键盘输入一个自然数作为筛选素数的上界。

```
n=int(input('请输入一个自然数:'))
```

(2) 生成一个由 2～n 自然数构成的数表，存放在列表 a 中。

```
a=list(range(2, n+1))
```

range()函数返回一个整数区间的可迭代对象，并由 list()函数将其转换为一个列表(List)。这样就在列表类型的变量 a 中存放 2～n 的所有自然数。

(3) 创建外层的计数型循环结构，循环计数器变量为 i，初始值为 0；循环控制条件为 i < len(a)。

```
i=0
while i<len(a):
```

(4) 创建内层的计数型循环结构，循环计数器变量为 j，初始值为 i + 1；循环控制条件为 j < len(a)。

```
    j=i+1
    while j<len(a):
```

(5) 创建内层循环的循环体，判断如果 a[j]是 a[i]的倍数，就将 a[j]删除；否则就让计数器 j 增加 1。

```
        if a[j] % a[i]==0:
            a.pop(j)
        else:
            j=j+1
```

a.pop(j)方法用于移除列表 a 中第 j 个元素，这里删除的是一个合数。

(6) 让外层循环的计数器 i 增加 1，然后转到外层循环的开始处继续下一轮循环。

```
i=i+1
```

(7) 在外层循环结束后，输出数表中保留下来的所有素数。

```
print('在自然数 2~%d之间找到%d 个素数。列表如下：' %(n, len(a)))
print(a)
```

(8) 至此，使用厄拉多塞筛法寻找素数的程序编写完毕，见示例程序 12-1。

示例程序 12-1

```
#输入筛选的上界
n=int(input('请输入一个自然数:'))
#生成数表
a=list(range(2, n+1))
#筛选素数
i=0
while i<len(a):
    j=i+1
    while j<len(a):
        if a[j] % a[i]==0:
            a.pop(j)
        else:
            j=j+1
    i=i+1
#输出素数
print('在自然数 2~%d中找到%d个素数。列表如下：' %(n, len(a)))
print(a)
```

将源代码编辑好后保存，然后运行程序，再输入自然数 100，执行结果如下。

```
>>>========RESTART: C:\素数筛法.py========
请输入一个自然数:100
在自然数 2~100 中找到 25 个素数。列表如下:
[2, 3, 5, 7, 11, 13, 17, 19, 23, 29, 31, 37, 41, 43, 47, 53, 59, 61, 67, 71, 73, 79,
83, 89, 97]
```

 13.4 列表和元组

1. 创建列表和访问列表元素

在 Python 语言中，列表是一种高级数据类型，可以用来存放批量数据，列表中的每一项称为列表的元素。每个元素可以是整数、浮点数或字符串等不同的数据类型。

(1) 使用一对中括号[]可以创建一个空列表。例如，

```
>>>a=[]
>>>len(a)
0
```

使用 len()函数可以获取一个列表的长度，即列表中的元素个数。因为创建的是空列表，所以列表的长度是 0。

(2) 在创建列表的同时，也可以添加列表中的元素。例如，

```
>>>a=[1, 2, 3.5, 'a', 'b']
>>>len(a)
5
```

上面代码用于创建 5 个元素，各元素用逗号分隔，各元素的数据类型可以是不同的。

(3) 要访问列表中的元素，可以用下标去访问。列表中第 1 个元素的下标是 0，第 2 个元素的下标是 1，以此类推。例如，

```
>>>fruits=['apple', 'banana', 'grape', 'orange']
>>>print(fruits[0])
apple
```

(4) 使用截取运算符[start:end]访问列表。

这种方式又称为切片，是通过使用 list[start:end]的语法从一个列表中读取其中的一部分，也就是返回从下标 start 到下标 end－1 范围内的一个子列表。例如，

```
>>>a=[2, 3, 5, 7, 11, 13]
>>>a[1:4]
[3, 5, 7]
```

注意：下标从 0 开始，a[1:4]返回下标 1 到下标 3 的子列表。

起始下标 start 或结束下标 end 是可以忽略的，默认的起始下标是 0，结束下标是最后一个下标。输入下面代码进行测试。

```
>>>a=[2, 3, 5, 7, 11, 13]
>>>a[:3]
[2, 3, 5]
>>>a[3:]
[7, 11, 13]
```

2. 添加列表元素

（1）在创建好列表之后，还可以使用 append()方法向列表中添加新元素。例如，

```
>>>a=[1, 2, 3.5, 'a', 'b']
>>>a.append(9)
>>>a
[1, 2, 3.5, 'a', 'b', 9]
```

可以看到新添加的元素 9 被放到列表的最后面。

（2）除了向列表的尾部追加元素，还可以使用 insert()方法向列表中的指定位置插入新元素。例如，

```
>>>a=['a', 'b', 'c']
>>>a.insert(1, 'here')
>>>a
['a', 'here', 'b', 'c']
>>>a[1]
'here'
```

在上面代码中，将一个字符串插入到列表的下标为 1 的位置，原列表中的元素会自动向后移动，它们的下标也会自动重新排列。

（3）使用 extend()方法可以将一个外部列表添加到本列表中，外部列表中的各个元素被依次追加到本列表的后面。例如，

```
>>>a.extend(['red', 'blue'])
>>>a
[1, 2, 3.5, 'a', 'b', 9, 'red', 'blue']
```

（4）对两个列表进行加法（+）操作，会将两个列表连接成一个新列表。例如，

```
>>>a=[1, 2, 3]
>>>b=['a', 'b', 'c']
```

```
>>>a+b
[1, 2, 3, 'a', 'b', 'c']
```

3. 用 for...in 语句遍历列表

(1) 使用 for...in 语句可以方便地遍历列表中的元素。例如，

```
>>>fruits=['apple', 'banana', 'grape', 'orange']
>>>for fruit in fruits:
        print(fruit)

apple
banana
grape
orange
```

(2) 将 for...in 语句与 enumerate()函数结合，可以同时列出元素的下标和值。例如，

```
>>>for i, v in enumerate(fruits):
        print(i, v)

0 apple
1 banana
2 grape
3 orange
```

(3) 利用 for...in 语句与 range()函数结合，实现遍历列表元素。例如，

```
>>>for i in range(len(fruits)):
        print(i, fruits[i])

0 apple
1 banana
2 grape
3 orange
```

4. 在列表中查找元素

如果要判断一个元素是否在列表中，可以使用 in 或 not in 运算符。例如，

```
>>>fruits=['apple', 'banana', 'grape', 'orange']
>>>'banana' in fruits
True
>>>'apple' not in fruits
False
```

还可以使用列表的index()方法，从列表元素中找出第一个匹配的元素的下标。例如，

```
>>>fruits=['apple', 'banana', 'grape', 'orange']
>>>fruits.index('grape')
2
```

如果列表存在多个重复的元素，想要把它们全部找出来，可以使用循环结构来遍历列表，并在循环体中使用if语句判断是否找到目标元素。例如，

```
>>>fruits=['apple', 'banana', 'grape', 'orange', 'banana']
>>>for i, fruit in enumerate(fruits):
        if fruit=='banana':
            print(i, fruit)

1 banana
4 banana
```

像这样按照从前往后(或从后往前)的顺序在列表中逐个检查元素以寻找目标元素的方法，称为顺序查找。

Python语言提供max()和min()两个方法能从列表中找出最大值或最小值，sum()方法能够对列表中的各元素进行求和。例如，

```
>>>scores=[80, 20, 50, 10, 90, 30]
>>>max(scores)
90
>>>min(scores)
10
>>>sum(scores)
280
```

5. 移除列表元素

(1) 使用pop()方法能从列表中移除一个元素，默认会移除列表的最后一个元素。例如，

```
>>>a=['a', 'b', 'c']
>>>a.pop()
'c'
>>>a
['a', 'b']
```

也可以移除指定索引位置的元素。例如，

```
>>>a=['a', 'b', 'c']
>>>a.pop(1)
```

```
'b'
>>>a
['a', 'c']
```

（2）使用 remove()方法可以移除与目标值相匹配的第 1 个元素值。例如，

```
>>>a=['a', 'b', 'c']
>>>a.remove('b')
>>>a
['a', 'c']
```

（3）如果想一次清除列表中的所有元素，可以使用 clear()方法。例如，

```
>>>a=['a', 'b', 'c']
>>>a.clear()
>>>len(a)
0
```

6. 列表排序

（1）使用列表的 sort()方法，可以对列表中的元素进行排序，默认是按升序排序。例如，

```
>>>a=[3, 9, 6]
>>>a.sort()
>>>a
[3, 6, 9]
```

如果想按降序排序，可以指定参数 reverse=True。例如，

```
>>>a=[3, 9, 6]
>>>a.sort(reverse=True)
>>>a
[9, 6, 3]
```

（2）使用 Python 提供的 sorted()函数可以对列表进行临时排序。例如，

```
>>>a=[3, 9, 6]
>>>b=sorted(a)
>>>a
[3, 9, 6]
>>>b
[3, 6, 9]
```

由上面的代码可见，sorted()函数返回一个排序完成的新列表，而不会修改原列表的元素排列顺序。sorted()函数也支持使用参数 reverse 来指定排序的方向是升序还是降序。

(3) 如果想将一个列表反向排列，可以使用 reverse()方法。例如，

```
>>>a=[1, 3, 2]
>>>a.reverse()
>>>a
[2, 3, 1]
```

由上面的代码可见，该方法是在本列表中将各元素的位置颠倒过来。

7. 复制列表

将一个列表变量赋值给另一个变量，并不能复制出一个新的列表。例如，

```
>>>a=[1, 2, 3]
>>>b=a
>>>b
[1, 2, 3]
>>>b[1]=0
>>>a
[1, 0, 3]
>>>b
[1, 0, 3]
```

由上面的代码可见，变量 a 和 b 指向同一个列表数据，对列表 b 的修改会影响到列表 a。如果想实现真正的复制，需要用到列表的 copy()方法。例如，

```
>>>a=[1, 2, 3]
>>>b=a.copy()
>>>b
[1, 2, 3]
>>>b[1]=0
>>>b
[1, 0, 3]
>>>a
[1, 2, 3]
```

还可以对列表进行乘法(*)操作，将会复制列表中的元素。例如，

```
>>>a=[1, 2, 3]
>>>a*2
[1, 2, 3, 1, 2, 3]
```

8. 元组

在 Python 语言中提供一种与列表相似的数据类型，称之为元组。存放在元组中的元

素，只能读取而不能修改，因此，可以把元组看作是一种只读的列表。要创建一个元组类型的变量，需要使用小括号。访问元组的方式和列表相同。例如，

```
>>>a=(1, 2.5, 'abc')
>>>a[1]
2.5
```

要将一个列表转换为元组，可以使用 Python 语言提供的 tuple()函数。例如，

```
>>>a=[1, 2.5, 'abc']
>>>b=tuple(a)
>>>b
(1, 2.5, 'abc')
```

练习题

1. 如果想知道一个列表的长度，可以使用________函数。

2. 假设有一个列表 fruits=['apple', 'banana', 'grape', 'orange']，那么列表 fruits 中的第 1 个元素的下标是________，列表元素 fruits[3]的值是________。

3. 在下面描述中，(　　)是正确的，(　　)是错误的。

   A. 列表中的每个元素必须是相同的数据类型。

   B. 一个列表被创建之后，它的长度是固定的。

   C. 一个元组被创建之后，它的长度是固定的。

   D. 可以通过下标运算符读取列表中的元素，但是不能修改元素值。

4. 请完善程序，将'orange'添加到列表的末尾，然后将'pear'插入列表作为第 2 个元素，再将'grape'从列表中删除。

```
fruits=['apple', 'banana', 'grape']
fruits.________('orange')
fruits.______________
fruits.________('grape')
print(fruits)
```

5. 请完善程序，移除列表中的一个最大值和一个最小值，然后计算剩下元素的平均值。

```
scores=[5, 9.8, 10, 1.2, 6.5, 8.5, 5.5, 7.5, 6, 9.5]
scores.sort()
scores.pop(________)
scores.pop(________)
average=__________________
print(round(average, 1))
```

6. 请完善程序，输出列表中不包含字母 e 的元素和它的下标。

```
fruits=['apple', 'banana', 'grape', 'orange']
for ____________________:
    if ____________________:
        index=____________________
        print(fruit, index)
```

7. 有 41 只猴子围成一圈并从第 1 只猴子开始编号，然后从猴群中选出一只猴子为大王。选大王的方法是：从第 1 只猴子开始报数，每轮从 1 报到 3，凡是报到 3 的猴子将被淘汰，接着从下一只猴子开始新一轮报数。每一轮报数会淘汰一只猴子，最后剩下的一只猴子被选为大王。请问当选大王的猴子是第几号？

第13课

莫尔斯码——字典的使用

13.1 问题描述

莫尔斯码(Morse Code)最早用于电报通信,因此一般称为莫尔斯电码。这是一种时通时断的信号代码,通过不同的排列顺序来表达不同的英文字母、数字和标点符号等。莫尔斯码由两种基本信号组成:短促的点信号“.”(读“嘀”)和保持一定时间的长信号“—”(读“嗒”)。

表13-1是莫尔斯电码表的字母部分,各个英文字母以不同的点dot(.)和划dash(—)表示。在发报时,一点就是“嘀”的一声,一划就是“嗒”的一声,“嗒”保持的时间是3个“嘀”的长度。参照上面的电码表,发出SOS的求救信号就是“嘀嘀嘀嗒嗒嗒嘀嘀嘀”。

表13-1 莫尔斯电码表(字母部分)

字符	电码符号	字符	电码符号	字符	电码符号	字符	电码符号
A	.—	H	....	O	———	V	...—
B	—...	I	..	P	.——.	W	.——
C	—.—.	J	.———	Q	——.—	X	—..—
D	—..	K	—.—	R	.—.	Y	—.——
E	.	L	.—..	S	...	Z	——..
F	..—.	M	——	T	—		
G	——.	N	—.	U	..—		

除了用于电报通信外,莫尔斯码还能以灯光、声音、动作的快慢等多种方式进行应用。例如,使用灯光发送莫尔斯码时,将灯光短亮定义为“.”,灯光长亮定义为“—”,然后就能用手电筒等发光设备来发送各种信息,如求救信息SOS。在电影《风声》中,谍报人员在衣服上用长短有别的线缝出的莫尔斯码来传递情报。

编写一个程序,输入一个英文句子,将其转换成莫尔斯码输出。

13.2 算法分析

Python语言提供字典(dict)数据类型用于存放键值对形式的数据。在Python Shell窗口中输入下面代码。

```
>>>codes={'A':'.-', 'B':'-...'}
```

使用大括号将若干组键值对数据括起来，各组数据之间用逗号分隔，每一组键值对数据用冒号分隔键和值，这样就创建了一个字典数据，将它赋给名为 codes 的字典变量。按照这种方式将莫尔斯电码表中的各个字符和电码符号组成的键值对数据加入字典中。

如果要想从字典中读取数据，可以使用字典的 get()方法来读取。例如，从字典变量 codes 中读取键名为'A'的值，可以使用如下代码。

```
>>>codes.get('A')
'.-'
```

使用 get()方法时，还可以设定一个默认值。当要访问的键名不存在时，将返回设定的默认值。例如，在字典变量 codes 中目前并不存在键名为'C'的数据，当访问它时，我们希望它返回一个 * 号。输入下面代码进行测试。

```
>>>codes.get('C', '*')
'*'
```

通过将莫尔斯电码表存放到字典中，就能将输入的英文句子便捷地转换成莫尔斯码的形式。使用自然语言描述将英文句子转换成莫尔斯码的算法，具体步骤如下。

(1) 准备一个莫尔斯码字典数据。

(2) 输入一个英文句子。

(3) 使用 for...in 循环语句逐个读取英文句子的每个字母。

(4) 从字典中读取某个字母对应的电码符号。

(5) 输出一个电码符号和一个空格。

13.3 编程解题

在编程中，通过选择适合的数据结构能够简化程序的编写工作。在这个案例中，使用字典类型的数据结构来存放莫尔斯电码表的数据，这样便于查找英文字母对应的电码符号，编写程序也变得简单。

跟我做

在 IDLE 环境中，打开一个新的 Python 编辑器窗口，以“莫尔斯码.py”作为文件名将空白源文件保存到本地磁盘上，然后开始编写 Python 代码。

(1) 按照表 13-1 提供的莫尔斯电码创建一个名为 codes 的字典变量。

```
codes={'A':'.-', 'B':'-...', 'C':'-.-.', 'D':'-..',
       'E':'.', 'F':'..-.', 'G':'--.', 'H':'....',
       'I':'..', 'J':'.---', 'K':'-.-', 'L':'.-..',
```

```
            'M':'--', 'N':'-.', 'O':'---', 'P':'.--.',
            'Q':'--.-', 'R':'.-.', 'S':'...', 'T':'-',
            'U':'..-', 'V':'...-', 'W':'.--', 'X':'-..-',
            'Y':'-.--', 'Z':'--..'}
```

（2）使用 input()函数接收用户输入的一个英文句子，存放在变量 words 中。

```
words=input('请输入一句英文:')
```

（3）使用 for...in 循环语句从英文句子中读取每个字母。

```
for s in words:
```

（4）从字典变量 codes 中读取某个字母对应的电码符号，存放在变量 code 中。

```
    code=codes.get(s.upper(), s)
```

因为字典变量 codes 中的键名全部采用大写字母，因此从字典中取出数据时也要使用大写字母的键名。这里使用字符串的 upper()方法将字母转换为大写。另外，如果要访问的数据不在字典中，就保留字符不变。

（5）输出一个电码符号和一个空格。

```
    print(code, end=' ')
```

（6）至此，将英文句子转换为莫尔斯码的程序编写完毕，见示例程序 13-1。

示例程序 13-1

```
codes={'A':'.-', 'B':'-...', 'C':'-.-.', 'D':'-..',
        'E':'.', 'F':'..-.', 'G':'--.', 'H':'....',
        'I':'..', 'J':'.---', 'K':'-.-', 'L':'.-..',
        'M':'--', 'N':'-.', 'O':'---', 'P':'.--.',
        'Q':'--.-', 'R':'.-.', 'S':'...', 'T':'-',
        'U':'..-', 'V':'...-', 'W':'.--', 'X':'-..-',
        'Y':'-.--', 'Z':'--..',}

words=input('请输入一句英文:')
for s in words:
    code=codes.get(s.upper(), s)
    print(code, end=' ')
```

将源代码编辑好后保存，然后运行程序，再输入一个英文单词 hello 进行测试，执行结果如下。

```
>>>========RESTART: C:\莫尔斯码.py========
请输入一句英文:hello
.... . .-.. .-.. ---
```

上述程序只能转换英文字母。可以将表 13-2 和表 13-3 提供的莫尔斯电码表的数字部分和标点符号部分的数据加入到字典变量 codes 中，就能够转换英文、数字和标点符号了。

表 13-2　莫尔斯电码表(数字部分)

字符	电码符号	字符	电码符号	字符	电码符号	字符	电码符号
0	—————	3	...——	6	—....	9	————.
1	.————	4	....—	7	——...		
2	..———	5	.....	8	———..		

表 13-3　莫尔斯电码表(标点符号部分)

字符	电码符号	字符	电码符号	字符	电码符号	字符	电码符号
.	.—.—.—	:	———...	,	——..——	;	—.—.—.
?	..——..	=	—...—	'	.————.	/	—..—.
!	—.—.——	—	—....—	_	..——.—	"	.—..—.
(	—.——.	)	—.——.—	$	...—..—	&	....
@	.——.—.	+	.—.—.				

试一试　如果将字典中的键和值对调位置，就能根据电码符号查找到对应的英文字母。请编写程序实现翻译莫尔斯码的功能。

13.4　字典

在 Python 语言中，字典是一种高级数据类型，它是以键值对的形式存放数据的容器。在每个键值对中，键名通常使用字符串表示，值可以是整数、浮点数或字符串等基本的数据类型，还可以是列表、字典等高级数据类型。

1. 创建字典和访问字典元素

(1) 使用一对大括号{}可以创建一个空字典。例如，

```
>>>d={}
>>>len(d)
0
```

使用 len()函数可以获取一个字典的长度，即字典中的元素(键值对)的个数。因为创建的是空字典，所以字典的长度是 0。

（2）在创建字典的同时，可以添加字典中的元素。例如，

```
>>>d={'name':'小明', 'age':12, 'height':156, 'weight':40.6}
>>>len(d)
4
```

可以看到创建了4个元素，各元素用逗号分隔，每个元素是一对用冒号分隔的键和值，键名使用字符串表示，值是不同的数据类型。

（3）以"字典变量名[键名]"的形式，用键名访问字典中的元素。例如，

```
>>>print(d['name'])
小明
```

如果使用了字典中不存在的键名，则会报错。例如，

```
>>>print(d['score'])
Traceback (most recent call last):
    File "<pyshell#28>", line 1, in<module>
        print(d['score'])
KeyError: 'score'
```

（4）使用字典的get()方法可以安全地访问字典中的元素。当访问的键名不存在时，将返回一个空值，或者返回调用get()方法时设定的默认值。例如，

```
>>>print(d.get('score'))
None
>>>print(d.get('score', 0))
0
```

2. 向字典中添加和修改元素

通过"字典变量[键名]＝元素值"的形式向字典中添加新元素。例如，

```
>>>d['score']=90
>>>print(d.get('score'))
90
```

在进行赋值操作时，如果键名已存在，则会修改元素为新值。例如，

```
>>>d['age']=10
>>>print(d['age'])
10
```

3. 使用for...in语句遍历字典

（1）使用字典的keys()方法获取一个字典的所有键，并结合for...in语句可以遍历字

典的各个键名和元素值。例如，

```
>>>d={'name':'小明', 'age':12, 'height':156, 'weight':40.6}
>>>for k in d.keys():
        print(k, d[k])

weight
age
name
height
```

(2) 使用字典的 values()方法获取一个字典的所有值，并结合 for...in 语句可以遍历字典的各个值。例如，

```
>>>d={'name':'小明', 'age':12, 'height':156, 'weight':40.6}
>>>for v in d.values():
        print(v)

40.6
12
小明
156
```

(3) 使用 items()方法获取一个字典中的所有元素(键值对)，并结合 for...in 语句可以遍历各个键和值。例如，

```
>>>d={'name':'小明', 'age':12, 'height':156, 'weight':40.6}
>>>for k, v in d.items():
        print(k, v)

name 小明
age 12
height 156
weight 40.6
```

从上面的输出结果来看，字典中的数据是无序存放的。

4. 删除字典元素

使用 Python 语言的 del 语句可以删除字典中的某个元素。例如：

```
>>>d={'name':'小明', 'age':12}
>>>del d['age']
>>>d
{'name': '小明'}
```

还可以使用del语句直接删除整个字典，使之从内存中消失。例如，

```
>>>del d
>>>d
Traceback (most recent call last):
    File "<pyshell#23>", line 1, in<module>
        d
NameError: name 'd' is not defined
```

> 注意：当用del语句将字典变量d从内存中删除后，如果试图再次读取字典变量d，将会产生变量名未定义的错误。

如果想清空字典的所有元素，而不是删除字典变量，可以使用字典的clear()方法。例如，

```
>>>d={'name':'小明', 'age':12}
>>>d.clear()
>>>d
{}
```

1. 字典(dict)是以________的形式存放数据的容器。
2. 使用字典的________方法可以安全地访问字典中的元素。
3. 在下面描述中，(　　)是正确的，(　　)是错误的。
   A. 使用len()函数可以获取一个字典的长度。
   B. 一个字典被创建之后，就不能添加新的元素了。
   C. 字典中各项元素是无序排列的。
   D. 可以通过键名读取字典中的元素，但是不能修改元素值。
4. 请完善程序，实现删除字典中键名含有字母e的元素。

```
fruits={'apple':5, 'banana':8, 'grape':2, 'orange':9}
temp=[]
for ____________________:
    if ____________________:
        temp.append(fruit)
for key in temp:
    del ____________________
print(fruits)
```

5. 请完善程序，实现输入一个英文句子，然后统计各个字母出现的次数，再按字母顺

序输出各个字母及其出现次数。（提示：不区分字母大小写）

```
words = input('请输入一个英文句子：')
d = _______
for letter in words:
    letter = _______
    if letter.isalpha():
        _______ = _______ +1
letters = sorted(_______)
for letter in letters:
    print(letter, _______)
```

第14课

数字黑洞——自定义函数

14.1 问题描述

6174 数字黑洞是印度数学家卡普雷卡尔于 1949 年发现的，又称为卡普雷卡尔黑洞，其规则描述如下。

任意取一个 4 位的整数(4 个数字不能完全相同)，把 4 个数字由大到小排列成一个大的数，又由小到大排列成一个小的数，再把两数相减得到一个差值。之后对这个差值重复前面的变换步骤，经过若干次重复就会得到 6174。

例如，对整数 8848 按规则进行变换操作，其过程如下。

重排取大数：将 8848 的 4 个数字按从大到小排列组成一个最大数 8884。

重排取小数：将 8848 的 4 个数字按从小到大排列组成一个最小数 4888。

求取差值：用大数减去小数得到差值 3996。

重复变换：之后对差值继续按上述步骤进行变换操作的过程为 9963－3699＝6264，6642－2466＝4176，7641－1467＝6174。

经过 4 次变换之后，就将自然数 8848 变换为 6174 这个黑洞数字，并且继续变换也会一直是 6174。

请编写一个程序，验证卡普雷卡尔黑洞。

14.2 算法分析

在程序设计中，当解决复杂问题时，通常采用“自顶向下，逐步求精”的模块化设计思想，将一个复杂的任务逐层分解为若干个功能单一的子任务，如果某个子任务仍然复杂，还可以继续分解为更小的子任务，直到每个子任务简单明了。简单地说就是，化整为零，各个击破。

面对编程验证卡普雷卡尔黑洞这个任务，根据其规则描述，可分解为输入数字、检测数字合法性、黑洞变换 3 个子任务。其中，黑洞变换这个子任务稍显复杂，又可以划分出分解数字、取大数、取小数这 3 个较小的子任务。分解后的各个子任务呈现为一个树状结构，可以使用功能结构图来表示，如图 14-1 所示。

经过分解，各个子任务已经足够简单。每个子任务称为一个功能模块，能够单独进行设计、编码和测试。各功能模块的实现步骤描述如下。

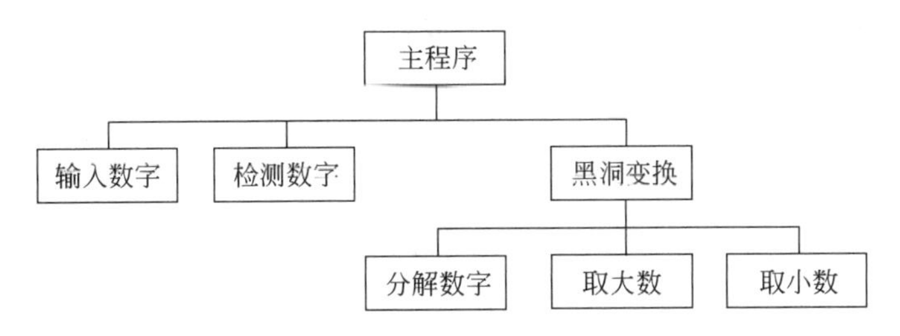

图 14-1　验证卡普雷卡尔黑洞功能结构图

(1) 主程序模块。在这个模块中,先调用输入数字模块接收用户通过键盘输入的一个整数,再调用检测数字模块检测这个整数是否合法。如果检测通过,调用黑洞变换模块进行数字变换操作;否则,提示"输入的整数不合法",并结束程序。该模块流程图见图 14-2。

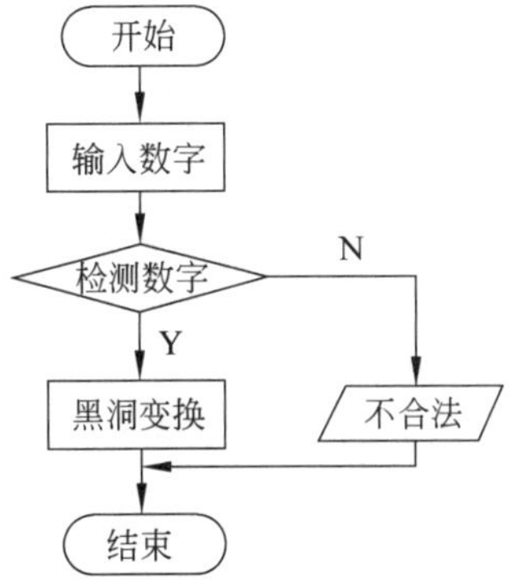

图 14-2　主程序模块流程图

(2) 输入数字模块。在屏幕上显示"请输入 4 位数字不完全相同的整数:",让用户通过键盘输入一个整数。

(3) 检测数字模块。该模块用于检测用户输入的整数是否由 4 位不完全相同的数字构成。检测步骤:①判断用户输入的内容是否由数字构成;②判断该数的长度是否为 4;③判断该数的 4 位数字是否完全相同。该模块流程图见图 14-3。

(4) 黑洞变换模块。这是程序的核心模块,它按照卡普雷卡尔黑洞的规则进行变换操作,直至得到数字 6174,并在变换过程中将变换得到的数字输出到屏幕。该模块还调用 3 个更小的子模块,即分解数字模块、取大数模块和取小数模块。因为重复进行的次数是不固定的,适合使用条件型循环结构来实现。该模块流程图见图 14-4。

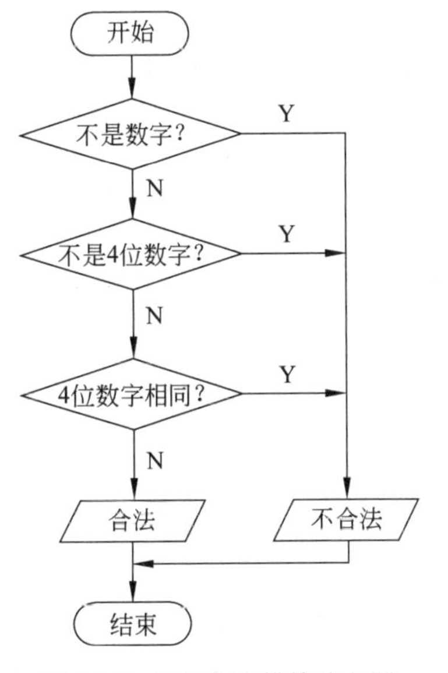

图 14-3　检测数字模块流程图

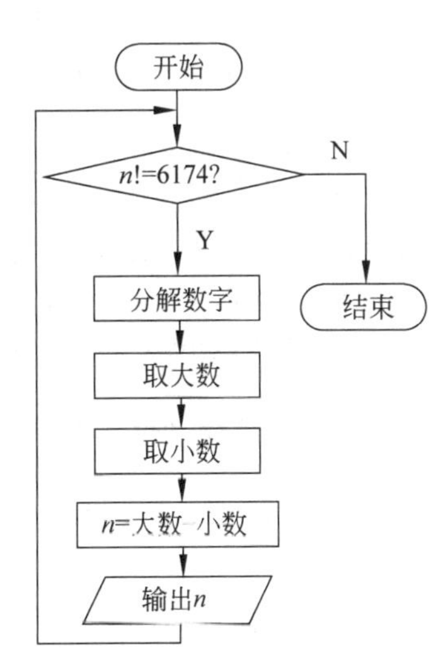

图 14-4　黑洞变换模块流程图

(5) 分解数字模块。这个模块将一个整数各位上的数字分解出来，并放到一个列表中。这个数字列表将由取大数模块和取小数模块使用。

(6) 取大数模块。将数字列表中的元素按照降序排列，再将各数字组合成一个最大的数。

(7) 取小数模块。将数字列表中的元素按照升序排列，再将各数字组合成一个最小的数。

14.3 编程解题

在上述算法分析中，采用“自顶向下，逐步求精”的模块化设计思想，将验证数字黑洞的任务分解为多个小的功能模块，每个模块功能单一，易于编程实现。

在 Python 语言中，通过创建自定义函数来实现这些分解出来的各个功能模块。

如图 14-5 所示，在创建自定义函数时，以 def 关键字作为一行的开始，在 def 关键字和函数名之间留一个空格，在函数名后面是一对圆括号和一个冒号。在圆括号中设定函数的参数，如果有多个参数，用逗号分隔；如果不需要参数，则圆括号内留空即可。

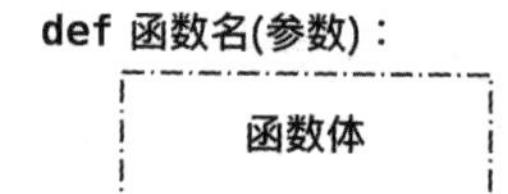

图 14-5 自定义函数的语法格式

在冒号之后新起一行是函数体部分，函数体中的代码相对 def 语句向右缩进 4 个空格。函数体用于实现函数的具体功能。在函数体的最后一行，可用 return 关键字返回一个值，提供给该函数的调用者使用；如果不需要返回值，则可以省略。

自定义函数建立之后，就可以像 Python 语言提供的函数一样在程序中调用。

跟我做

在 IDLE 环境中，打开一个新的 Python 编辑器窗口，准备开始编写 Python 代码。

1. 实现主程序模块的功能

创建主程序 main()函数，按图 14-2 所示的流程图编写代码，在函数体中调用输入数字、检测数字、黑洞变换等功能模块。

```
#主程序
def main():
    n=input('请输入 4 位数字不完全相同的整数:')
    if check(n):
        blackhole(n)
    else:
        print('输入的内容不合法')
```

在上面代码中，使用 def 关键字创建一个名为 main 的函数，该函数不需要参数，也没有返回值。

在 main()函数的函数体中，编写主程序模块的实现代码。其中，输入数字模块使用 Python 语言的 input()函数来实现。为使 main()函数的流程能够走通，先将其依赖的检测数字模块和黑洞变换模块创建为桩函数。所谓桩函数，就是暂时不实现具体功能，只是创建成空函数，或者是函数只返回固定的值。

检测数字模块用桩函数 check()代替，函数参数为 n，返回值固定为 True，使程序流程能够进入黑洞变换模块。桩函数 check()的代码如下。

```
#检测数字
def check(n):
    return True
```

黑洞变换模块以桩函数 blackhole()代替，函数参数为 n，不需要返回值，但在函数中输出要进行变换的数字，表明程序流程走到这里。桩函数 blackhole()的代码如下。

```
#黑洞变换
def blackhole(n):
    print(n)
```

至此，主程序 main()函数及其依赖的检测数字函数 check()和黑洞变换函数 blackhole()已经准备妥当，然后在程序入口中编写调用主程序的代码。

```
#程序入口
if __name__=='__main__':
    main()
```

将上面编写的程序代码以“数字黑洞 6174.py”作为文件名保存到本地磁盘上，然后运行程序，执行结果如下。

```
>>>========RESTART: C:\数字黑洞 6174.py========
请输入 4 位数字不完全相同的整数:1234
1234
```

当程序执行到 main()函数时，先用 input()函数接收用户输入的数字 1234，然后通过 check()函数的检测，再进入 balckhole()函数中把数字 1234 输出到屏幕上。这表明主程序模块的流程已经走通。

2. 实现检测数字模块的功能

按照图 14-3 所示的流程图编写 check()函数的代码，检测输入的数字是否合法。

```
#检测数字
def check(n):
    if not n.isnumeric():
        return False
    elif len(n) !=4:
        return False
    elif n==n[0]*4:
```

```
        return False
    else:
        return True
```

运行程序测试该函数。例如，使用一个非数字进行测试，执行结果如下。

```
>>>========RESTART: C:\数字黑洞 6174.py========
请输入 4 位数字不完全相同的整数:123abc
输入的整数不合法
```

此外，还可以对其他一些情况进行测试。例如，一个 3 位数，或者一个 4 位完全相同的数，或者一个 4 位不完全相同的数，等等。

3. 实现黑洞变换模块的功能

按照图 14-4 所示的流程图编写 blackhole()函数的代码，实现黑洞变换功能。

```
#黑洞变换
def blackhole(n):
    print('变换过程:')
    while n!='6174':
        a=list(n)
        b=max_number(a)
        c=min_number(a)
        n=str(b -c)
        print('%s -%s=%s'%(b, c, n))
    print('变换结束!')
```

在 blackhole()函数中，分解数字模块的功能可以用 Python 语言的 list()函数来实现，它将输入的数字(字符串)分解后得到一个数字列表。字符串是一种序列类型的数据，使用 list()函数可以将一个字符串转成列表，每个字符作为列表中的一个元素。

为了让 blackhole()函数能够工作，取大数和取小数这两个模块用桩函数 max_number()和 min_number()编写代码。对整数 8848 进行变换操作的最后一次是 7641－1467＝6174，因此，取大数和取小数这两个模块的桩函数分别以 7641 和 1467 作为固定的返回值，这两个函数的代码如下。

```
#取大数
def max_number(a):
    return 7641

#取小数
def min_number(a):
    return 1467
```

至此，可以测试黑洞变换模块的工作流程。运行程序，执行结果如下。

```
>>>========RESTART: C:\数字黑洞 6174.py========
请输入 4 位数字不完全相同的整数:8848
变换过程:
7641 - 1467= 6174
变换结束!
```

4. 实现取大数模块和取小数模块的功能

在这里编写桩函数 max_number()和 min_number()的代码，将数字列表按降序或升序排列后分别取得一个大数和一个小数。这两个函数的实现代码如下。

```
#取大数
def max_number(a):
    a.sort(reverse=True)
    num=int(''.join(a))
    return num

#取小数
def min_number(a):
    a.sort()
    num=int(''.join(a))
    return num
```

字符串的 join()方法可以使用一个字符串作为分隔符，将一个列表的各个元素连接成一个字符串。这个方法要求列表中的各个元素都是字符串类型。

至此，验证卡普雷卡尔黑洞的程序编写完毕。运行程序后，使用整数 8848 对这个程序进行测试，执行结果如下。

```
>>>========RESTART: C:\数字黑洞 6174.py========
请输入 4 位数字不完全相同的整数:8848
变换过程:
8884 - 4888 = 3996
9963 - 3699 = 6264
6642 - 2466 = 4176
7641 - 1467 = 6174
变换结束!
```

由此可见，卡普雷卡尔黑洞验证通过。此外，还可以输入不同的数字进行更多测试。

提示：该程序的源文件位于“资源包/第 14 课/示例程序/数字黑洞 6174.py”。

14.4 自定义函数

在设计较复杂的程序时，一般采用“自顶向下，逐步求精”的设计思想，按照功能划分程序的模块，每个模块通常是能够被重复使用或者逻辑独立的功能块，这样的设计方法也称为模块化设计。它能够降低程序的复杂度，使程序的设计、编码、调试和维护等过程变得简单。在使用 Python 编程时，每个功能模块被封装为一个自定义函数，这样的函数和 Python 语言的 print()、input()、round()等函数一样能够在程序中重复使用。

1. 函数的定义和调用

在第 6 课关于函数使用的课程中以榨汁机来类比函数，只要知道函数的使用方法即可。在本课中则根据自己的需要创建特定功能的函数，仍然以榨汁机来类比，就是按需制造自己的榨汁机，这就需要自己设计榨汁机的内部结构。下面以编写一个“字母榨汁机”函数为例，介绍自定义函数的相关知识。这个字母榨汁机能将英文单词分解成单个字母并放在一个列表中。

(1) 没有参数的函数。例如，创建一个 apple 榨汁机函数，在 Python Shell 窗口输入如下代码。

```
>>>def juicer():
        juice=list('apple')
        return juice
```

在用 def 语句定义 juicer()函数时，没有在小括号中设定函数的参数，字符串'apple'是直接放在函数体中被处理的，因此这个函数返回的永远是“苹果汁”。

```
>>>glass=juicer()
>>>print(glass)
['a', 'p', 'p', 'l', 'e']
```

在调用上面定义的 juicer()函数时，不需要提供参数，只要在函数名 juicer 后面加上一对小括号即可。由于这个函数没有参数，如果想要一杯橙汁，就要修改定义函数的代码，将'apple'换成'orange'，这样显然是不灵活的。

(2) 有参数的函数。例如，使用如下代码创建一个通用的榨汁机函数。

```
>>>def juicer(fruit):
        juice=list(fruit)
        return juice
```

在定义 juicer()函数时，在小括号内设定了一个名为 fruit 的参数，这样在调用这个函数时，就可以放入不同的水果，从而得到不同的果汁。

```
>>>glass=juicer('orange')
```

```
>>>print(glass)
['o', 'r', 'a', 'n', 'g', 'e']
```

在调用 juicer()函数时，将'orange'作为参数值，函数将返回一杯“橙汁”。这个函数只有一个参数，如果想在制作果汁时加点料(如糖)，那么这个函数就无法做到。

(3) 多个参数的函数。例如，使用如下代码创建一个能添加不同口味的榨汁机函数。

```
>>>def juicer(fruit, taste):
        juice=list(fruit)
        juice.extend(taste)
        return juice
```

在定义 juicer()函数时设定了 fruit 和 taste 两个参数，中间用逗号分隔。在调用该函数时，就需要提供两个参数。按此方法可以设置更多参数。

```
>>>glass=juicer('orange', 'sugar')
>>>print(glass)
['o', 'r', 'a', 'n', 'g', 'e', 's', 'u', 'g', 'a', 'r']
```

在调用 juicer()函数时，将'orange'和'sugar'作为参数值，函数返回一杯加糖的橙汁。

(4) 参数有默认值的函数。为了方便使用，在创建榨汁机函数时可以设定一种常用的口味，那么在调用函数时就可以不提供这个参数。

```
>>>def juicer(fruit, taste='sugar'):
        juice=list(fruit)
        juice.extend(taste)
        return juice
```

在定义 juicer()函数时，参数变量 taste 的默认值设为'sugar'。在调用 juicer()函数时，若不提供 taste 参数值，Python 就会把'sugar'传递给 taste 参数变量。

```
>>>glass=juicer('apple')
>>>print(glass)
['a', 'p', 'p', 'l', 'e', 's', 'u', 'g', 'a', 'r']
```

在调用 juicer()函数时将'apple'提供给 fruit 参数，而 taste 参数使用默认值'sugar'，函数返回的是一杯加糖的苹果汁。

如果在调用 juicer()函数时为 taste 参数提供一个值，那么该参数的默认值将不会起作用。

```
>>>glass=juicer('apple', 'chocolate')
>>>print(glass)
['a', 'p', 'p', 'l', 'e', 'c', 'h', 'o', 'c', 'o', 'l', 'a', 't', 'e']
```

在调用juicer()函数时，将'apple'提供给fruit参数，将'chocolate'提供给taste参数，函数调用后返回的是一杯巧克力味的苹果汁。

> 提示：在定义函数时，如果为参数列表中的某个参数指定了默认值，那么在这个参数之后的其他参数也必须指定默认值。

2. 变量的作用域

变量的作用域，即变量的可使用范围，分为全局变量和局部变量。

1）使用局部变量

在函数体中创建的变量是局部变量，只能在函数体中使用。

```
>>>def add(a, b):
       s=a+b
       return s
```

在上面定义的add()函数中，创建了一个变量s，它是一个局部变量，只能在函数中使用。如果试图在函数之外使用这个变量，就会报出变量名未定义的错误。

```
>>>print(s)
Traceback (most recent call last):
  File "<pyshell#4>", line 1, in<module>
    print(s)
NameError: name 's' is not defined
```

函数的参数也是局部变量，在函数调用时会被赋予具体的值，只能在函数体中使用。

2）使用全局变量

在函数之外创建的变量是全局变量，它在整个代码中都能够使用。

```
>>>s=0
>>>def add(a, b):
       s=a+b
       return s
```

在上面代码中，在add()函数之外创建了一个变量s，它是一个全局变量，其值为0。另外，在add()函数中也创建了一个变量s，它是一个局部变量，其值为变量a和b之和。

```
>>>print(add(1, 2))
3
>>>print(s)
0
```

在调用函数add(1, 2)后，会在函数体中求出参数变量a、b之和为3，并赋值给变量s，作为函数的返回值。但是，在打印变量s的值时，其输出为0。由此可见，add()函数内的变量 s 是一个局部变量，而函数之外的变量 s 是一个全局变量。两者虽然同名，但是作用范围不一样。

如果要在函数中使用全局变量，可以使用 global 语句声明。

```
>>>s=0
>>>def add(a, b):
        global s
        s=a+b
        return s
```

在上面代码中，使用 global 关键字声明变量 s 为全局变量，当在函数体中通过赋值创建变量 s 时，Python 将不再创建局部变量，而是使用全局变量 s。

```
>>>print(add(1, 2))
3
>>>print(s)
3
```

由于变量 s 在 add()函数中被声明为全局变量，所以在调用函数 add(1, 2)之后，再打印变量 s 的值时，输出的是 3，而不再是 0。

以上演示了在函数中使用全局变量的方法，但在实际编程中，并不建议这样做。在函数中应谨慎使用全局变量，就像直接用电源线连接插座和榨汁机也能工作，但是如果用插头则更安全。

3. 函数的递归调用

当在一个函数中直接或间接调用了自身时，这种调用方式称为函数的递归调用。

1）进行无限递归调用的实验

下面将演示无限递归调用，向屏幕不停地输出 hello。在 Python Shell 窗口中输入如下代码，这样就创建一个 say_hello()函数，在函数体中调用了该函数自身。

```
>>>def say_hello():
        print('hello')
        say_hello()
```

接着调用 say_hello()函数，就会进入无限递归调用。

```
>>>say_hello()
hello
hello
...
```

警告：要让它停下来，可以按下 Ctrl＋C 组合键，或者执行 Shell→Interrupt Execution 菜单命令。

2）设置递归终止条件

在使用递归方式调用函数时，一定要设置递归终止条件，否则就会进入无限递归调用。

修改上面的 say_hello()函数，让它输出指定个数的 hello 然后停止，代码如下。

```
>>>def say_hello(i):
        if i==0:return
        print('hello')
        say_hello(i-1)
```

说明：每次调用 say_hello()函数时，就将参数变量 i 的值减少 1，使之趋向于 0。当变量 i 为 0 时，就会终止递归调用。

接着调用 say_hello()函数，就不会进入无限递归调用了。例如，输出 3 个 hello。

```
>>>say_hello(3)
hello
hello
hello
```

在编程中，请慎用递归函数，无论是直接的递归调用，还是间接的递归调用。如果确实需要使用递归函数，务必设置好递归终止条件，避免出现无限递归调用。

1. 在下面描述中，(　　)是正确的，(　　)是错误的。
   A. 一个函数可以有多个参数，各参数之间用逗号分隔。
   B. 一个函数可以有 return 语句，也可以没有。
   C. 在函数内使用全局变量时，需要用 global 语句声明。
   D. 在函数内部创建的变量，也可以在函数外部使用。
2. 请完善程序，实现计算圆的周长和面积。

```
def circle(r):
    d=round(3.14*r*2, 2)
    s=round(3.14*r*r, 2)
    return (________)

(________)=circle(3)
print(d, s)
```

3. 请完善程序，实现计算两点之间的距离。

```
import math
```

```
def distance(x1, y1, ________, ________):
    d=math.sqrt((x1 -x2)**2+(y1 -y2)**2)
    d=round(d, 2)
    return d

d=distance(3, 4)
print(d)
```

4. 请完善程序，使用递归方式计算 1～100 的各数之和。

```
def add(n):
    if n>1:
        return ____________________
    else:
        return ____________________

s=add(100)
print(s)
```

第15课

图像转字符画——使用库编程

15.1 问题描述

字符画(ASCII Art)是一种由计算机键盘上的字符(即 ASCII 字符)组成的图画，可以显示在任意的文本框中。例如，一条骨鱼可以用＞＋＋(＞来表现。

在互联网兴起的早期，受限于狭窄的网络带宽，字符画成为一种非常流行的视觉艺术表达方式，曾被广泛用于 BBS、即时聊天等应用场景中。随着网络技术的发展，字符画的表现形式不断演化，各种富文本格式的出现和 Unicode 字符集的广泛使用形成了许多新的艺术形式。这里讨论的是传统的字符画。

简单的字符画是利用字符的形状代替图画的线条来构成简单的人物、事物等各种形象，它一般由人工制作而成。复杂的字符画通常利用占用不同数量像素的字符代替图画上不同明暗的点，它一般由程序制作而成。

在这个案例中，我们将编写一个将彩色图像转成字符画的程序，然后把一个 Hello Kitty 卡通图像转成字符画，效果如图 15-1 所示。

图 15-1　Hello Kitty 字符画

15.2 算法分析

使用程序将彩色图像转换为字符画时，先将彩色图像转换为灰度图像，然后把不同灰度等级的像素对应到不同明暗程度的 ASCII 字符。请观察字符序列“MNHQ $ OC?7＞!：－；.”中的各个字符，可以看到每个字符的留白是不同的，由此呈现出不同的明暗效果。

彩色图像常使用 RGB 色彩模式，通过对红(R)、绿(G)、蓝(B)三个颜色通道的变化以及它们相互之间的叠加来表现各式各样的颜色。灰度图像又称为黑白图像，使用 0～255 表示每个像素点的颜色深度，白色为 255，黑色为 0。将彩色图像转换为灰度图像，可用下面的公式将图像中各个像素的 RGB 值转换为灰度值。

$$gray = r \times 0.299 + g \times 0.587 + b \times 0.114$$

在这个案例中，使用 Pillow 图像处理库将彩色图像转换成灰度图像，其内部转换时使用的就是上述公式。除了转换图像的颜色模式，Pillow 库还提供调整图像大小、生成缩略图、图像合成等诸多功能。

利用 Pillow 图像库制作字符画，可以分为如下步骤。

(1) 从本地磁盘文件中加载彩色图像。

(2) 将彩色图像调整为与字符画同等尺寸的小图。

(3) 将调整后的小图的颜色模式转换为灰度图像。

(4) 根据灰度图像各个像素点的灰度值生成字符画数据。

(5) 最后将字符画数据存储到一个文本文件中。

15.3 编程解题

在编写将图像转为字符画的程序之前，需要在自己的计算机中安装 Pillow 图像处理库(模块)。打开一个 cmd 命令行窗口，使用 pip 命令安装 Pillow 库，输入如下命令。

```
C:\>pip3 install pillow
```

稍等片刻，就可以将 Pillow 库安装到 Python 环境中。如果安装过程出现报错信息，请阅读“附录 A　管理 Python 第三方模块”，学习如何安装 Python 模块。

在成功安装 Pillow 库之后，就可以开始编写制作字符画的程序了。

跟我做

在 IDLE 环境中，打开一个新的 Python 编辑器窗口，以“字符画.py”作为文件名将空白源文件保存到本地磁盘上，然后开始编写 Python 代码。

这个程序由主程序 main()函数和灰度值转字符 getchar()函数组成。在 main()函数中，实现将原始图像调整大小、转换成灰度图像、根据像素点的灰度值生成字符画等功能。具体步骤如下。

(1) 导入 Pillow 库的 Image 模块。Pillow 库提供各种用于图像处理功能的模块，在这个案例中仅使用其中的 Image 模块。注意，在 Python 3 中 Pillow 库的名字是 PIL。

```
from PIL import Image
```

(2) 创建主程序 main()函数，然后从文件中打开 Hello Kitty 图像，代码如下。

```
def main():
    img_name='hellokitty.jpg'
    img=Image.open(img_name)
```

其中，Image.open()方法用于打开指定路径的图像文件，并返回一个图像对象。这里为了方便，从资源包中复制一个 hellokitty.jpg 图像文件放到当前程序文件所在目录中。根据个人情况，也可以将图像文件放在其他目录中，在调用 Image.open()方法时指定正确的文件路径即可。

提示：Hello Kitty 图像位于“资源包/第 15 课/示例程序/hellokitty.jpg”。

(3) 调整彩色图像的尺寸，使之与字符画同等大小，让一个像素对应一个字符。这里将字符画的尺寸设定为宽 80 个字符、高 48 个字符。由于生成的字符画最终要在文本编辑器或网络浏览器等软件中显示，各行之间有一定的行间距，因此这个设定考虑了行间距对字符画高度的影响。调整图像大小的代码如下。

```
width, height=80, 48
img=img.resize((width, height))
```

其中，图像的 resize()方法通过指定的宽度和高度参数重新调整图像的大小，并返回一个调整后的新图像。注意该方法要求使用元组类型的参数，也就是要将宽度和高度参数放在一对小括号内。

(4) 将小图转换为灰度图像，代码如下。

```
img=img.convert('L')
```

其中，图像的 convert()方法通过指定的颜色模式参数转换一个图像的颜色模式，并返回一个转换后的新图像。颜色模式参数用于设定图像所使用的像素格式，其中，'L'表示灰度图像，'RGB'表示真彩色图像，'CMYK'表示出版图像等。

由于 Image 对象的 open()、resize()、convert()方法返回的都是相同类型的图像对象，可用链式写法将对图像对象的操作放在一行内完成。将上面几行代码修改如下。

```
img=Image.open(img_name).resize((width, height)).convert('L')
```

(5) 根据灰度图像各个像素的灰度值生成字符画。采用一个双重循环结构，按照从左到右、从上到下的顺序取得各个像素的灰度值，并将灰度值对应到不同字符。在编辑器中输入如下代码。

```
text=''
for y in range(height):
    for x in range(width):
```

```
        text+=getchar(img.getpixel((x, y)))
    text+='\n'
```

其中，图像的getpixel()方法通过指定的x和y坐标读取图像某个位置的像素的颜色值，由于已经将图像转换为灰度图像，因此这里将返回某个像素的灰度值。注意该方法要求使用元组类型的参数，因此把x和y坐标放在一对小括号内。

在上面代码中，getchr()函数用于把一个灰度值转换为一个字符，在步骤(7)作介绍。

(6) 最后将字符画数据存储到一个文本文件中。

根据灰度值转换得到的字符存放在字符串变量text中。在转换完成后，需要将字符串变量text中的内容写入一个文本文件中。在编辑器中输入如下代码。

```
fo=open('hellokitty.txt', 'w')
fo.write(text)
fo.close()
```

其中，open()方法根据指定的文件名创建一个可写的文本文件，并返回一个文件对象；write()方法用于将指定的字符串变量中的内容写入文本文件中；在写入后使用close()方法将文本文件关闭。

(7) 创建getchar()函数。在将图像像素的灰度值转换为字符时，将灰度值小于128的部分用'@'字符表示，将灰度值大于128的部分用空格字符表示，这样就得到由字符@和空格构成的字符画。getchar()函数的实现代码如下。

```
def getchar(gray):
    return '@' if gray<128 else ' '
```

(8) 在程序入口中调用main()函数。

```
if __name__=='__main__':
    main()
```

其中，当这个Python文件被执行时，Python语言的内建变量__name__的值就是'__main__'，这时if语句的条件成立，就会调用main()函数。如果这个Python文件以模块形式被导入，那么if语句的条件将不成立。因此，将这里作为程序的入口。这是Python语言的一个约定，我们遵守即可。

(9) 至此，将图像转换为字符画的程序编写完毕，见示例程序15-1。

示例程序15-1

```
#从 Pillow 库导入 Image 类
from PIL import Image

#主程序
def main():
```

```
    #打开图像、调整图像尺寸、转换为灰度图像
    img_name='hellokitty.jpg'
    width, height=80, 48
    img=Image.open(img_name).resize((width, height)).convert('L')

    #将图像每个像素的灰度值转换为一个字符
    text=''
    for y in range(height):
        for x in range(width):
            text+=getchar(img.getpixel((x, y)))
        text+='\n'

    #将字符画保存到一个文本文件中
    fo=open('hellokitty.txt', 'w')
    fo.write(text)
    fo.close()

#将像素点的灰度值转换为字符
def getchar(gray):
    return '@ ' if gray<128 else '  '

#程序入口
if __name__=='__main__':
    main()
```

将源代码编辑妥当并保存，然后运行程序，将会在该程序所在目录下生成一个名为hellokitty.txt的文本文件。用记事本软件打开这个文本文件，就能看到程序生成的HelloKitty字符画，效果见图15-2(a)。

提示：这个程序的源文件位于"资源包/第15课/示例程序/字符画.py"。

试一试 每个字符所呈现的明暗程度是不同的，"MNHQ$OC?7>!:-;. "是一个常用且效果比较好的表现灰度效果的字符序列。将256个灰度值与这16个字符建立对应关系，能使字符画更好地还原灰度图像的效果。将getchar()函数修改如下：

```
#将灰度值转换为字符
ascii_chars=list('MNHQ$OC?7>!:-;. ')
def getchar(gray):
    unit=256/len(ascii_chars)
    return ascii_chars[int(gray//unit)]
```

修改之后，重新运行程序，看看生成的字符画是否效果更好一些(见图15-2(b))。此

外，还可以修改字符画的宽度和高度(例如：高度设为 200，宽度设为 120)，这样字符画的还原效果会更好(见图 15-2(c))。但同时生成的字符画也更大，需要在网络浏览器中打开字符画文件，并将页面缩小到能够查看整个字符画为止。

(a)　(b)　(c)

图 15-2　不同效果的字符画

15.4 常用库简介

Python 社区有丰富的类库资源，内容涉及 Web 框架、网络爬虫、网络内容提取、模板引擎、数据库、数据可视化、图像处理、文本处理、自然语言处理、机器学习、日志、代码分析等。如果需要实现某个功能，不需要自己重复造轮子，只需要从 Python 社区找到相关的类库，既可以节省开发时间，还能保证程序质量。下面介绍一些 Python 常用的标准库和第三方库。

1. 图像处理库 Pillow

Pillow 图像处理库由 PIL(Python Imaging Library)库发展而来，拥有强大的图像处理功能和简单易用的 API。Pillow 库支持众多图像文件格式，拥有强大的图像处理能力，主要包括图像储存、图像显示、格式转换以及基本的图像处理操作等，可以用来转换图像格式、创建缩略图、生成图像验证码、给图像添加水印等。

Pillow 帮助文档：https://pillow.readthedocs.io/en/5.2.x/。

2. 图表图形库 Matplotlib

Matplotlib 是一个由 John Hunter 等开发的，用来绘制二维图形的 Python 模块。它利用了 Python 下的数值计算模块 Numeric 及 Numarray，克隆了许多 Matlab 中的函数，用来帮助用户轻松地获得高质量的二维图形。Matplotlib 可以绘制多种形式的图形，包括普通的线图、直方图、饼图、散点图以及误差线图等；可以比较方便地定制图形的各种属性，例如，图线的类型、颜色、粗细、字体的大小等；它能够很好地支持一部分 TeX 排版命令，可以比较美观地显示图形中的数学公式。如图 15-3 所示。

Matplotlib 官网：https://matplotlib.org。

3. 表格输出库 PrettyTable

PrettyTable 库是一个简单易用的结构化输出库，可用来生成美观的 ASCII 格式的表格，适合在终端、浏览器等场合显示结构化的数据，如图 15-4 所示。

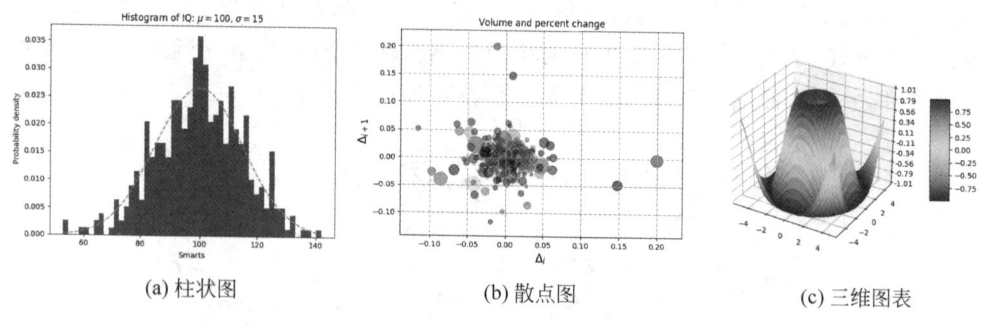

(a) 柱状图　　(b) 散点图　　(c) 三维图表

图 15-3　Matplotlib 绘制的图形

City name	Area	Population	Annual Rainfall
Adelaide	1295	1158259	600.5
Brisbane	5905	1857594	1146.4
Darwin	112	120900	1714.7
Hobart	1357	205556	619.5
Melbourne	1566	3806092	646.9
Perth	5386	1554769	869.4
Sydney	2058	4336374	1214.8

图 15-4　PrettyTable 形成的表格

PrettyTable 使用说明：https://github.com/dprince/python-prettytable。

4. GUI 图形库 Tkinter 和 Easygui

Tkinter 是一个用来快速创建 GUI 应用程序的 Python 标准库，它已经集成到 Python 中，不需要单独安装。Python 的集成开发环境 IDLE 就是使用 Tkinter 开发的。有关 Tkinter 的图书和开发资料很多，适合初学者学习 GUI 编程。

Tkinter 库的在线帮助文档：https://docs.python.org/3/library/tkinter.html。

比 Tkinter 更为简单的 GUI 库是 Easygui。Easygui 基于 Tkinter 开发，封装了很多常用的组件，很适合新手编写简单的图形界面。例如，使用 Easygui 编程弹出一个消息框窗口，只要调用 msgbox()函数即可。示例代码如下。

```
>>>from easygui import *
>>>msgbox('hello, world', 'Python 编程')
```

运行结果如图 15-5 所示。

Easygui 帮助文档：http://easygui.sourceforge.net/。

图 15-5　用 Easygui 编程弹出一个消息框窗口

5. 游戏开发库 Pygame 和 Pyglet

Pygame 是 Python 平台常用的一个游戏开发库，建立在 SDL 基础上。SDL(Simple Directmedia Layer)是用 C 语言编写的一套开放源代码的跨平台多媒体开发库，提供接口给 Python、Java、Ruby 等语言调用。Pygame 常被用于 Python 游戏开发入门，相关图书和开发资料很容易获得。

Pygame 帮助文档：https://www.pygame.org/docs/。

相比 Pygame，有一个更轻量、更易用的游戏库——Pyglet。Pyglet 的封装层次更高，更适合初学者学习和使用。

Pyglet 帮助文档：https://pyglet.readthedocs.io/en/pyglet-1.3-maintenance/。

6. 计算机视觉库 OpenCV

OpenCV(Open Source Computer Vision Library)是一个基于 BSD 许可发行的跨平台开源计算机视觉库，可以在 Linux、Windows、MacOS 操作系统上运行。它由一系列 C 函数和少量 C++类构成，同时提供了 Python、Ruby、Matlab 等语言的接口，实现了图像处理和计算机视觉方面的很多通用算法，使图像处理和分析变得更加容易上手，让开发人员将更多的精力用在算法的设计上。

OpenCV 帮助文档：https://docs.opencv.org/master/。

练习题

Pillow 图像处理库功能强大，提供多种滤镜功能，能够实现对图像进行模糊、边缘增强、锐化、平滑等常见操作。

例如，使用浮雕滤镜对图像进行处理，代码如下。

```
from PIL import Image
from PIL import ImageFilter
img=Image.open('hellokitty.jpg')
img=img.filter(ImageFilter.EMBOSS)
img.show()
```

在上面代码中，通过图像的 filter()方法应用某个滤镜处理图像，ImageFilter.EMBOSS 是浮雕滤镜的常量。运行程序，将会得到如图 15-6 所示的浮雕效果。

图 15-6 浮雕效果的图片

其他一些内置滤镜的常量是 GaussianBlur(高斯模糊)、BLUR(普通模糊)、EDGE_ENHANCE(边缘增强)、FIND_EDGES(寻找边缘)、CONTOUR(轮廓)、SHARPEN(锐化)、SMOOTH(平滑)和 DETAIL(细节)等。

请修改程序，使用不同的滤镜对图像进行处理，并观察效果。

第16课

物以类聚——面向对象编程

16.1 概述

正所谓物以类聚，人们对事物进行分类，是为了更好地理解这个纷繁复杂的世界。在动物学中，将脊椎动物分为哺乳类、爬行类、两栖类、鸟类、鱼类和圆口类六大类。比如，小明家养了一只会说话的鹦鹉和很多条漂亮的小金鱼，因为它们的体形特征、行为方式等完全不相同，所以将它们分别归入鸟类和鱼类。

在Python语言中，为了便于处理各种数据，提供了整数、浮点数、字符串、布尔值、列表、字典、集合等不同的数据类型。打开Python Shell窗口，利用type()函数查看一些数据所属的数据类型。

```
>>>type(1), type(3.14), type('abc'), type(True)
(<class 'int'>,<class 'float'>,<class 'str'>,<class 'bool'>)
```

在输出信息中可以看到int(整数)、float(浮点数)、str(字符串)、bool(布尔值)这些数据类型的名称。同时，还可以看到它们的前面有一个单词class，说明这些数据类型都是Python中的类(Class)。

在实际的编程工作中，要完成各种复杂的任务，仅使用Python提供的数据类型是不够的，还需要根据具体情况创建更多的自定义数据类型。在Python中，创建自定义的数据类型是通过定义新的类来实现的。类是一种组织代码的方式，可以将变量和函数封装起来，从而建立起具有复杂逻辑的代码单元，进而更有效率地建立规模庞大的软件系统。

这就引出了一种新的编程思想——面向对象编程(Object-Oriented Programming, OOP)。在面向对象编程中，构成程序的基本单位是对象。对象(Object)就是根据类创建的实例(Instance)。这使我们能够用人类认识事物所采用的思维方法进行编程，以模拟的方式将现实世界中的对象映射到程序中抽象的对象，并且可以表现事物之间的继承关系、包含关系等。Python是一门支持面向对象的语言，具备面向对象的3个特征：封装、继承、多态，下面将对它们进行介绍。

16.2 类和对象

在面向对象编程的语言中，类是对象的模板，对象是类的实例。例如，要制造一架飞机，先要画出飞机的设计图，再依据设计图在生产线上将各零部件组装成一架完整的飞机。可以把飞机设计图看作是一个飞机类，从生产线上组装好的每一架飞机看作是这个飞机类的各个实例(对象)。

下面以编写一个歼-11战机类为例，介绍在Python中使用类和对象进行编程。歼-11(J-11)是中国空军一型单座双发多功能重型喷气式战斗机，是中国第三代战斗机之一。当我们说到歼-11战机时，并不是特指某一架战机，而是这一型的所有战机。通过模拟歼-11战机，编写一个名为J11Fighter的战机类，然后根据这个战机类创建和使用表示特定歼-11战机的实例。

跟我做

在IDLE环境中，打开一个新的Python编辑器窗口，以j11fighter.py作为文件名将空白源文件保存到本地磁盘上，然后开始编写Python代码。

1. 创建J11Fighter战机类

为了简化编程，只为战机类设定型号、编号、飞行员、实用升限等信息，以及起飞和发射导弹两种操作。

(1) 使用class语句定义一个新的类，在编辑器中输入如下代码。

```
class J11Fighter():
    '''模拟 J-11 战机'''
```

上面的第1行代码是定义类的语句，在关键字class后面留有一个空格，紧接着是类的名字J11Fighter，在类名的后面是一对小括号，括号内是空的，最后以一个冒号(:)作为一行的结束，这样就定义了一个J11Fighter类。根据Python语言的约定，类名的首字母大写，并且组成类名的其他单词的首字母也要大写，而类名的其他字母小写。

第2行是一个文档字符串，用于描述这个类的功能。文档字符串(DocString)简而言之就是帮助文档，是由一对三个单引号(''')或双引号(""")括起来的字符串。第2行代码相对第1行向右缩进4个空格，表明它属于这个类的语句体。

目前这个J11Fighter类什么也没做，接下来将为其添加一些属性和方法。

(2) 添加类的属性。所谓属性，就是类中的变量。对于战机类来说，可以用属性表示战机编号、飞行员姓名和战机型号等信息。在Python中，需要在类的初始化__init__()方法中添加属性。在编辑器中新起一行输入如下代码。

```
    def __init__(self, number, pilot):
        '''初始化时描述战机属性'''
        self.number = number                    #战机编号
```

```
        self.pilot=pilot                               #飞行员姓名
        self.model='J-11'                              #战机型号
        self.max_altitude=18500                        #最大飞行高度
        self.cur_altitude=0                            #当前飞行高度
```

在上面代码中，第 1 行代码使用 def 语句定义了一个名为__init__的函数。在 Python 语言中，将类中的函数称为方法。

__init__()是一个特殊方法，在这个方法的开头和结尾各有两个下划线，这是 Python 语言的约定，是为了避免这类特殊方法在名称上与普通方法发生冲突。当根据类创建新的实例时，这个方法就会被自动调用，因此，可以在这个方法中添加一些用于初始化的代码，比如添加类的属性。

在__init__()方法中，定义了 self、number 和 pilot 这 3 个参数变量。其中，参数变量 self 是必不可少的，且必须作为第 1 个参数。在类的方法中，第 1 个参数变量使用 self 作为名字，这是 Python 语言的一个约定，我们只要遵守即可。另外定义两个参数变量 number 和 pilot 分别表示战机的编号和飞行员的姓名。当根据 J11Fighter 类创建一个对象时，不需要向第 1 个参数变量 self 传值，只需要向 number 和 pilot 这两个参数变量传值即可。

第 2 行代码是一个文档字符串，用来描述__init__()方法的用途。

第 3～7 行代码创建了战机类的 5 个属性。根据约定，这些属性名称的前缀是 self，它们可以在类的所有方法中使用。其中，self. number 和 self. pilot 这两个属性通过__init__()方法从外部传入；其他几个属性则在__init__()方法中指定固定的值，即给属性指定默认值。当根据类创建实例时，这些属性可以通过实例来访问。

(3) 添加类的方法。所谓方法，就是类中的函数。对于战机类来说，可以用方法表示战机起飞、发射导弹等操作(或行为)。通过以下代码为战机类增加 take_off()方法和 launch_missile()方法。

```
    def take_off(self):
        '''让战机起飞，并输出战机信息'''
        self.cur_altitude=10000
        print('%s 驾驶编号为%s 的%s 战机从某空军机场起飞，并迅速爬升到%s m 高空' %
            (self.pilot, self.number, self.model, self.cur_altitude))

    def launch_missile(self, target):
        '''向目标发射导弹'''
        print('%s 战机在%s m 高空遭遇%s 敌机并向目标发射 1 枚导弹' %
            (self.model, self.cur_altitude, target))
```

在上面代码中，定义了一个 take_off()方法，这个方法被调用时不需要传入额外的信息，因此只需要一个 self 参数变量即可。这是 Python 语言的约定，遵守即可。在这个方法中，将战机的当前飞行高度设为 10000，并输出模拟战机起飞的一些信息。

另外，还定义了一个 launch_missile()方法，它的第 1 个参数变量是 self，这是约定，遵守即可；第 2 个参数变量是 target，当该方法被调用时由外部传入值，表示导弹攻击的目标。在这个方法中，输出一段模拟战机向目标发射导弹的描述。

在类的方法中，使用“self.属性名”的形式访问属性，这也是在 Python 语言中约定将方法的第 1 个参数变量命名为 self 的原因。

2. 创建和使用对象

类是对象的模板，是对象的设计图。在前面编写了一个具备简单功能的战机类 J11Fighter，现在将根据这个战机类创建一个战机对象（实例）。

(1) 根据类创建对象。假设有一架战机的编号是 1024，飞行员是王小明，根据 J11Fighter 类创建一个具体的战机对象。在程序入口添加如下代码。

```
if __name__=='__main__':
    '''根据类创建对象'''
    j11=J11Fighter(1024, '王小明')
```

上面的第 3 行代码创建了 J11Fighter 类的一个实例（对象），并将它赋给变量 j11。在执行这行代码时，J11Fighter 类的__init__()方法会被自动调用，并将整数 1024 传递给参数变量 number，将字符串'王小明'传递给参数变量 pilot，然后依次执行__init__()方法中的各行代码。J11Fighter 类的实例（对象）在创建之后，将其赋给变量 j11，可以把变量 j11 称为对象变量。

(2) 访问对象的属性和方法。在 Python 语言中，使用点号(.)运算符访问对象的属性和方法。在程序入口继续添加如下代码。

```
print(j11.number, j11.pilot, j11.model)
j11.take_off()
j11.launch_missile('F-15')
```

上面的第 1 行代码将 j11 的属性 number、pilot 和 model 的值输出到屏幕。这些属性是在 J11Fighter 类的__init__()方法中使用“self.属性名”的形式创建的；要想访问对象的属性，使用“对象变量.属性名”的形式。比如在访问 j11.number、j11.pilot、j11.model 等属性时，Python 会先找到实例 j11，再查找与这个实例相关联的属性。

第 2 行代码访问 j11 的 take_off()方法，输出模拟战机起飞的相关信息到屏幕。在 J11Fighter 类的定义中，take_off()方法只有一个 self 参数，因此，通过对象变量 j11 访问 take_off()方法时，不需要传递任何数据。

第 3 行代码访问 j11 的 launch_missile()方法，输出模拟战机向目标发射导弹的信息到屏幕。在 J11Fighter 类的 launch_missile()方法中设定了两个参数（self 和 target），因此通过对象变量 j11 访问 launch_missile()方法时，只需给 target 参数传值即可。

(3) 至此，模拟歼-11战机类的程序编写完毕，见示例程序16-1。

示例程序 16-1

```
class J11Fighter():
    '''模拟 J-11 战机'''

    def __init__(self, number, pilot):
        '''初始化时描述战机属性'''
        self.number=number                      #战机编号
        self.pilot=pilot                        #飞行员姓名
        self.model='J-11'                       #战机型号
        self.max_altitude=18500                 #最大飞行高度
        self.cur_altitude=0                     #当前飞行高度

    def take_off(self):
        '''让战机起飞，并输出战机相关信息'''
        self.cur_altitude=10000
        print('%s 驾驶编号为%s 的%s 战机从某空军机场起飞，并迅速爬升到%s m 高空' %
            (self.pilot, self.number, self.model, self.cur_altitude))

    deflaunch_missile(self, target):
        '''向目标发射导弹'''
        print('%s 战机在%s m 高空遭遇%s 敌机并向目标发射 1 枚导弹' %
            (self.model, self.cur_altitude, target))

if __name__=='__main__':
    '''根据类创建对象'''
    j11=J11Fighter(1024, '王小明')
    print(j11.number, j11.pilot, j11.model)
    j11.take_off()
    j11.launch_missile('F-15')
```

将代码编辑好后保存，然后运行程序，执行结果如下。

```
>>>========RESTART: C:\j11fighter.py========
1024 王小明 J-11
王小明驾驶编号为 1024 的 J-11 战机从某空军机场起飞，并迅速爬升到 10000m 高空
J-11 战机在 10000m 高空遭遇 F-15 敌机并向目标发射 1 枚导弹
```

3. 用方法访问属性

在类中定义的属性，每个实例都可以访问，并且各个实例的属性是独立的，修改一个实例的属性不会影响到另一个实例。在定义一个新的类时，通过在方法中访问属性，可以方便地检查和约束属性的值。如果直接修改实例的属性，可能使程序出现逻辑错误。

例如，歼-11战机的最大飞行高度为18500m，如果将其当前飞行高度修改为超过该数

值，将是不合理的。使用下面代码进行测试。

```
if __name__=='__main__':
    '''测试直接修改属性'''
    j11=J11Fighter(1024, '王小明')
    j11.take_off()
    j11.cur_altitude=20000
    j11.launch_missile('F-15')
```

将代码编辑好后保存，然后运行程序，输出信息如下。

```
>>>========RESTART: C:\j11fighter.py========
王小明驾驶一架编号为 1024 的 J-11 战机从某空军机场起飞，并迅速爬升到 10000m 高空
J-11 战机在 20000m 高空遭遇 F-15 敌机并向目标发射 1 枚导弹
```

由上面的代码可见，当属性值可以直接被修改时，不能对数据的合理性进行检查和约束，导致程序出现逻辑错误。

可以采取在方法中访问属性，从而对属性值进行检查和约束。在 J11Fighter 类中增加一个 climb_to() 方法，将战机的当前飞行高度限制在 0 到最大飞行高度之间，代码如下。

```
def climb_to(self, altitude):
    '''战机爬升到指定的飞行高度'''
    if 0<=altitude<=self.max_altitude:
        self.cur_altitude=altitude
        print('战机爬升到%s m' %altitude)
    else:
        print('给定的高度值%s 无效' %altitude)
```

接着，在程序入口使用下面的代码进行测试。

```
if __name__=='__main__':
    '''根据类创建对象'''
    j11=J11Fighter(1024, '王小明')
    j11.take_off()
    j11.climb_to(20000)
```

将代码编辑好后保存，然后运行程序，输出信息如下。

```
>>>========RESTART: C:\j11fighter.py========
王小明驾驶编号为 1024 的 J-11 战机从某空军机场起飞，并迅速爬升到 10000m 高空
给定的高度值 20000m 无效
```

从输出信息来看，由于给定的高度值超过歼-11 战机的最大飞行高度，所以无法修改

属性值。类似地，还可以加上对战机飞行状态的检查，只有当战机起飞后，才让战机爬升。这是使用方法访问属性获得的好处。

提示：这个程序的源文件位于“资源包/第16课/示例程序/j11fighter.py”。

16.3 继承和多态

俗话说：“龙生龙，凤生凤，老鼠生来会打洞”，这体现了生物的遗传现象。在面向对象编程语言中，有个与之类似的特性，称之为“继承”。通过继承机制，可以在一个类的基础上创建一个新的类，不必从头开始编写，实现代码的重用。通过继承创建的新类称为子类，被继承的类称为父类。子类能够继承父类的所有属性和方法，并且还可以增加自己的属性和方法，或是重写父类方法。

接下来，将以编写一个歼-15战机类为例，介绍在Python中使用类的继承机制进行编程。歼-15(J-15)是以国产歼-11战斗机为基础进行研发的单座双发舰载战斗机，属于第四代半战斗机。歼-15继承了歼-11的优异特性，在其基础上新增鸭翼、配装2台大推力发动机，全新设计了机翼折叠、增升装置、起落装置和拦阻钩等系统，使之成为一款作战性能优良的舰载战斗机。通过模拟歼-15战机，编写一个名为J15Fighter的战机类。这个类继承自J11Fighter类，拥有J11Fighter类的全部功能，然后在它的基础上实现一些J15Fighter类自己的属性和方法。

跟我做

在IDLE环境中，打开一个新的Python编辑器窗口，以j15fighter.py作为文件名将空白源文件保存到本地磁盘（与j11fighter.py同目录），然后开始编写Python代码。

1. 创建J15Fighter战机类

在Python语言中，所有的类都继承自object类。回想创建J11Fighter类时，在使用class语句定义一个新的类时并没有显式地声明继承自object类，但实际上是默认继承自object类的。即

```
class J11Fighter():
```

等价于

```
class J11Fighter(object):
```

那么，要创建一个J15Fighter战机类，并让它继承自J11Fighter类，只要在一对小括号内写上J11Fighter即可。

切换到j15fighter.py源文件的编辑窗口，编写定义J15Fighter类的代码。

```
from j11fighter import J11Fighter


class J15Fighter(J11Fighter):
    '''模拟 J-15 战机,继承 J-11 战机'''
```

使用 from...import...语句从 j11fighter 模块中导入 J11Fighter 类,然后用 class 语句定义一个 J15Fighter 类,在小括号内写上 J11Fighter,表示 J15Fighter 类继承自 J11Fighter 类。

这样就使用继承的方式创建了一个 J15Fighter 战机类,它和 J11Fighter 类具有一样的功能。使用下面的代码进行简单的测试。

```
if __name__=='__main__':
    '''测试 J-15 战机类'''
    j15=J15Fighter(2048, '李大宝')
    j15.take_off()
```

将代码编辑好后保存,然后运行程序,输出信息如下。

```
>>>========RESTART: C:\j15fighter.py========
李大宝驾驶编号为 2048 的 J-11 战机从某空军机场起飞,并迅速爬升到 10000m 高空
```

由上可见,J15Fighter 类具有 J11Fighter 类的属性和方法。但是有一个不妥的地方,就是 J15Fighter 类的实例在调用 take_off()方法时,输出的信息含有 J-11 字样。可以做一些修改,让子类 J15Fighter 输出自己的信息。

回顾前面创建 J11Fighter 类时,是在__init__()方法中进行初始化,定义类的属性。同样地,在编写 J15Fighter 类时,也在__init__()方法中定义类的属性。输入下面的代码为 J15Fighter 类增加__init__()方法,并在该方法中设置类的属性。

```
def __init__(self, number, pilot):
    '''初始化时描述战机属性'''
    super().__init__(number, pilot)
    self.model='J-15'              #战机型号
```

在上面代码中,super 是一个特殊的类,super()是将 super 类实例化,通过它可以在当前子类中调用父类的方法。在 J15Fighter 类中重新定义了一个__init__()方法,会导致父类 J11Fighter 中的__init__()方法不能被调用,因此需要显式地调用父类中的__init__()方法,并传递相应的参数,这样子类 J15Fighter 才能获得父类 J11Fighter 的所有功能。接着,修改子类 J15Fighter 的 model 属性,将其设置为 J-15。

保存所作的修改后,再次运行程序进行上面的测试,输出信息如下。

```
>>>========RESTART: C:\j15fighter.py========
李大宝驾驶编号为 2048 的 J-15 战机从某空军机场起飞,并迅速爬升到 10000m 高空
```

由上可见，J15Fighter类的实例输出了自己的信息。类似的，可以在子类中修改或添加其他属性。

2. 重写父类的方法

俗话说："青出于蓝而胜于蓝。"当父类的方法不能满足子类的需要时，可以将其重写，也就是在子类中使用同名的方法覆盖父类的方法。

歼-15是舰载战斗机，部署在航空母舰上。当调用J15Fighter战机类的take_off()方法时，应该输出战机从航母起飞的信息。通过重写父类J11Fighter的take_off()方法来实现这个需求，也就是在J15Fighter战机类中增加一个自己的take_off()方法，代码如下。

```
def take_off(self):
    '''让战机起飞,并输出战机相关信息'''
    self.cur_altitude=10000
    print('%s 驾驶编号为%s 的%s 战机从某航母起飞,并迅速爬升到%sm 高空' %
        (self.pilot, self.number, self.model, self.cur_altitude))
```

将代码编辑好后保存，然后运行程序进行测试，输出信息如下。

```
>>>========RESTART: C:\j15fighter.py========
李大宝驾驶编号为 2048 的 J-15 战机从某航母起飞,并迅速爬升到 10000m 高空
```

由上可见，在J15Fighter类的实例中已经忽略了父类的take_off()方法，转而执行子类的take_off()方法。

通过继承机制，在子类中重写父类的方法，使子类与父类具有一致的方法，但是却有不同的表现。在面向对象编程中，这种特性被称为多态。

提示：这个程序的源文件位于"资源包/第16课/示例程序/j15fighter.py"。

 16.4 用实例作属性

当面对规模较大或逻辑较复杂的问题时，在一个类中的属性和方法也会随之增多，程序可能变得难以管理。这时可以根据具体情况采取"化整为零"的策略，将一个大类分解为多个小类，并使它们协同工作，从而完成复杂的任务。在编程时，可以在类中使用实例(对象)作为属性值，从而将各个类组织起来，以构建复杂的系统。

假设要不断给J15Fighter类增加新的功能，比如实现机翼折叠、降落时使用拦阻钩、使用雷达锁定目标等功能，J15Fighter类就会变得越来越庞大且难以管理。这时，可以将部分功能独立出来作为一个类来实现，然后在J15Fighter类中使用。

例如，要实现在发射导弹时使用雷达锁定目标的功能，可以编写一个雷达类(Radar)，并将其实例作为J15Fighter战机类中的属性。这个雷达类比较简单，只有一个is_locked()方

法，它内部以随机方式返回一个布尔值，用以表示是否锁定目标。

跟我做

(1) 切换到 j15fighter.py 的编辑窗口，在该文件开头处编写雷达类 Radar 的代码。

```
#导入随机数模块
import random


class Radar():
    '''模拟战机雷达系统'''
    def is_locked(self):
        '''判断目标是否被雷达锁定'''
        if random.randint(1, 10)<6:
            return True
        else:
            return False
```

提示：由于雷达类使用了随机数，需要在代码中导入生成随机数的 random 库。

(2) 在 J15Fighter 战机类的__init__()方法中将雷达类的一个实例作为属性。将__init__()方法的代码修改如下。

```
def __init__(self, number, pilot):
    '''初始化时描述战机属性'''
    super().__init__(number, pilot)
    self.model='J-15'          #战机型号
    self.radar=Radar()         #将雷达类的实例作为属性
```

(3) 在 J15Fighter 战机类增加一个 launch_missile()方法，即重写父类的 launch_missile()方法。在这个方法中，使用雷达类的实例来检测是否锁定目标，再输出相应的信息。重写后的 launch_missile()方法的代码如下。

```
def launch_missile(self, target):
    '''向目标发射导弹'''
    print('%s 战机在%s m 高空遭遇%s 敌机，' %
        (self.model, self.cur_altitude, target), end='')
    if self.radar.is_locked():
        print('雷达锁定目标，并发射一枚导弹')
    else:
        print('雷达无法锁定目标，不能发射导弹')
```

(4) 对上述新增的功能进行测试，在程序入口修改代码如下。

```
if __name__=='__main__':
    '''测试战机雷达'''
    j15=J15Fighter(2048, '李大宝')
    j15.take_off()
    j15.climb_to(15000)
    j15.launch_missile('F-15')
```

将源代码编辑好后保存，然后运行程序进行测试，输出信息如下。

```
>>>========RESTART: C:\j15fighter.py========
李大宝驾驶编号为2048的J-15战机从某航母起飞，并迅速爬升到10000m高空
战机爬升到15000m
J-15战机在15000m高空遭遇F-15敌机，雷达锁定目标，并发射一枚导弹
```

再次运行程序，可能会输出如下信息。

```
>>>========RESTART: C:\j15fighter.py========
李大宝驾驶编号为2048的J-15战机从某航母起飞，并迅速爬升到10000m高空
战机爬升到15000m
J-15战机在15000m高空遭遇F-15敌机，雷达无法锁定目标，不能发射导弹
```

由此可见，为J15Fighter战机类新增的“雷达”已经正常工作。此外，还可为战机加上机翼折叠等其他功能，或者将上述新增功能放在父类J11Fighter中，请自行修改。

提示：这个程序的源文件位于“资源包/第16课/示例程序/j15fighter2.py”。

总而言之，面向对象是一种强大而复杂的技术，以上仅简单介绍了Python语言面向对象编程的一些基本内容，还有更多内容值得进一步学习和研究。

1. 在面向对象编程语言中，类是对象的________，对象是类的________。
2. 在Python语言中，用________语句定义一个函数，用________语句定义一个类。
3. 在下面描述中，(　　)是正确的，(　　)是错误。
   A. 在定义类的方法时，约定第一个参数变量的名字是self。
   B. 使用点号(.)运算符来访问对象的属性和方法。
   C. 不能使用对象作为类的属性。
   D. 当子类的方法与父类的方法相同时，父类的方法将不会被执行。

4. 请完善程序，定义一个Bird的类，在类中创建颜色(color)属性和一个say()方法。然后，创建Bird类的实例，并调用say()方法输出“一只蓝色的小鸟在叽叽喳喳地叫”。

```
#定义 Bird 类
class ________():
    def __init__(self,________):
        self.________=________

    def ____________________:
        print('一只%s 的小鸟在叽叽喳喳地叫' %________)

#创建 Bird 类实例
b=________(________)
b.say()
```

5. 请完善程序，以 Bird 类作为父类，定义一个 Parrot 类，并重写 say()方法，为其增加一个名为 words 的参数。然后，创建 Parrot 类的实例，并调用 say()方法输出"一只红色的鹦鹉在说：你好"。

```
#定义鹦鹉类
class ________(________):
    def say(self,________):
        print('一只%s 的鹦鹉在说：%s' %(self.color,________))

#创建 Parrot 类实例
b=________(________)
b.say(________)
```

第2单元

数学与算法

第 17 课

隔沟算羊——枚举策略

17.1 问题描述

在明代数学家程大位的《算法统宗》著作中记载了这样一道数学题：

甲乙隔沟放牧，二人暗里参详。

甲云得乙九个羊，多你一倍之上。

乙说得甲九只，两家之数相当。

两边闲坐恼心肠，画地算了半晌。

这道古算题以词牌“西江月”填词，用现代语言描述就是：

甲、乙牧人隔着山沟放羊，两人心里都在想对方有多少只羊。甲对乙说：“我若得你9只羊，我的羊就多你一倍。”乙说：“我若得你9只羊，我们两家的羊数就相等。”两人闲坐山沟两边，心里烦恼，各自在地上列算式计算了半天才知道对方的羊数。

请编写一个程序，算一算甲、乙各有几只羊？

17.2 算法分析

在小学四、五年级就开始学习简易方程，也就是一元一次方程。一般来说，列方程求解问题的步骤如下。

(1) 找出未知数，用字母 x 表示。

(2) 分析实际问题中的数量关系，找出等量关系，列方程。

(3) 解方程并检验作答。

再来看“隔沟算羊”问题。根据甲、乙的对话内容，分析其中的数量关系，尝试列出等式方程。在这个问题中有两个未知数，所以设甲有 x 只羊，乙有 y 只羊。

根据甲说的话，如果甲得到乙的9只羊，那么甲的羊就是乙的一倍。由此得到一个等量关系：

$$x+9=2(y-9)$$

根据乙说的话，如果乙得到甲的9只羊，那么乙的羊就和甲的相等。由此又得到一个等量关系：

$$y+9=x-9$$

将这两个等式方程综合起来，就得到一个二元一次方程组：

$$\begin{cases} x+9=2(y-9) \\ y+9=x-9 \end{cases}$$

那么，问题来了。求解二元一次方程组需要用到初中的数学知识，而小学生只学了一元一次方程。怎么办呢？别担心，可以使用枚举法编写程序求解答案。

所谓枚举法，又称为穷举法，它是将解决问题的可能方案全部列举出来，并逐一验证每种方案是否满足给定的检验条件，直到找出问题的解。编程时通常使用循环结构和判断语句来实现枚举算法。

采用枚举法求解“隔沟算羊”问题，算法步骤如下。

(1) 从1开始列举甲的羊数 x。

(2) 将甲的羊数 x 代入等式 $y+9=x-9$，并算出乙的羊数 y。

(3) 将甲、乙羊数 x 和 y 代入等式 $x+9=2(y-9)$，并判断如果等式成立，则输出甲、乙的羊数 x 和 y，问题就此解决；否则就将甲的羊数 x 加1，之后转到第(2)步去执行。

使用流程图描述上述算法步骤，如图17-1所示。

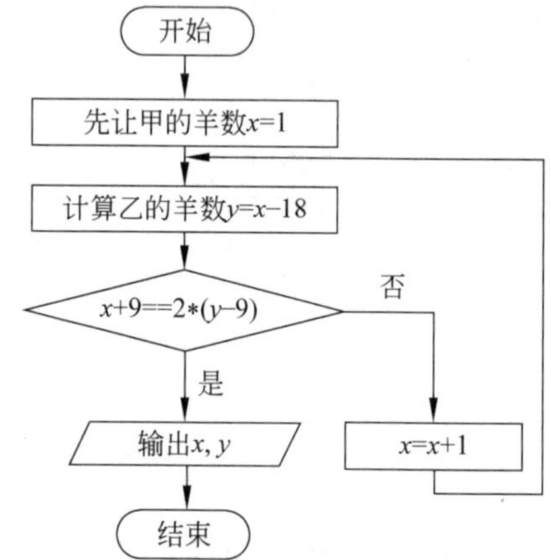

图 17-1 求解“隔沟算羊”问题流程图

根据上面所述的枚举算法，尝试使用手算方式求解答案。如表17-1所示，从1开始一个个地列举甲的羊数，再求出乙的羊数，直到甲的羊数为63、乙的羊数为45时，就能够使等式 $x+9=2(y-9)$ 成立。这时，就求得“隔沟算羊”问题的解。

表 17-1 用手算方式实现枚举算法

列举甲的羊数 x	求出乙的羊数 $y=x-18$	$x+9=2(y-9)$成立？
1	−17	否
2	−16	否
3	−15	否
……	……	……
61	43	否
62	44	否
63	45	是

由此可见，枚举算法是一种很“笨”的方法。当问题规模较小时，手工计算能很快求解出答案；但是当问题的规模很大时，使用人工枚举就成了不可能完成的任务。这时，可以借助计算机程序来解决问题。

17.3 编程解题

根据上面介绍的枚举算法编写程序，求出“隔沟算羊”问题的答案。

跟我做

在 IDLE 环境中，打开一个新的 Python 编辑器窗口，以“隔沟算羊.py”作为文件名将空白源文件保存到本地磁盘上，然后开始编写 Python 代码。

(1) 用变量 x 表示甲的羊数，并设初值为 1，即从 1 开始枚举甲的羊数。

```
x=1
```

(2) 使用 while 语句创建一个条件型循环结构，将循环控制条件设置为 True，使循环体不断被执行，在找到问题的解之后再用 break 语句退出循环。

```
while True:
```

(3) 将等式 $y+9=x-9$ 变换为 $y=x-18$，以便进行赋值操作。在循环体内，用变量 y 表示乙的羊数，将甲的羊数 x 减去 18 求出乙的羊数 y，即乙说的“我若得你 9 只羊，我们两家的羊数就相等”。

```
y=x-18
```

(4) 在循环体内，用 if 语句判断等式 $x+9=2(y-9)$ 是否成立，即对甲说的话“我若得你 9 只羊，我的羊就多你 1 倍”进行真假判断。

```
if x+9 ==2*(y-9):
```

提示：在 Python 语言中比较两个运算量是否相等时要用两个等号“==”。

(5) 如果 x 和 y 的值能够使甲说的话成立，则找到问题的解，于是输出 x 和 y 的值，并用 break 语句退出循环，至此整个枚举过程结束。编写 if 语句体的代码如下。

```
print(x, y)
break
```

(6) 如果甲说的话不成立，则使甲的羊数 x 增加 1，再转到 while 语句开始处进行下一轮循环，继续进行枚举过程。编写 else 语句体的代码如下。

```
else:
    x=x+1
```

（7）将以上代码封装到一个main()函数中，就完成了求解"隔沟算羊"问题的程序，见示例程序17-1。

示例程序17-1

```
def main():
    '''求解隔沟算羊问题'''
    x=1
    while True:
        y=x-18
        if x+9==2*(y-9):
            print(x, y)
            break
        else:
            x=x+1


if __name__=='__main__':
    main()
```

将源代码编辑妥当并保存，然后运行程序，执行结果如下。

```
>>> ========RESTART: C:\隔沟算羊.py ========
63 45
```

由输出结果可知，甲有羊63只，乙有羊45只。

通过这个案例可以看到，利用编程方式求解方程问题，降低了解决问题的难度，使小学生也能够解决需要初中数学知识才能求解的二元一次方程组问题。

提示：这个程序的源文件位于"资源包/第17课/示例程序/隔沟算羊.py"。

1. 甲、乙两人去买酒，不知道谁买得多谁买得少。只知道乙买酒的钱的三分之一与甲买酒的钱之和恰好为200元。若乙得到甲买酒的钱的一半，也有200元。请问甲、乙两人买酒的钱各是多少？

请根据下面给出的提示信息完善程序，并求出答案。

（1）根据题意，设甲、乙买酒的钱分别为x和y，列出方程组。

$$\begin{cases} x+\frac{1}{3}y=200 \\ y+\frac{1}{2}x=200 \end{cases}$$

(2) 采用枚举法求解方程问题,使用流程图描述算法如图 17-2 所示。

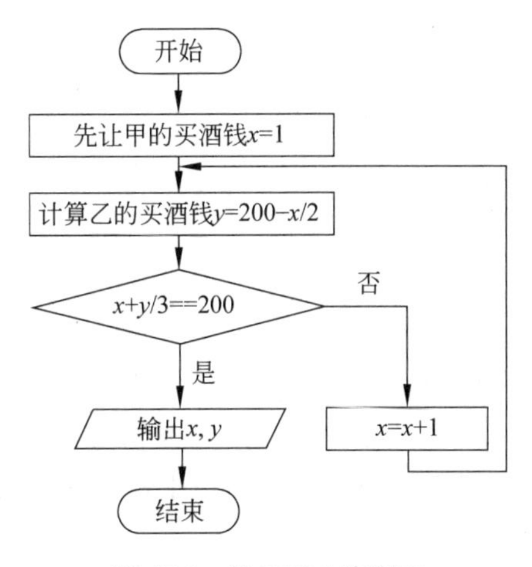

图 17-2　练习题 1 流程图

(3) 请根据上述算法完善程序,并求出答案。

```
x=1
while True:
    y=____________________
    if ____________________:
        print(x, y)
        break
    else:
        x=x+1
```

答案:求得甲、乙买酒的钱分别为________元和________元。

2. 雯雯家养了 70 只绵羊,每只大羊可剪毛 1.6kg,每只羊羔可剪毛 1.2kg。现在总共剪得羊毛 106kg,请问大羊和羊羔各有多少只?

请根据下面给出的提示信息完善流程图和程序,并求出答案。

(1) 根据题意,设大羊和羊羔的数量分别为 x 和 y,列出方程组。

$$\begin{cases} x+y=70 \\ 1.6x+1.2y=106 \end{cases}$$

(2) 采用枚举法求解方程问题,使用流程图描述算法如图 17-3 所示。请在空白的程序框中填写正确的文字说明。

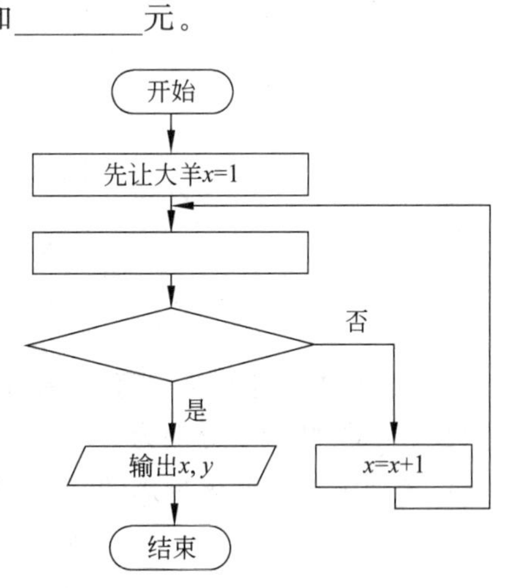

图 17-3　练习题 2 流程图

(3) 请根据上述算法完善程序,并求出答案。

```
x=1
while True:
    ____________________
    if ____________________:
        ____________________
        break
    else:
        ____________________
```

答案：求得大羊和羊羔的数量分别为________只和________只。

3. 今有一群鸡、鸭被关在一个栏圈里，已知鸡为鸭的一半。主人在清点鸡、鸭时，发现有 8 只鸭展翅飞出了栏圈，又有 6 只鸡躲在窝里生蛋。这时再清点，鸭为鸡的 3 倍。请你算一算，鸡、鸭原有多少只？

请根据下面给出的提示信息完善流程图和编写程序，并求出答案。

(1) 根据题意，设鸡、鸭数量分别为 x 和 y，列出方程组。

$$\begin{cases} x = y/2 \\ y-8=3(x-6) \end{cases}$$

(2) 采用枚举法求解方程问题，使用流程图描述算法如图 17-4 所示。请在空白的程序框中填写正确的文字说明。

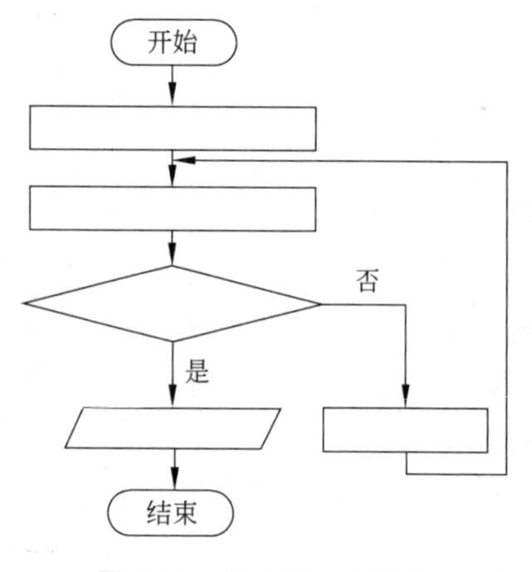

图 17-4　练习题 3 流程图

(3) 请根据上述算法编写程序，并求出答案。

答案：鸡、鸭数量分别为________只和________只。

4. 在元代数学家朱世杰的《四元玉鉴》著作中记载了这样一道数学题：

九百九十九文钱，甜果苦果买一千。

甜果九个十一文，苦果七个四文钱。

试问甜苦果几个？又问各该几个钱？

使用现代语言将这道古算题翻译如下：

999 文钱买了 1000 个甜果和苦果，甜果 9 个要 11 文钱，苦果 7 个要 4 文钱。试问甜果和苦果各买了几个？分别是多少钱？

请你想一想，使用枚举法编写程序求解答案。

5. 在明代数学家程大位的《算法统宗》著作中记载了这样一道数学题：

肆中听得语吟吟，薄酒名醨厚酒醇。
好酒一瓶醉三客，薄酒三瓶醉一人。
共同饮了一十九，三十三客醉醺醺。
试问高明能算士，几多醨酒几多醇？

使用现代语言将这道古算题翻译如下：

在一家酒馆里人声嘈杂，客人们喝着低度的醨酒和高度的醇酒。一瓶醇酒能醉 3 个人，3 瓶醨酒能醉 1 个人。33 个客人共喝了 19 瓶酒就都醉倒了。请你来算一算，他们喝了几瓶醇酒、几瓶醨酒？

请你想一想，使用枚举法编写程序求解答案。

6. 在南北朝时期的数学著作《张邱建算经》中记载了一道非常著名的“百鸡问题”：

今有鸡翁一，值钱伍；鸡母一，值钱三；鸡雏三，值钱一。凡百钱买鸡百只，问鸡翁、母、雏各几何？

使用现代语言将这道古算题翻译如下：

今有公鸡每只 5 元，母鸡每只 3 元，小鸡三只 1 元。如果用 100 元买 100 只鸡，那么请问公鸡、母鸡、小鸡各能买几只？

请你想一想，使用枚举法编写程序求解答案。

第18课

李白沽酒——递推策略

18.1 问题描述

在清代数学家梅瑴成的《增删算法统宗》著作中记载了这样一道数学题：

李白沽酒探亲朋，路途遥远有四程。
一程酒量添一倍，却被安童喝六升。
行到亲朋家里面，半点全无空酒瓶。
借问高明能算士，瓶内原有多少升？

用现代语言将这道古算题翻译如下：

大诗人李白买了酒要去探望亲朋，路途遥远分四段才走到。每走一段路，就按瓶中的酒量添加一倍，但是却被随从的书童偷偷喝去 6L。当李白来到亲朋家里时，却发现酒瓶是空的。请问瓶中原有多少升酒？

请你想一想，编写程序求解答案。

18.2 算法分析

在解决许多数学问题中，根据已知条件，利用计算公式进行若干步重复的运算即可求解答案，这种方法被称为递推算法。根据推导问题的方向，可将递推算法分为顺推法和逆推法。所谓顺推法，就是从问题的起始条件出发，由前往后逐步推算出最终结果的方法。而逆推法则与之相反，它是从问题的最终结果出发，由后往前逐步推算出问题的起始条件，它是顺推法的逆过程。

根据“李白沽酒”问题的描述，只知道最后酒瓶是空的，需要算出瓶中原来有多少酒，这适合使用逆推法。假设时光能够倒流，让李白从亲朋家里倒着走回去，让书童由喝酒 6L(减 6)变为加酒 6L(加 6)，添酒一倍(乘以 2)变为减酒一半(除以 2)，那么经过 4 次迭代，就能推算出瓶中原来有多少升酒。

对于这个问题，使用逆推法从第四次反推到第一次，在路途中酒量的变化如下。

第四次：$(0+6)\div2=3$

第三次：$(3+6)\div2=4.5$

第二次：$(4.5+6)\div2=5.25$

第一次：(5.25＋6)÷2＝5.625

这样经过 4 次计算就求得酒瓶中原有 5.625L 酒。

如果遇到规模较大的问题时，手工计算将不可取，这时就可以借助计算机运算速度快的优势，通过编程来解决问题。

分析上述递推求解的步骤，可见其计算方法是相同的。如果用 n 表示酒量，可将计算规律表示为 $n=(n+6)/2$。在编程时，设 n 从 0 开始，对这个式子进行 4 次迭代，就能求出问题的解。类似地，遇到规模更大的同类问题时，只要增加迭代次数即可求解。

采用递推法求解“李白沽酒”问题，算法步骤如下。

(1) 将变量 n 设定为 0，变量 i 设定为 1。

(2) 如果 $i\leqslant 4$，那么就执行第(3)步，否则执行第(5)步。

(3) 计算 $n=(n+6)/2$。

(4) 将变量 i 加 1，并返回第(2)步。

(5) 输出变量 n 的值。

使用流程图描述上述算法，如图 18-1 所示。

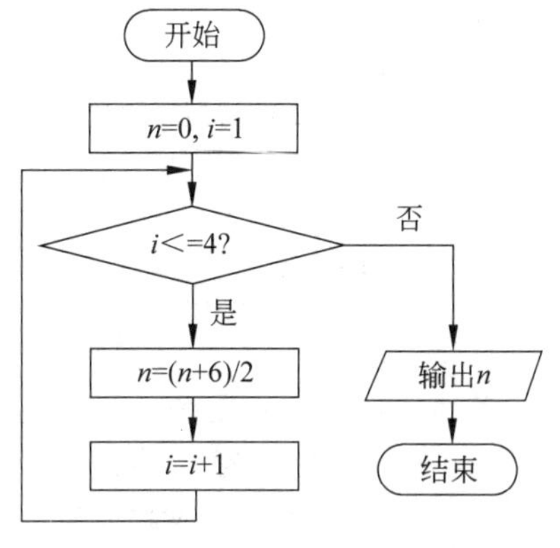

图 18-1　“李白沽酒”算法流程图

18.3 编程解题

根据上面介绍的递推算法编写程序，求出“李白沽酒”问题的答案。

跟我做

在 IDLE 环境中，打开一个新的 Python 编辑器窗口，以“李白沽酒.py”作为文件名将空白源文件保存到本地磁盘，然后开始编写 Python 代码。

(1) 创建表示酒量的变量 n，并设初值为 0；创建循环控制变量 i，并设初值为 1。

```
n=0
i=1
```

(2) 使用 while 语句创建一个计数型循环结构，将循环控制条件设定为 i <= 4。

```
while i<=4:
```

(3) 在循环体内，对 n=(n+6)/2 进行 4 次迭代计算，就能推算出瓶中原有的酒量。

```
n = (n + 6) / 2
```

(4) 在循环体内，让循环变量 i 加 1，使 while 循环能够正常工作。

```
i=i+1
```

(5) 循环结束后，使用 print()函数输出酒量 n。

```
print('瓶内原有酒%s L' % n)
```

(6) 将以上代码封装在一个 main()函数中，就完成了求解“李白沽酒”问题的程序，见示例程序 18-1。

示例程序 18-1

```
def main():
    '''求解李白沽酒问题'''
    n=0
    i=1
    while i<=4:
        n=(n+6) / 2
        i=i+1
    print('瓶内原有酒%s L' %n)

if __name__=='__main__':
    main()
```

将源代码编辑好后保存，然后运行程序，执行结果如下。

```
>>> ========RESTART: C:\李白沽酒.py ========
瓶内原有酒 5.625L
```

提示：这个程序的源文件位于“资源包/第 18 课/示例程序/李白沽酒.py”。

试一试 在求解“李白沽酒”的程序中，循环次数是固定的，将 while 循环改为使用 for...in 循环将使程序更精简。

1. 在苏联数学家契斯佳可夫的《初等数学古代名题集》著作中有这样一道数学题：

有一位法国人来到一个小饭馆，没人知道他带了多少钱。但是大家看到他向饭馆老板借了与身上钱数相同的钱，然后在这个饭馆花去 1 卢布。接着，他又来到第二家饭馆，在那里借了与余下钱数相同的钱，再花去 1 卢布。此后，他又走进第三、第四家饭馆，并且做了同样的事情。当他最后从第四家饭馆出来时，已经身无分文。请问，这位法国人原来有多少钱？

请根据下面给出的提示信息完善程序，并求出答案。

(1) 使用逆推法从第四家饭馆反推到第一家，法国人身上的卢布变化如下。

第 4 家：(0＋1)/2＝0.5

第 3 家：(0.5＋1)/2＝0.75

第 2 家：(0.75＋1)/2＝0.875

第 1 家：(0.875＋1)/2＝0.9375

(2) 采用递推法求解问题，使用流程图(见图 18-2)描述算法如下。

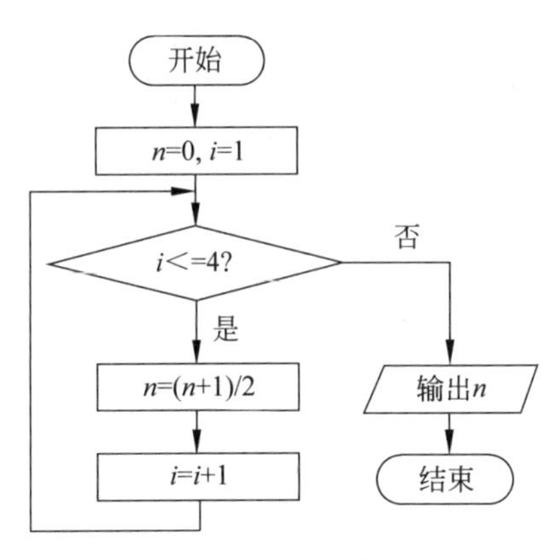

图 18-2　流程图

(3) 请根据上述算法完善程序，并求出答案。

```
n=________
i=1
while i<=________:
    ____________________
    i=i+1
print(n)
```

答案：这个法国人身上原来的钱是________卢布。

2. 在清代数学家梅瑴成的《增删算法统宗》著作中收录了这样一道数学题：

本利年年倍，债主催速还。

一年取五斗，三年本利完。

使用现代语言将这道古算题翻译如下：

有人向债主借了若干粮食，本利每年增加 1 倍，每年还 5 斗粮食，本利 3 年还完。请问此人向债主借了多少粮食？

请你想一想，使用递推法编程求解答案。

3. 老王卖瓜，自卖自夸。第 1 个顾客来了，买走他所有西瓜的一半又半个；第 2 个顾客来了，又买走他余下西瓜的一半又半个……当第 9 个顾客来时，他已经没有西瓜可卖了。请问，老王原来有多少个西瓜？请用递推法编程求解。

4. 猴子第 1 天摘下若干个桃子，当即吃了一半，觉得没吃够就多吃了一个。第 2 天早上猴子又将剩下的桃子吃了一半，觉得还是没吃够又多吃了一个。以后猴子每天都吃前一天剩下的一半再加一个，到第 10 天刚好剩一个。请问，猴子第一天摘了多少个桃子？请用递推法编程求解。

5. 袋子里有若干个球，小明每次拿出其中的一半再放回一个球，这样共操作了 5 次，袋子中还有 3 个球。请问，袋子中原来共有多少个球？请用递推法编程求解。

6. 植树节那天，有五位同学参加了植树活动，他们完成植树的数量都不相同。问第一位同学植了多少棵树时，他指着旁边的第二位同学说比他多植了两棵；追问第二位同学他又说比第三位同学多植了两棵；如此追问，都说比另一位同学多植两棵；最后问到第五位同学时，他说自己植了 10 棵树。请问，第一位同学植了多少棵树？请用递推法编程求解。

第19课

水手分椰子——模拟策略

19.1 问题描述

在一次航海中，有 3 个水手和 1 只猴子因船舶失事而被困在一个荒岛上，他们发现岛上仅有的食物是椰子。于是，水手们齐心协力收集了许多椰子。天黑了，人也累了，他们决定先去睡觉，等到第 2 天早上醒来再分椰子。

当天夜里，一个水手先醒来，决定拿走属于他的那份椰子而不想等到早上。他把椰子分为相等的 3 份，但发现多出了 1 个椰子，于是把它给了猴子。然后他藏好了自己那份椰子就去睡觉了。不久，另一个水手也醒来，他做了与第 1 个水手同样的事，也把多出的 1 个椰子给了猴子。又过一刻，第 3 个水手也醒来，他也跟前两个水手一样分了椰子，也把多出的 1 个椰子给了猴子。

到了第 2 天早晨，当 3 个水手醒来后，他们发现椰子少了许多，但是彼此心照不宣。于是，他们把椰子平分 3 份，每人 1 份。恰好又多出 1 个椰子，把它给了猴子。

请问，3 个水手在第 1 天最少收集到多少个椰子？

19.2 算法分析

根据问题描述可知，3 个水手在头天夜里和第 2 天早晨共分了 4 次椰子。每个水手在夜里分椰子时，1 个椰子给猴子，剩下的椰子能平分 3 份，自己藏起 1 份，留下 2 份。在第 2 天早晨分椰子时，1 个椰子给猴子，剩下的椰子能平分 3 份，每人 1 份。

要解决“水手分椰子”问题，可以采用枚举法和模拟法结合的方式求解答案。枚举法已经在前面作过介绍，这里主要介绍一下模拟法。

所谓模拟法，就是编写程序模拟现实世界中事物的变化过程，从而完成相应任务的方法。模拟法对算法设计的要求不高，需要按照问题描述的过程编写程序，使程序按照问题要求的流程运行，从而求得问题的解。

针对“水手分椰子”问题，可以将解决过程分为模拟分椰子和列举椰子数两个部分。

分椰子的过程采用模拟法，封装为一个函数，用于验证给定的椰子数是否能够 4 次分完，并返回 True 或 False。该过程的实现步骤如下。

(1) 模拟3个水手在夜里分椰子的过程，设椰子数为n，算式为n = (n − 1) / 3 * 2，如此迭代3次，可求得夜里剩下的椰子数量。

(2) 模拟水手们在第2天早晨分椰子的过程，用表达式(n−1) % 3 == 0 判断是否能将椰子分完。如果能分完就返回True；否则返回False。

列举椰子数的过程采用枚举法，从4开始列举椰子的数量(最少要4个椰子才够3个水手和1只猴子分)，然后调用模拟水手分椰子的函数进行验证，直到该函数返回True求得问题的解为止。该过程的实现步骤如下。

(1) 从4开始列举椰子数。

(2) 在一个循环结构中，调用模拟水手分椰子的函数，对椰子数进行验证。

(3) 如果函数返回False，就将椰子数增加1，再返回步骤(2)；否则，就结束循环。

(4) 输出椰子的数量，求得问题的解。

使用流程图描述上述算法步骤，如图19-1所示。

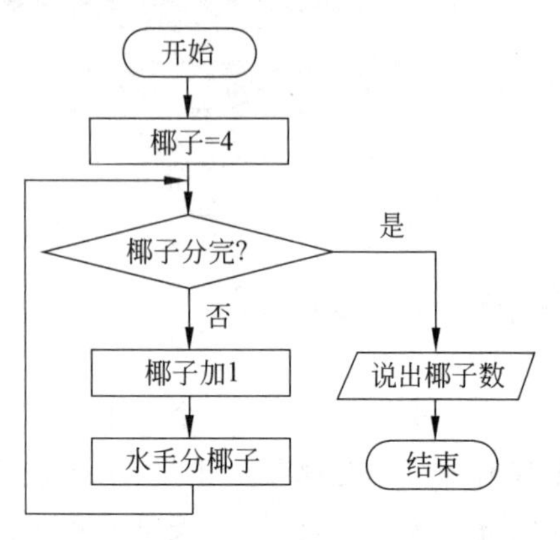

图19-1 “水手分椰子”流程图

19.3 编程解题

根据上面介绍的算法编写求解“水手分椰子”问题的程序。该程序由一个列举椰子数的主程序和一个模拟分椰子过程的函数组成。

跟我做

在IDLE环境中，打开一个新的Python编辑器窗口，以“水手分椰子.py”作为文件名将空白源文件保存到本地磁盘上，然后开始编写Python代码。

(1) 编写模拟水手分椰子的allocate()函数，参数为n，即列举的椰子数量。在函数体中，使用for...in...循环对算式n = (n − 1)/ 3 * 2进行3次迭代，即模拟3个水手在夜里分椰子的过程；然后计算表达式(n − 1) % 3 == 0的值，即判断第2天早晨是否能将椰子分完。在编辑器中输入allocate()函数的代码如下。

```
def allocate(n):
    '''模拟分椰子'''
    for i in range(3):
        n=(n - 1) / 3 * 2
    return (n - 1) % 3 ==0
```

(2) 编写主程序main()函数。在函数中，创建变量x表示椰子数，并设初值为4。然后创建一个条件型循环结构，在循环控制条件中调用allocate()函数验证椰子数，如果该函数不返回True就不断列举椰子数并进行验证，直到列举的椰子数能够分完为止。循环结束后输出问题的解，即椰子数量。在编辑器中输入 main()函数的代码如下。

```
def main():
    '''列举椰子数'''
    x=4
    while not allocate(x):
        x=x+1
    print(x)
```

(3) 在程序入口中调用 main()函数。至此，程序编写完毕。

```
if __name__=='__main__':
    main()
```

将源代码编辑好后保存，然后运行程序，执行结果如下。

```
>>>========RESTART: C:\水手分椰子.py ========
79
```

至此求得“水手分椰子”问题的解，即 3 个水手在第 1 天最少收集到 79 个椰子。

提示：这个程序的源文件位于“资源包/第 19 课/示例程序/水手分椰子.py”。

1. 五只猴子采得一堆桃，它们约定次日早上起来分。半夜里，一只猴子偷偷起来，把桃均分成五堆后，发现还多一个桃子，它吃了这个桃子，拿走了其中一堆。第二只猴子醒来，又把桃子均分成五堆后，还是多一个桃子，它也吃了这个桃子，拿走了其中一堆。第三只、第四只、第五只猴子都依次做了同样的事。请问这堆桃子最少有多少个？请编程求解答案。

2. 一棵树高九丈八，一只蜗牛往上爬。白天往上爬一丈，晚上下滑七尺八。试问需要多少天爬到树顶不下滑。请编程求解答案。(提示：一丈为十尺)

3. 国王将金币作为工资发放给忠诚的骑士。第一天，骑士收到一枚金币；之后两天(第二、三天)里，每天收到两枚金币；之后三天(第四、五、六天)里，每天收到三枚金币；之后四天(第七、八、九、十天)里，每天收到四枚金币……这种工资发放模式会一直这样延续下去。当连续 N 天每天收到 N 枚金币后，骑士会在之后的连续 $N+1$ 天里，每天收到 $N+1$ 枚金币(N 为任意正整数)。已知 N 为 365，请你计算从第一天开始的给定天数内，骑士一共获得多少金币？请编程求解答案。

4. 乐羊羊饮料厂正在举办一次促销优惠活动：凭 3 个瓶盖可以换　瓶乐羊羊 C 型饮料，并且可以一直循环下去，但不允许暂借或赊账。请你计算一下，如果小明不浪费瓶盖，尽量地参加活动，那么，对于他初始买入的 n 瓶饮料，最后他一共能喝到多少瓶饮料？请编程求解答案。

5. 乌龟与兔子比赛跑步，赛场是一个矩形跑道，跑道边可以随地进行休息。乌龟每分钟可以前进 3m，兔子每分钟可以前进 9m；兔子嫌乌龟跑得慢，觉得肯定能跑赢乌龟，于是每跑 10min 就回头看一下乌龟，若发现自己超过乌龟，就在路边休息，每次休息 30min，否则继续跑 10min；而乌龟却非常努力，一直跑，不休息。假定乌龟与兔子在同一起点同一时刻开始起跑，请问 Tmin 后乌龟和兔子谁跑得快？请编程求解答案。

6. 假设有两种微生物 X 和 Y。X 出生后每隔 3 分钟分裂一次(数量加倍)，Y 出生后每隔 2 分钟分裂一次(数量加倍)。一个新出生的 X，半分钟之后吃掉 1 个 Y，并且，从此开始，每隔 1 分钟吃 1 个 Y。现在已知新出生的 X 有 10 个，Y 有 90 个，求 60 分钟后 Y 的数量是多少？请编程求解答案。

第20课

谁是雷锋——逻辑推理

20.1 问题描述

学校里有一位学生学雷锋做好事不留名。据同学们反映，这个“雷锋”是甲、乙、丙、丁四个同学中的一个。当老师问他们时，他们分别说了如下的话。

甲说：“这件好事不是丙做的。”

乙说：“这件好事是丁做的。”

丙说：“这件好事是乙做的。”

丁说：“这件好事不是我做的。”

已知这四人中只有一个人说了真话，请问谁是做了好事的“雷锋”？

请你想一想，编写程序求解答案。

20.2 算法分析

解决逻辑推理问题的关键是，根据题目中给出的各种已知条件，提炼出正确的逻辑关系，并将其转换为用 Python 语言描述的逻辑表达式。Python 语言提供基本的关系运算符和逻辑运算符，可以用来构建各种逻辑表达式。在解决逻辑推理问题时，一般使用枚举法，也就是使用循环结构将各种方案列举出来，再逐一判断根据题目建立的逻辑表达式是否成立，最终找到符合题意的答案。

如何解决“谁是雷锋”这个逻辑推理题？下面分几个部分讲解。

(1) 把题目中甲、乙、丙、丁四人所说的话转换成逻辑表达式。用变量 f 表示“雷锋”，甲、乙、丙、丁四人分别用 1、2、3、4 表示，则四人所说的话可以转换成表 20-1 中的逻辑表达式。

表 20-1 “谁是雷锋”逻辑表达式

已知条件	表达式	已知条件	表达式
不是丙做的	f !=3	是乙做的	f == 2
是丁做的	f == 4	不是丁做的	f != 4

(2) 判断四人中只有一人说了真话。在这里，先提出一个问题：逻辑表达式计算的结果是 True 或 False，可以进行加法运算吗？使用下面代码进行测试。

```
>>>True+False
1
```

由此可见，布尔值在进行加法运算时，会自动转换为整数 1 或 0。因此，可以求出 4 个已知条件的逻辑表达式的值(即 p1=f !=3，p2=f==4，p3=f==2，p4=f !=4)，然后判断如果 p1、p2、p3、p4 之和等于 1，就能知道四人中只有一人说了真话。

(3) 使用枚举算法编程求解。构建一个计数型循环结构，依次从 1 到 4 列举出“雷锋”f 的值，再判断如果 4 个已知条件只有 1 个成立，则找到该问题的解，将“雷锋”变量 f 的值输出到屏幕。使用流程图描述该算法，如图 20-1 所示。

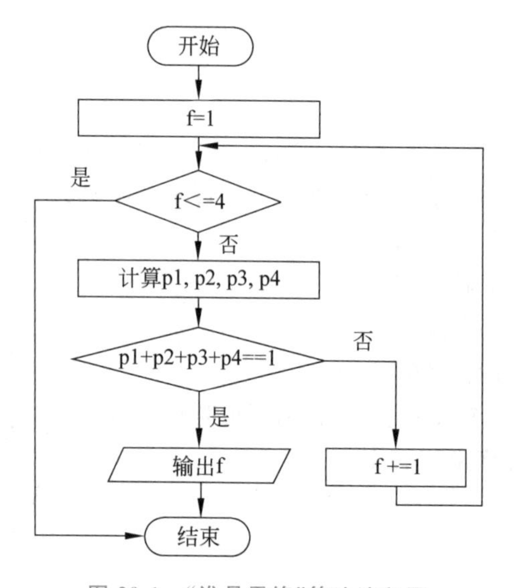

图 20-1 “谁是雷锋”算法流程图

 20.3 编程解题

根据上述算法编写程序进行逻辑推理，求出“谁是雷锋”问题的答案。

跟我做

在 IDLE 环境中，打开一个新的 Python 编辑器窗口，以“谁是雷锋. py”作为文件名将空白源文件保存到本地磁盘上，然后开始编写 Python 代码。

(1) 创建变量 f 表示“雷锋”，并设初值为 1，即从 1 开始列举可能是“雷锋”的人。

```
f=1
```

(2) 使用 while 语句创建一个计数型循环结构，循环控制条件设置为 f<=4(只需要列举 4 个人)。

```
while f<=4:
```

(3) 在循环体中,对列举的情况进行判断,即根据已知条件推理出谁是“雷锋”。

首先根据变量 f 的当前值对 4 个已知条件的逻辑表达式进行计算，所得结果是整数，分别存放在 p1、p2、p3、p4 这 4 个变量中。

```
p1 = f != 3
p2 = f == 4
p3 = f == 2
p4 = f != 4
```

然后使用 if...else 语句判断一个人说了真话的情况是否成立,即判断 p1、p2、p3、p4 之和是否等于 1。如果成立,则找到问题的解,将变量 f 的值输出,并用 break 语句跳出循环体;否则,就将变量 f 的值增加 1,再跳转到 while 循环的开始处,继续进行枚举过程。

```
if p1 + p2 + p3 + p4 == 1:
    print(f)
    break
else:
    f += 1
```

(4) 将以上代码封装到一个 main()函数中,就完成了求解“谁是雷锋”问题的程序,见示例程序 20-1。

示例程序 20-1

```
def main():
    '''求解谁是雷锋问题'''
    f = 1
    while f <= 4:
        p1 = f != 3
        p2 = f == 4
        p3 = f == 2
        p4 = f != 4
        if p1 + p2 + p3 + p4 == 1:
            print(f)
            break
        else:
            f += 1

if __name__ =='__main__':
    main()
```

将源代码编辑好后保存,然后运行程序,执行结果如下。

```
>>>========RESTART: C:\谁是雷锋.py========
3
```

从输出结果可知，做了好事的“雷锋”是丙同学。

提示：这个程序的源文件位于“资源包/第20课/示例程序/谁是雷锋.py”。

1. 地理老师在黑板上挂了一张世界地图，并给五大洲的每一个洲都标上了一个数字代号，然后让同学们认出五大洲。有五名学生分别作了回答。

甲：3号是欧洲，2号是美洲。

乙：4号是亚洲，2号是大洋洲。

丙：1号是亚洲，5号是非洲。

丁：4号是非洲，3号是大洋洲。

戊：2号是欧洲，5号是美洲。

老师说他们每人都只说对了一半，请问1～5号分别代表哪个洲？

2. 在大森林里举行了一场运动会，小狗、小兔、小猫、小猴和小鹿参加了百米赛跑。比赛结束后，小动物们说了下面一些话。

小猴说：“我比小猫跑得快。”

小狗说：“小鹿在我的前面冲过了终点线。”

小兔说：“我的名次排在小猴的前面，小狗的后面。”

请你根据小动物们的回答排出名次。

3. 日本某地发生了一起谋杀案，警方通过排查确定杀人凶手必为四个嫌疑犯中的一个。被控制的四个嫌疑犯的供词如下。

甲说：“不是我。”

乙说：“是丙。”

丙说：“是丁。”

丁说：“丙在胡说。”

已知三个人说了真话，一个人说的是假话。

现在根据这些信息，请你找出到底谁是凶手？

4. 住在某个旅馆的同一房间的四个人A、B、C、D正在听一组流行音乐，她们当中有一个人在修指甲，一个人在写信，一个人躺在床上，一个人在看书。已知情况如下。

(1) A不在修指甲，也不在看书。

(2) B不躺在床上，也不在修指甲。

(3) 如果A不躺在床上，那么D不在修指甲。

(4) C既不在看书，也不在修指甲。

(5) D不在看书，也不躺在床上。

请问她们各自在做什么？

5. 有A、B、C、D、E五人，每人额头上都贴了一张或黑或白的纸。五人对坐，每人都可以看到其他人额头上纸的颜色。五人相互观察后说了下面这些话。

A 说："我看见有三人额头上贴的是白纸，一人额头上贴的是黑纸。"

B 说："我看见其他四人额头上贴的都是黑纸。"

C 说："我看见一人额头上贴的是白纸，其他三人额头上贴的是黑纸。"

D 说："我看见四人额头上贴的都是白纸。"

E 什么也没说。

现在已知额头上贴黑纸的人说的都是谎话，额头上贴白纸的人说的都是实话。请问这五人谁的额头是贴白纸，谁的额头是贴黑纸？

6. 在一个旅馆中住着六个不同国籍的人，他们分别来自美国、德国、英国、法国、俄罗斯和意大利，他们的名字叫 A、B、C、D、E 和 F。名字的顺序与上面的国籍不一定是相互对应的。已知情况如下。

(1) A 和美国人是医生。

(2) E 和俄罗斯人是教师。

(3) C 和德国人是技师。

(4) B 和 F 曾经当过兵，而德国人从未参过军。

(5) 法国人比 A 年龄大，意大利人比 C 年龄大。

(6) B 同美国人下周要去西安旅行，而 C 同法国人下周要去杭州度假。

根据上述已知条件，请你说出 A、B、C、D、E 和 F 各是哪国人？

第21课

向右看齐——冒泡排序

21.1 问题描述

在各种集体活动中，我们会发现在站队时，起初大家随意地站成一排，高低不齐、杂乱无序。当听到“向右看齐”的口令后，队列中的每个成员就会与右侧相邻位置的人比较，高个的向右移动，矮个的保持不动，很快就排列成右高左低的整齐队列。

在编程中，冒泡排序算法也使用类似的思想对数据进行排序。在排序过程中，较小(或较大)的元素会像气泡一样不断上浮，这个算法因此得名。

冒泡排序算法的基本思想：从序列中未排序区域的最后一个元素开始，依次比较相邻的两个元素，并将小的元素与大的交换位置。这样经过一轮排序，最小的元素被移出未排序区域，成为已排序区域的第一个元素。之后，对未排序区域中的其他元素重复以上过程，最终得到一个从小到大排列的有序序列。同样，也可以按从大到小的顺序排列。

请编程实现冒泡排序算法，并将一组无序的数据“11,3,5,7,2”按照从小到大的顺序进行排序。

21.2 算法分析

根据冒泡排序算法的基本思想，结合图21-1将该算法的工作过程描述如下。

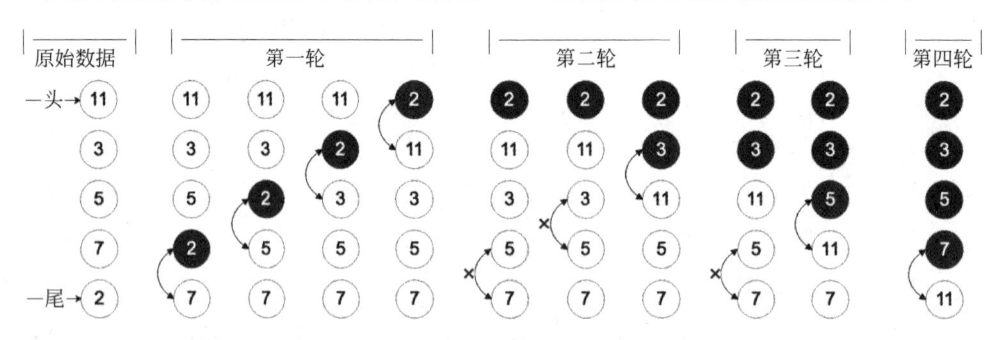

图 21-1　冒泡排序算法的工作过程

第一轮排序：此时未排序区域的数据为“11,3,5,7,2”。从最后一个元素2开始处理，由于2是未排序区域中最小的，所以会一直与前面的各元素交换位置。第一轮排序结束后，最小的元素 2 浮出未排序区域，成为已排序区域中的第 1 个元素。

第二轮排序：此时未排序区域的数据为“11,3,5,7”。元素 7 不小于 5，不用交换；元素 5 不小于 3，不用交换；元素 3 小于 11，两者交换位置。第二轮排序结束后，元素 3 浮出未排序区域，成为已排序区域中的第 2 个元素。

第三轮排序：此时未排序区域的数据为“11,5,7”。元素 7 不小于 5，不用交换；元素 5 小于 11，两者交换位置。第三轮排序后，元素 5 浮出未排序区域，成为已排序区域中的第 3 个元素。

第四轮排序：此时未排序区域的数据为“11,7”。元素 7 小于 11，两者交换位置。第四轮排序后，元素 7 浮出未排序区域，成为已排序区域中的第 4 个元素。与此同时，未排序区域只剩下一个元素 11，不需要排序，元素 11 已经处于正确位置。

经过四轮排序，整个冒泡排序过程完成，序列中无序的数据已经按照从小到大的顺序排列好。

通过观察上述排序过程，可以看到存在以下几种情况。

(1) 每一轮排序都是从未排序区域的末尾向前进行的。

(2) 每一轮排序完成后，未排序区域的头部位置向后移动一位。

(3) 在比较相邻的两个元素时，只把小的元素交换到前面。

经过上述分析，可以将冒泡排序算法的编程思路概括如下。

使用双重循环结构进行流程控制，外层循环控制排序轮数和每一轮排序时未排序区域的头部位置，内层循环用于遍历未排序区域中的各元素，并将最小的元素交换到未排序区域的头部。

21.3 编程解题

根据上述算法分析得出的编程思路，编程实现冒泡排序算法。

跟我做

在 IDLE 环境中，打开一个新的 Python 编辑器窗口，以“冒泡排序.py”作为文件名将空白源文件保存到本地磁盘上，然后开始编写 Python 代码。

(1) 使用单层循环对列表中的元素进行冒泡排序。

首先进行第一轮排序。在编辑器中输入下面的代码，每行代码前的数字序号不用输入。

```
① a = [11, 3, 5, 7, 2]
② j = 1
③ i = len(a) - 1
④ while i >= j:
⑤     if a[i] < a[i-1]:
⑥         a[i], a[i-1]=a[i-1], a[i]
⑦     i = i - 1
⑧ print(a)
```

对上面代码详细说明如下。

代码①：创建列表 a，将待排序数据“11,3,5,7,2”作为列表元素。

代码②：变量 j 表示未排序区域的头部位置，第一轮排序时将其设置为 1。

代码③和④：用 while 语句创建计数型循环结构，用来遍历未排序区域的各个元素。变量 i 是循环计数器，初始值为 len(a)－1，指向未排序区域的末尾；循环控制条件是 i >= j。

代码⑤和⑥：由后往前比较相邻两个元素的大小，即判断列表中的某个元素 a[i]是否小于它前面的一个元素 a[i－1]。如果判断成立，就将两个元素交换位置。

代码⑦：让循环计数器变量 i－1，使 while 循环能正常工作。

代码⑧：在循环结束后，输出排序后的列表 a。

将上面代码编辑好后保存，然后运行程序，执行结果如下。

```
>>>========RESTART: C:\冒泡排序.py ========
[2, 11, 3, 5, 7]
```

可以看到，在第一轮排序完成后，列表中最小的一个元素 2 排在了最前面。

然后进行第二轮排序。将代码中列表变量 a 的元素顺序修改为第一轮排序后的顺序，变量 j 的值修改为 2。

```
a=[2, 11, 3, 5, 7]
j=2
```

将源代码编辑好后保存，然后运行程序，执行结果如下。

```
>>>========RESTART: C:\冒泡排序.py ========
[2, 3, 11, 5, 7]
```

可以看到，在第二轮排序完成后，列表中第二小的元素 3 排在了正确的位置上。

按照上面的方式修改列表变量 a 和变量 j 的值，可以完成第三、第四轮的排序。整个排序过程如图 21-1 所示，最终得到一个从小到大排列的有序序列。

以上采用的是半自动方式进行冒泡排序，可以再加上一个外层循环，让变量 j 的值能够自动变化。

(2) 使用双重循环实现完整的冒泡排序，见示例程序 21-1。

示例程序 21-1

```
'''冒泡排序'''
a=[11, 3, 5, 7, 2]
j=1
while j<=len(a) - 1:
    i=len(a) - 1
    while i >= j:
        if a[i]<a[i-1]:
```

```
            a[i], a[i-1]=a[i-1], a[i]
        i=i - 1
    print(j, a)
    j=j+1
```

在上面的代码中，增加了一个用 while 语句创建的外层循环，循环控制条件为 j <= len(a) − 1，使变量 j 在 1 到 len(a) − 1 之间变化，这样就实现了完整的冒泡排序算法。

将源代码编辑妥当并保存，然后运行程序，执行结果如下。

```
>>>========RESTART: C:\冒泡排序.py ========
1 [2, 11, 3, 5, 7]
2 [2, 3, 11, 5, 7]
3 [2, 3, 5, 11, 7]
4 [2, 3, 5, 7, 11]
```

从输出结果来看，经过四轮排序，一组无序的数据"11,3,5,7,2"已经按照从小到大的顺序排列整齐。

提示：该程序的源文件位于"资源包/第 21 课/示例程序/冒泡排序.py"。

试一试 将冒泡排序算法封装为一个函数，把待排序列表作为参数传入函数中，排序后返回一个有序的新列表。

练习题

1. 请完善程序，实现从列表中找出一个最大的整数。

```
a=[3, 10, 5, 16, 8, 4]
i=______________
while i >=______________:
    if ______________:
        a[i], a[i-1]=a[i-1], a[i]
    i=i -1
print('最大的元素是', a[0])
```

2. 请完善程序，实现对字符串列表按降序排序。

```
fruits=['banana', 'grape', 'apple', 'orange', 'pear']
j=1
while j<=______________:
    i=______________
    while i >=j:
        if ______________:
```

```
            fruits[i], fruits[i-1]=________________
        i=i -1
    print(j, fruits)
    j=j+1
```

3. 请完善程序，在一轮排序过程中，如果未发生元素交换，就提前结束整个排序过程。

```
a=[12, 6, 3, 10, 5, 16, 8, 4, 2, 1]
j=1
while j<=len(a) - 1:
    i=len(a) - 1
    swap=________________
    while i >=j:
        if a[i] >a[i-1]:
            a[i], a[i-1]=a[i-1], a[i]
            ________________
        i=i - 1
    if ________________:
        break
    print(j, a)
    j=j+1
```

第22课

挑选苹果——选择排序

22.1 问题描述

雯雯的爸爸买回来一袋苹果，他给雯雯出了一道题目——把袋中的苹果按从小到大的顺序摆放在桌面上。雯雯不假思索，先挑选一个最小的苹果放在第1个位置，再在剩下的苹果中继续挑选一个最小的苹果放在第2个位置……这样很快就把全部苹果按照从小到大的顺序排列整齐。这时，爸爸对雯雯说："你刚才用的是选择排序算法。"这句话点醒了爱思考的雯雯，原来生活中的做事方法也能应用到编程中。

经过一番思考，雯雯发现：在冒泡排序算法中有一个影响排序速度的因素，即每次比较相邻的两个元素时都可能要做一次交换操作；而选择排序算法则是直接从未排序区域中选择一个最小的元素放到正确的位置上，避免了冒泡排序中那些无价值的交换操作。

选择排序算法的基本思想：先从序列的未排序区域中选出一个最小的元素，把它与序列中的第1个元素交换位置；再从剩下的未排序区域中选出一个最小的元素，把它与序列中的第2个元素交换位置……如此反复操作，直到序列中的所有元素按升序排列完毕。

请编程实现选择排序算法，并将一组无序的数据"7,11,3,2,5"按照从小到大的顺序进行排序。

22.2 算法分析

根据选择排序算法的基本思想，结合图22-1将该算法的工作过程描述如下。

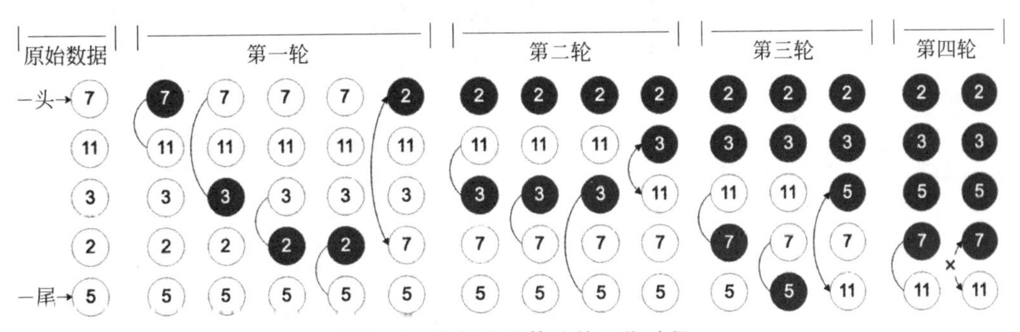

图22-1 选择排序算法的工作过程

第一轮排序：此时未排序区域的数据为“7,11,3,2,5”，从前往后遍历未排序区域中的各个元素并比较，找出一个最小的元素是2。然后将元素2与序列中的第1个元素7交换位置。第一轮排序结束后，序列中最小的元素2处于序列的第1个位置。

第二轮排序：此时未排序区域的数据为“11,3,7,5”，从中找到最小的元素是3，将它与序列中第2个元素11交换位置。第二轮排序结束后，元素3处于序列的第2个位置。

第三轮排序：此时未排序区域的数据为“11,7,5”，从中找到最小的元素是5，将它与序列中第3个元素11交换位置。第二轮排序结束后，元素5处于序列的第3个位置。

第四轮排序：此时未排序区域的数据为“7,11”，从中找到最小的元素是7。由于元素7所在位置与本轮要交换的位置相同，都是序列中的第4个位置，所以不用交换。与此同时，未排序区域只剩下一个元素11，不需要排序，元素11已经处于正确的位置。

经过四轮排序，整个选择排序过程完成，序列中无序的数据已经按照从小到大的顺序排列好。

通过观察上述排序过程，可以看到存在以下几种情况。

(1) 每一轮排序都是从未排序区域中找出最小元素的位置。

(2) 每一轮排序完成后，未排序区域的头部位置向后移动一位。

(3) 如果最小元素位于未排序区域的头部位置，就不需要交换。

经过上述分析，可以将选择排序算法的编程思路概括如下。

使用双重循环结构进行流程控制，外层循环控制排序轮数和每一轮排序时未排序区域的头部位置，内层循环用于在未排序区域中寻找最小元素的位置。每一轮对未排序区域的元素遍历之后，如果找到的最小元素不在未排序区域的头部位置，就将最小元素与头部的元素交换位置。

22.3 编程解题

根据上述算法分析得出的编程思路，编程实现选择排序算法。

跟我做

在IDLE环境中，打开一个新的Python编辑器窗口，以“选择排序.py”作为文件名将空白源文件保存到本地磁盘上，然后开始编写Python代码。

(1) 使用单层循环对列表中的元素进行选择排序。

首先进行第一轮排序。在编辑器窗口输入下面的代码，每行代码前的数字序号不用输入。

```
① a=[7, 11, 3, 2, 5]
② j=0
③ p=j
④ i=j+1
⑤ while i<len(a):
⑥     if a[i]<a[p]:
```

```
⑦           p =i
⑧       i=i+1
⑨   if p !=j:
⑩       a[j], a[p]=a[p], a[j]
⑪   print(a)
```

对上面的代码详细说明如下。

代码①：创建列表 a，将待排序数据“7，11，3，2，5”作为列表元素。

代码②：变量 j 表示未排序区域的头部位置，第一轮排序时将其设置为 0。

代码③：变量 p 用于记录在未排序区域中找到的最小元素的位置，在一轮排序之前将其设置为未排序区域前面的第 2 个位置(即 j＋1)。

代码④和⑤：用 while 语句创建计数型循环结构，用来遍历未排序区域的各个元素。变量 i 是循环计数器，初始值为 j＋1，结束值为 len(a)－1；循环控制条件是 i ＜ len(a)。

代码⑥和⑦：在遍历未排序区域过程中，将最小元素的位置(下标)保存到变量 p 中。

代码⑧：让循环计数器变量 i 加 1，使 while 循环能正常工作。

代码⑨和⑩：在循环结束后，如果未排序区域中的最小元素的位置 p 不是头部位置 j，那么就将未排序区域中的最小元素 a[p]和头部元素 a[j]交换位置。

代码⑪：输出排序后的列表 a。

将上面的代码编辑好后保存，然后运行程序，执行结果如下。

```
>>>========RESTART: C:\选择排序.py ========
[2, 11, 3, 7, 5]
```

可以看到，在第一轮排序完成后，列表中最小的一个元素 2 排在了最前面。

然后进行第二轮排序。将代码中列表变量 a 的元素顺序修改为第一轮排序后的顺序，变量 j 的值修改为 1。

```
a = [2, 11, 3, 7, 5]
j = 1
```

将源代码编辑好后保存，然后运行程序，执行结果如下。

```
>>>========RESTART: C:\选择排序.py ========
[2, 3, 11, 7, 5]
```

可以看到，在第二轮排序完成后，列表中第二小的元素 3 排在了正确的位置上。

按照上面的方式修改列表变量 a 和变量 j 的值，可以完成第三、第四轮的排序。整个排序过程如图 22-1 所示，最终得到一个从小到大排列的有序序列。

以上采用的是半自动方式进行选择排序，可以再加上一个外层循环，让变量 j 的值能够自动变化。

（2）使用双重循环实现完整的选择排序，见示例程序 22-1。

示例程序 22-1

```
'''选择排序'''
a = [7, 11, 3, 2, 5]
j = 0
while j < len(a) - 1:
    p = j
    i = j + 1
    while i < len(a):
        if a[i] < a[p]:
            p = i
        i = i+1
    if p != j:
        a[j], a[p] = a[p], a[j]
    print(j + 1, a)
    j = j + 1
```

在上面代码中，增加了一个用 while 语句创建的外层循环，循环控制条件为 j＜len(a) － 1，使变量 j 在 0 到 len(a) － 1 之间变化，这样就实现了完整的选择排序算法。

将源代码编辑好后保存，然后运行程序，执行结果如下。

```
>>>========RESTART: C:\选择排序.py ========
1 [2, 11, 3, 7, 5]
2 [2, 3, 11, 7, 5]
3 [2, 3, 5, 7, 11]
4 [2, 3, 5, 7, 11]
```

从输出结果来看，经过四轮排序，一组无序的数据“7,11,3,2,5”已经按照从小到大的顺序排列整齐。

提示：该程序的源文件位于“资源包/第 22 课/示例程序/选择排序.py”。

试一试 将选择排序算法封装为一个函数，把待排序列表作为参数传入函数中，排序后返回一个有序的新列表。

1. 请完善程序，实现从列表中找出一个最大的整数。

```
a = [9, 28, 14, 7, 22, 11]
p = ______________
i = ______________
```

```
while ________________:
    if ________________:
        p = i
    i=i+1
print(a[p])
```

2. 请完善程序，实现对字符串列表按降序排序。

```
fruits=['banana', 'grape', 'apple', 'orange', 'pear']
j = 0
while j<________________:
    p = j
    i =________________
    while i < len(fruits):
        if ________________:
            p = i
        i = i + 1
    if p != j:
        fruits[j], fruits[p]=________________
    print(j + 1, fruits)
    j = j + 1
```

3. 请完善程序，实现对整数列表按升序排序。

```
a = [5, 16, 8, 4, 2, 1]
for j in range(________):
    p = j
    for i in range(________,________):
        if a[i] < a[p]:
            p = i
    if p != j:
        a[j], a[p] = a[p], a[j]
    print(j + 1, a)
```

第23课

整理扑克——插入排序

23.1 问题描述

周末了，雯雯约了几个同学到家里玩扑克牌。在玩牌时，整理牌面的过程通常是这样的：左手持牌，右手取牌；每取一张牌，就和左手上的牌逐一比较，比它大就插在左边，比它小就插在右边；如此操作，左手上的扑克牌就一直是有序排列的。

自从学习编程后，雯雯对生活中的算法就特别留心，看着手上整齐有序的扑克牌，心想这和编程算法应该有一定的联系。确实如此，在编程中，有一个算法使用类似整理扑克牌的思想对数据进行排序，这个算法叫作“插入排序”。

插入排序算法的基本思想：把序列的第1个元素划分为已排序区域，其他元素划分为未排序区域；然后从未排序区域逐个取出元素，把它和已排序区域的元素逐一比较，放到大于它的元素之前，最终得到一个从小到大排列的有序序列。

请编程实现插入排序算法，并将一组无序的数据“7,11,3,2,5”按照从小到大的顺序进行排序。

23.2 算法分析

根据插入排序算法的基本思想，结合图23-1将该算法的工作过程描述如下。

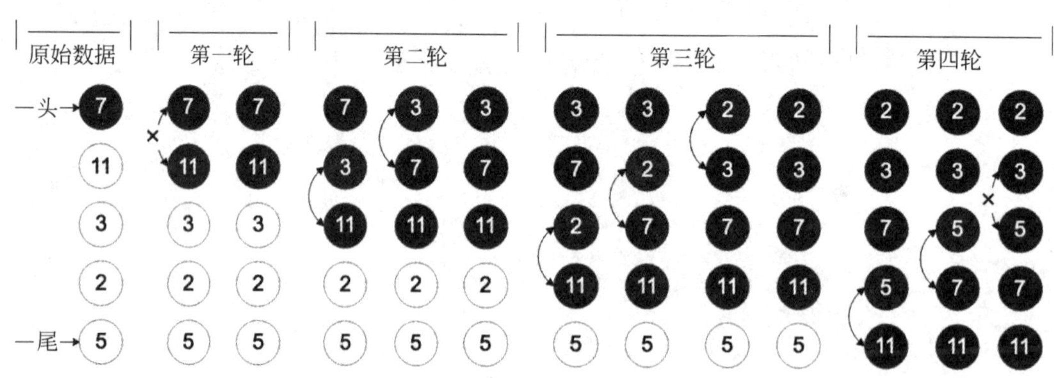

图 23-1　插入排序算法的工作过程

首先将序列的第一个元素 7 划入已排序区域,其他元素“11,3,2,5”划入未排序区域。

第一轮排序:将第 2 个元素 11 与已排序区域的元素比较并插入到合适位置。元素 11 不小于 7,不用交换。第一轮排序结束,元素 11 处于正确的位置。

第二轮排序:将第 3 个元素 3 与已排序区域的元素比较并插入到合适位置。元素 3 小于 11,两者交换;继续向前比较,元素 3 小于 7,两者交换。这时已经到达已排序区域的头部,第二轮排序结束,元素 3 处于正确的位置。

第三轮排序:将第 4 个元素 2 与已排序区域的元素比较并插入到合适位置。元素 2 小于 11,两者交换;继续向前比较,元素 2 小于 7,两者交换;继续向前比较,元素 2 小于 3,两者交换。这时到达已排序区域头部,第三轮排序结束,元素 2 处于正确位置。

第四轮排序:将第 5 个元素 5 与已排序区域的元素比较并插入到合适位置。元素 5 小于 11,两者交换;继续向前比较,元素 5 小于 7,两者交换;继续向前比较,元素 5 不小于 3,不用交换。这时不用继续向前比较,第四轮排序结束,元素 5 处于正确的位置。

经过四轮排序,整个插入排序过程完成,序列中无序的数据已经按照从小到大的顺序排列好。

通过观察上述排序过程,可以看到存在以下几种情况。

(1) 每一轮排序都是把未排序区域头部的元素移动到已排序区域。

(2) 每一轮排序完成后,未排序区域的头部位置向后移动一位。

(3) 在已排序区域中由后往前依次比较相邻的两个元素,把小的元素交换到前面。

经过上述分析,可以将插入排序算法的编程思路概括如下。

使用双重循环结构进行流程控制,外层循环控制排序轮数和每一轮排序时未排序区域的头部位置,内层循环用于把未排序区域的一个元素插入到已排序区域的合适位置上。每一轮在已排序区域中排序时,如果待插入的元素不小于它前面的元素,则本轮排序结束。

23.3 编程解题

根据上述算法分析得出的编程思路,编程实现插入排序算法。

跟我做

在 IDLE 环境中,打开一个新的 Python 编辑器窗口,以“插入排序.py”作为文件名将空白源文件保存到本地磁盘上,然后开始编写 Python 代码。

(1) 使用单层循环对列表中的元素进行插入排序。

首先进行第一轮排序。在编辑器窗口输入下面的代码,每行代码前的数字序号不用输入。

```
① a=[7, 11, 3, 2, 5]
② i=1
③ while i > 0:
```

```
④        if a[i] < a[i - 1]:
⑤            a[i], a[i - 1] = a[i - 1], a[i]
⑥            i = i - 1
⑦        else:
⑧            i = 0
⑨    print(a)
```

对上面的代码详细说明如下。

代码①：创建列表 a,将待排序数据“7,11,3,2,5”作为列表元素。

代码②：变量 i 表示未排序区域的头部位置,第一轮排序时将其设置为 1。

代码③：用 while 语句创建计数型循环结构,用来遍历未排序区域中的各个元素。变量 i 是循环计数器,循环控制条件是 i > 0。

代码④～⑥：由后往前比较相邻两个元素的大小,即判断列表中的某个元素 a[i]是否小于它前面的一个元素 a[i－1]。如果判断成立,就将两个元素交换位置。然后使循环计数器变量 i 减 1,使小的元素能够不断交换到列表前面。

代码⑦和⑧：如果上述判断不成立,则设置变量 i 为 0,使循环能够提前结束。这里也可以使用 break 语句跳出循环。

代码⑨：在循环结束后,输出排序后的列表 a。

将上面的代码编辑好后保存,然后运行程序,执行结果如下。

```
>>>========RESTART: C:\插入排序.py ========
[7, 11, 3, 2, 5]
```

可以看到,在第一轮排序完成后,列表中的元素 11 不需要交换就已经处于正确的位置。

然后进行第二轮排序。将代码中列表变量 a 的元素顺序修改为第一轮排序后的顺序,变量 j 的值修改为 2。

```
a=[7, 11, 3, 2, 5]
i=2
```

将源代码编辑好后保存,然后运行程序,执行结果如下。

```
>>>========RESTART: C:\插入排序.py ========
[3, 7, 11, 2, 5]
```

可以看到,在第二轮排序完成后,列表中的元素 3 被交换到了正确的位置上。

按照上面的方式修改列表变量 a 和变量 j 的值,可以完成后面第三、第四轮的排序。整个排序过程如图 23-1 所示,最终得到一个从小到大排列的有序序列。

以上采用的是半自动方式进行插入排序,可以再加上一个外层循环,让变量 j 的值能够自动变化。

(2) 使用双重循环实现完整的插入排序，见示例程序 23-1。

示例程序 23-1

```
'''插入排序'''
a = [7, 11, 3, 2, 5]
j = 1
while j < len(a):
    i=j
    while i > 0:
        if a[i]<a[i-1]:
            a[i], a[i-1] = a[i-1], a[i]
            i = i - 1
        else:
            i = 0
    print(j, a)
    j = j + 1
```

在上面的代码中，增加了一个用 while 语句创建的外层循环，循环条件为 j< len(a)，使变量 j 在 1 到 len(a)之间变化；同时，还要修改变量 i 的初始值为 j，使内层循环和外层循环关联起来。这样就实现了完整的插入排序算法。

将源代码编辑好后保存，然后运行程序，执行结果如下。

```
>>>========RESTART: C:\插入排序.py ========
1 [7, 11, 3, 2, 5]
2 [3, 7, 11, 2, 5]
3 [2, 3, 7, 11, 5]
4 [2, 3, 5, 7, 11]
```

从输出结果来看，经过四轮排序，一组无序的数据"7,11,3,2,5"已经按照从小到大的顺序排列整齐。

> 提示：该程序的源文件位于"资源包/第 23 课/示例程序/插入排序.py"。

试一试　将插入排序算法封装为一个函数，把待排序列表作为参数传入函数中，排序后返回一个有序的新列表。

练习题

1. 请完善程序，将整数 9 插入到一个有序列表中，要求插入后的列表仍然有序。

```
n = 9
a = [1, 2, 4, 5, 8, 16]
```

```
i=________________
a.append(n)
while i > 0:
    if ________________:
        a[i], a[i-1]=________________
        i=i - 1
    else:
        i=0
print(a)
```

2. 请完善程序，实现对字符串列表按降序排序。

```
fruits=['banana', 'grape', 'apple', 'orange', 'pear']
j=________________
while j<________________:
    i=j
    while i > 0:
        if ________________:
            fruits[i], fruits[i-1]=________________
            i=i - 1
        else:
            i=0
    print(j, fruits)
    j=j+1
```

3. 请完善程序，实现对整数列表按升序排序。

```
a =[5, 16, 8, 4, 12, 1]
for j in range(________,________):
    i=________________
    while ________________:
        if ________________:
            a[i], a[i-1]=a[i-1], a[i]
            ________________
        else:
            i=0
    print(j, a)
```

第24课

分而治之——快速排序

24.1 问题描述

快速排序算法由图灵奖得主托尼·霍尔在 1960 年提出，是对冒泡排序的一种改进。它速度快、效率高，被认为是当前最优秀的内部排序算法之一，也是当前世界上使用最广泛的算法之一。

快速排序算法的基本思想：选择未排序序列左端第 1 个元素作为基准，将小于基准的元素移到基准左边，大于基准的元素移到基准右边，这样使作为基准的元素被移到排序后的正确位置，并以基准为中心分割出 2 个未排序的分区。之后使用递归方式不断地对未排序分区进行“分而治之”的操作，直到所有未排序分区不能分割时就完成排序，得到一个从小到大排列的有序序列。

请编程实现快速排序算法，并将一组无序的数据“7,5,11,2,3”按照从小到大的顺序进行排序。

24.2 算法分析

根据快速排序算法的基本思想，结合图 24-1 将该算法的工作过程描述如下。

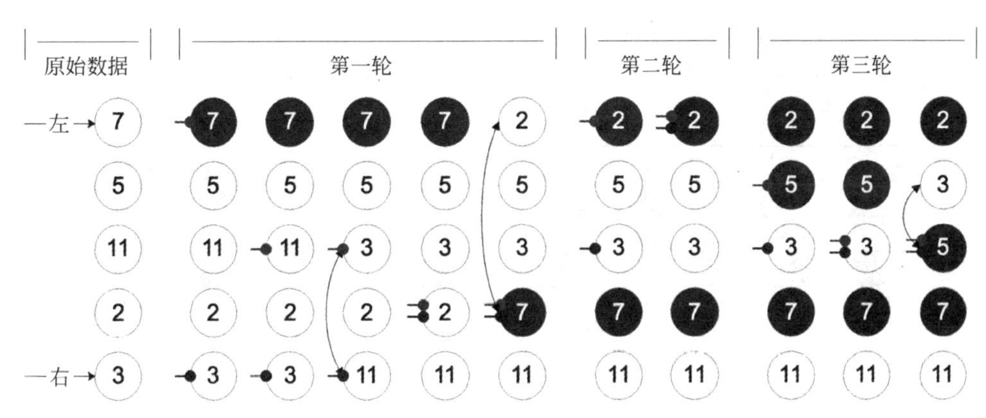

图 24-1　快速排序算法的工作过程

第一轮排序：选择未排序区域“7,5,11,2,3”左端第一个元素7作为基准，将绿色游标放在元素7的位置，红色游标放在元素3的位置。然后，从右向左移动红色游标，使其停留在第一个小于基准元素7的元素3的位置；再从左向右移动绿色游标，使其停留在第一个大于基准元素7的元素11的位置。此时两个游标没有相遇，就将元素3和元素11交换位置。

接着让红色游标继续向左移动，停留在小于基准元素7的元素2的位置；让绿色游标继续向右移动，它遇到红色游标也停留在元素2的位置。这时把基准元素7和元素2交换位置。

至此，第一轮排序结束，基准元素7位于有序序列的正确位置。同时，以元素7为中心分割出两个未排序区域“2,5,3”和“11”，如图24-2所示。

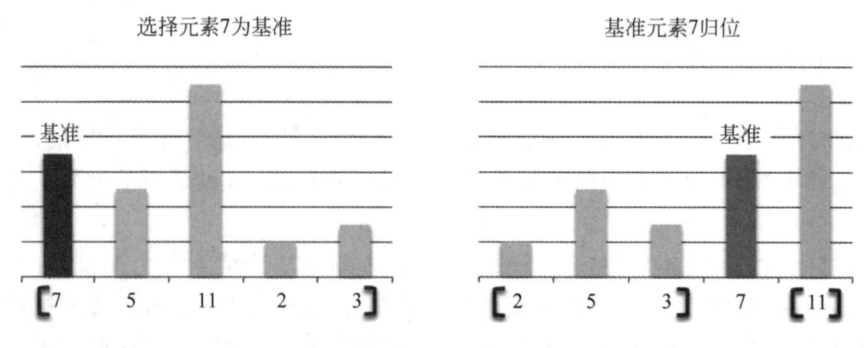

图 24-2 基准元素7归位后分割出两个未排序分区

第二轮排序：选择未排序区域“2,5,3”左端第一个元素2作为基准，将绿色游标放在元素2的位置，红色游标放在元素3的位置。然后从右向左移动红色游标，它没有遇到小于基准元素2的元素，而是遇到绿色游标并停留在元素2的位置。同样，从左向右移动绿色游标，它在元素2的位置就遇到红色游标并停止。此时，两个游标相遇的位置与基准元素2的位置相同，不需要交换。

至此，第二轮排序结束，基准元素2处于有序序列的正确位置。而在基准元素2的右边又分割出一个未排序区域“5,3”，如图24-3所示。

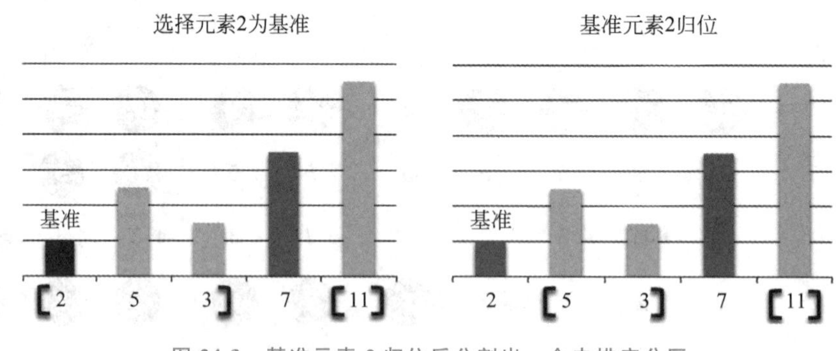

图 24-3 基准元素2归位后分割出一个未排序分区

第三轮排序：选择未排序区域“5,3”左端第一个元素5作为基准，将绿色游标置于元素5的位置，红色游标置于元素3的位置。然后从右向左移动红色游标，使其停留在第一个小于基准元素 5 的元素 3 的位置；再从左向右移动绿色游标，它遇到红色游标也停留在元素 3 的位置。这时，将基准元素 5 与两游标相遇位置的元素 3 交换位置。

至此，第三轮排序结束，基准元素 5 位于有序序列的正确位置，如图 24-4 所示。

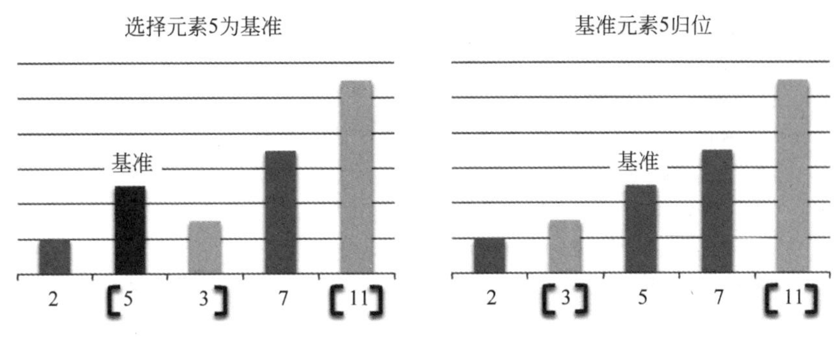

图 24-4　基准元素 5 归位后分割出一个未排序分区

最后，还剩下两个未排序区域“3”和“11”。由于这两个未排序区域都只有一个元素，不能再分割，并且它们已经位于有序序列的正确位置。整个快速排序过程就此结束，序列中无序的数据已经按照从小到大的顺序排列好。

通过观察上述排序过程，可以看到存在以下几种情况。

(1) 每一轮排序时选取未排序区域左端第一个元素作为基准，然后从右向左找出一个小于基准的元素，再从左向右找出一个大于基准的元素。如果找到的两个元素的位置不相同，就交换两个元素的位置；如果两个元素的位置相同(此时为同一个元素)，就将该元素与基准元素交换位置。这样就完成了一次交换排序。

(2) 每一轮排序结束后，作为基准的元素被移到有序序列的正确位置上，同时以基准元素为中心分割出一个或两个未排序区域。

(3) 不断地操作未排序区域，让基准元素归位，直到所有未排序区域不可分割时，就完成整个排序过程。

经过上述分析，可以将快速排序算法的编程思路概括如下。

首先进行一次交换排序，将一个基准元素归位，并分割出两个未排序区域。之后，使用递归方法不断地对所有未排序区域进行交换排序。直到所有未排序分区不能分割时，整个排序过程结束。

24.3 编程解题

根据上述算法分析得出的编程思路，编程实现快速排序算法。

跟我做

在 IDLE 环境中，打开一个新的 Python 编辑器窗口，以“快速排序. py”作为文件名将空白源文件保存到本地磁盘上，然后开始编写 Python 代码。

(1) 进行一趟交换排序，将一个基准元素归位，并把未排序区域分割成两部分。

创建一个 partition()函数实现这个功能，在 Python 编辑器窗口输入下面的代码。

```
① def partition(a, left, right):
②     base=left
③     while left<right:
④         while a[right] >=a[base] and left<right:
⑤             right=right -1
⑥         while a[left]<=a[base] and left<right:
⑦             left=left+1
⑧         a[left], a[right]=a[right], a[left]
⑨     a[base], a[left]=a[left], a[base]
⑩     return left
```

对上面的代码详细说明如下。

代码①：定义 partition()函数，参数变量分别为待排序列表 a、未排序区域的开始位置 left 和结束位置 right。left 和 right 作为游标变量使用。

代码②：选择未排序区域最左端的元素作为基准，将其位置记录在变量 base 中。

代码③：用 while 语句创建一个条件型循环结构，将小于基准的元素交换到基准左边，大于基准的元素交换到基准右边。

代码④和⑤：从未排序区域的右端向左移动游标变量 right，即通过递减变量 right 的值，使其停留在一个小于基准的元素处。

代码⑥和⑦：从未排序区域的右端向右移动游标变量 left，即通过递增变量 left 的值，使其停留在一个大于基准的元素处。

代码⑧：将大于基准的元素和小于基准的元素交换位置，此时两个游标未相遇。

代码⑨：将基准元素归位，使其被交换到排序后的正确位置。

代码⑩：返回基准元素归位后的位置。

首先进行第一轮排序，在编辑器中输入下面的代码进行测试。

```
if __name__ =='__main__':
    a=[7, 5, 11, 2, 3]
    base=partition(a, 0, 4)
    print(base, a)
```

将上面的代码编辑好后保存，然后运行程序，执行结果如下。

```
>>>========RESTART: C:\快速排序.py ========
3 [2, 5, 3, 7, 11]
```

由上面的代码可见，在第一轮排序结束后，partition()函数返回了基准元素 7 在有序序列中的位置是 3，即基准元素 7 被交换到了正确的位置。

接下来，对照图 24-1 中的排序过程，使用这种半自动的方式调用 partition()函数对快速排序算法进行验证。注意在调用 partition()函数时，正确设置 3 个未排序分区的开始和结束位置。在编辑器中将代码修改如下。

```
if __name__ =='__main__':
    a=[7, 5, 11, 2, 3]
    base=partition(a, 0, 4)
    print(base, a)
    base=partition(a, 0, 2)
    print(base, a)
    base=partition(a, 1, 2)
    print(base, a)
```

将上面的代码编辑妥当并保存,然后运行程序,执行结果如下。

```
>>>========RESTART: C:\快速排序.py ========
3 [2, 5, 3, 7, 11]
0 [2, 5, 3, 7, 11]
2 [2, 3, 5, 7, 11]
```

从输出结果来看,经过 3 轮排序,先后让基准元素 7、2、5 归位,而剩下的两个未排序分区“3”和“11”不能再分割,并且已经处于正确的位置。

(2) 使用递归方式实现完整的快速排序。在编辑器中输入如下代码。

```
def quicksort(a, left, right):
    '''快速排序'''
    if left<right:
        base=partition(a, left, right)
        print(base, a)
        quicksort(a, left, base -1)
        quicksort(a, base+1, right)
```

使用上面的代码创建了一个 quicksort()函数。在这个函数中,首先调用 partition()函数进行一次交换排序,将一个基准元素归位,并返回基准元素归位后的位置。之后,调用 quicksort()函数对基准元素左右两端的未排序区域进行排序。通过递归调用的方式实现了自动对所有的未排序区域进行交换排序,让各个基准元素归位。当游标变量 left < right 时,表示未排序分区能够继续分割,就不断地进行“分而治之”的排序操作。否则,就说明未排序分区不能继续分割,递归调用就此结束。同时,整个快速排序过程完成。

在编辑器中输入下面的代码对快速排序算法进行测试。

```
if __name__ =='__main__':
    a=[7, 5, 11, 2, 3]
    quicksort(a, 0, len(a) -1)
```

将上面的代码编辑好后保存,然后运行程序,执行结果如下。

```
>>>========RESTART: C:\快速排序.py ========
3 [2, 5, 3, 7, 11]
0 [2, 5, 3, 7, 11]
2 [2, 3, 5, 7, 11]
```

从输出结果来看，经过 3 轮排序，一组无序的数据“7,5,11,2,3”已经按照从小到大的顺序排列整齐。

提示：该程序的源文件位于“资源包/第 24 课/示例程序/快速排序.py”。

用扑克牌学习快速排序

初学者在学习快速排序算法时通常会感到困难。利用身边的扑克牌可以进行快速排序算法的练习，不用编程就能学习快速排序算法。在反复练习中不断领悟快速排序算法的原理，之后再进行代码编程，自然会感到轻松易懂。

准备工作：准备扑克纸牌一副，红、蓝色瓶盖各一个。为便于演示，取牌面为 2、4、6、7、8 的 5 张纸牌进行排序操作。将 5 张纸牌打乱顺序，牌面朝下呈一字排开，假设 5 张牌从左到右依次为 7、6、8、2、4。

第一轮排序：开始时全部 5 张纸牌都未排序，在左右两端的第 1 张和第 5 张纸牌上方分别放置红色和蓝色瓶盖。翻开红色瓶盖处的第 1 张纸牌 7 作为基准，然后先从右向左移动蓝色瓶盖，将它停留在找到的第 1 张小于基准的纸牌 4 上方；再从左向右移动红色瓶盖，将它停留在找到的第 1 张大于基准的纸牌 8 上方。这时红蓝两个瓶盖没有碰到一起，将它们下方的两张纸牌 8 和 4 交换位置。按上述方法继续移动蓝色和红色瓶盖，它们都停留在纸牌 2 的上方。这时两个瓶盖碰到一起，将纸牌 2 和基准纸牌 7 交换位置。到此，基准纸牌 7 移动到了正确的位置，而整个未排序的纸牌被基准纸牌 7 划分为两个未排序的分区。如图 24-5 所示。

	1	2	3	4	5
1.	7	6	8	2	4
2.	7	6	8	2	4
3.	7	6	4	2	8
4.	7	6	4	2	8
5.	2	6	4	7	8

图 24-5 快速排序第一轮排序

第二轮排序：在第 1 张和第 3 张纸牌上方分别放置红色和蓝色瓶盖，将第 1 张纸牌 2 翻开作为基准，然后按照前面描述的方法移动两个瓶盖，它们都停留在纸牌 2 的上方。这时基准纸牌位置和两个瓶盖相遇的位置相同，不需要处理，基准纸牌 2 已经处于正确的位置。如图 24-6 所示。

第三轮排序：在第 2 张和第 3 张纸牌上方分别放置红色和蓝色瓶盖，将第 2 张纸牌 6 翻开作为基准，然后按照前面描述的方法移动两个瓶盖，它们相遇在纸牌 4 的上方。这时将基准纸牌 6 和纸牌 4 交换位置，到此，基准纸牌 6 移动到了正确的位置。如图 24-7 所示。

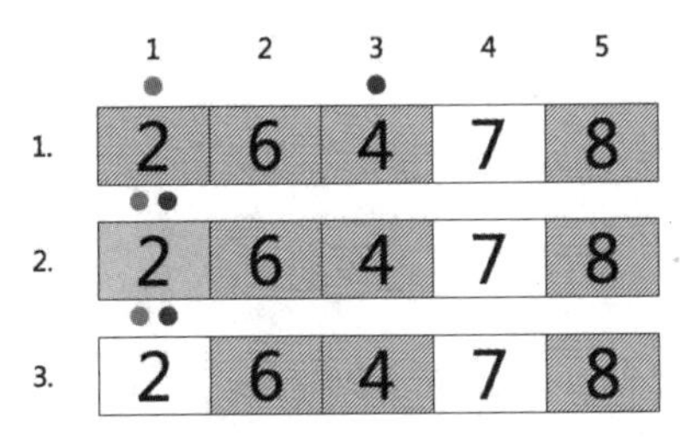

图 24-6　快速排序第二轮排序

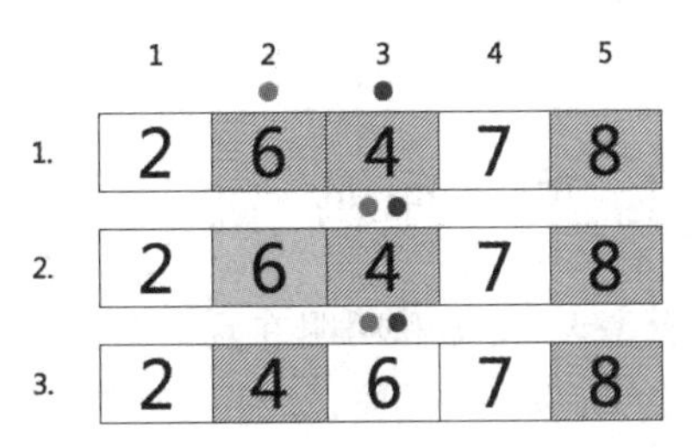

图 24-7　快速排序第三轮排序

最后剩下第 2 张和第 5 张纸牌这两个未排序的分区，由于这两个分区都只有一张纸牌，无法继续进行分区，因此它们已经处于正确的位置。而整个快速排序的过程也就此结束，5 张纸牌已经按照从小到大的顺序排列完毕。

试一试　练习使用扑克纸牌演示快速排序算法，并认真体会算法原理。

第25课

猜数游戏——二分查找

 25.1 问题描述

有一天,雯雯和明明在玩猜数字的游戏。

雯雯:你在心里随意想一个100以内的数,我不超过7次就能猜中它。

明明:真的吗?我不太相信哦!

雯雯:那就试试呀!在我每次猜数时,你都要说出我猜的数比你心里想的数是大了,是小了,还是猜对了。

明明:嗯……(心里想了一个数19),我想好了,你开始猜吧。

雯雯:我先猜50。明明:大了。

雯雯:25。明明:大了。

雯雯:13。明明:小了。

雯雯:19。明明:猜对了!

然后,明明又想了其他一些数,雯雯都能在7次之内猜中。

明明:我觉得你猜数好像有某种规律,你用了什么特别的方法吧?

雯雯:是的,我用的是二分法(猜数过程如图25-1所示)。

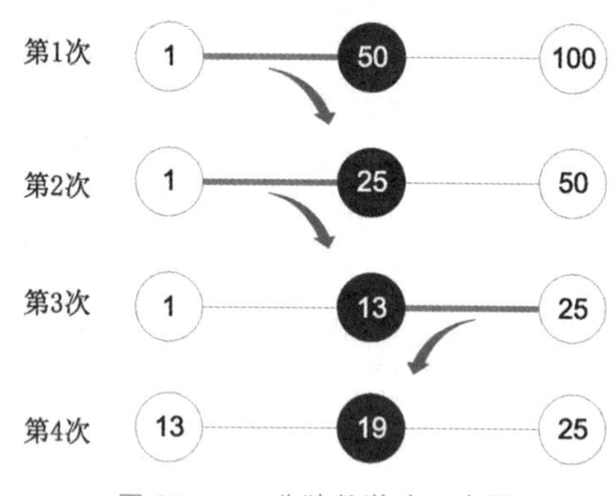

图25-1 二分猜数游戏示意图

于是,雯雯就开始教明明使用二分法……

简单地说,二分法是一种采用一分为二的策略来缩小查找范围并快速靠近目标的方法。在数学上,二分法可用来求方程的近似值。在计算机科学中,也有一种采用二分法思

想的查找算法，名字叫二分查找（又称为折半查找），它适用于在有序的序列中快速查找目标数据。

二分查找算法的基本思想：假设序列中的元素是按从小到大的顺序排列的，以序列的中间位置将序列一分为二，再将序列中间位置的元素与目标数据比较。如果目标数据等于中间位置的元素，则查找成功，结束查找过程；如果目标数据大于中间位置的元素，则在序列的后半部分继续查找；如果目标数据小于中间位置的元素，则在序列中的前半部分继续查找。当序列不能被定位时，则查找失败，并结束查找过程。

中间位置的计算公式为

$$中间位置\approx(结束位置-起始位置)\div 2+起始位置$$

注意：对计算结果进行向下取整。

请编程实现二分查找算法，并在一组按升序排列的数据“2,3,5,7,11,13,17,19”中查找 17 所在的位置。

25.2 算法分析

根据二分查找算法的基本思想，结合图 25-2 将该算法的工作过程描述如下。

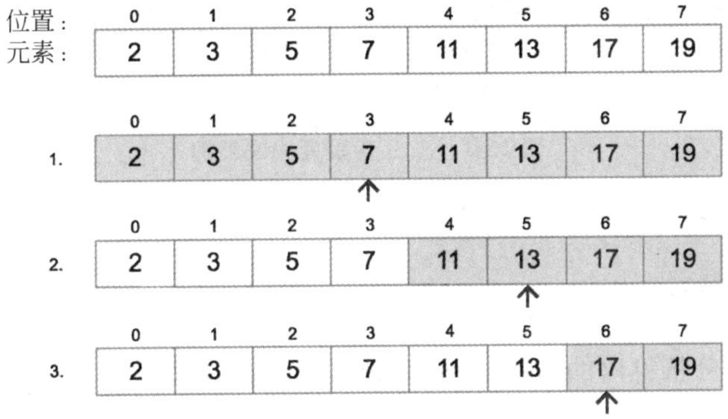

位置：	0	1	2	3	4	5	6	7
元素：	2	3	5	7	11	13	17	19

1. 0 1 2 3 4 5 6 7 / 2 3 5 7 11 13 17 19（↑ 指向位置 3）

2. 0 1 2 3 4 5 6 7 / 2 3 5 7 11 13 17 19（↑ 指向位置 5）

3. 0 1 2 3 4 5 6 7 / 2 3 5 7 11 13 17 19（↑ 指向位置 6）

图 25-2　二分查找算法的工作过程

第一次查找：起始位置为 0，结束位置为 7，中间位置为(7－0)/2＋0≈3，序列中索引位置为 3 的元素是 7。目标值 17 大于 7，则继续查找元素 7 右侧的数据。

第二次查找：起始位置为 4，结束位置为 7，中间位置为(7－4)/2＋4≈5，序列中索引位置为 5 的元素是 13。目标值 17 大于 13，则继续查找元素 13 右侧的数据。

第三次查找：起始位置为 6，结束位置为 7，中间位置为(7－6)/2＋6≈6，序列中索引位置为 6 的元素是 17。正好与目标值 17 相等，则将目标位置 6 返回，整个查找过程结束。

通过分析上述查找过程，将二分查找算法的编程思路描述如下。

(1) 根据待查找序列的起始位置和结束位置计算出一个中间位置。

(2) 如果目标数据等于中间位置的元素，则查找成功，返回中间位置。

(3) 如果目标数据小于中间位置的元素，就在序列的前半部分继续查找。

（4）如果目标数据大于中间位置的元素，就在序列的后半部分继续查找。

（5）重复进行以上步骤，直到待查找序列的起始位置大于结束位置，即待查找序列不可定位时，则查找失败。

使用流程图描述二分查找算法，如图 25-3 所示。

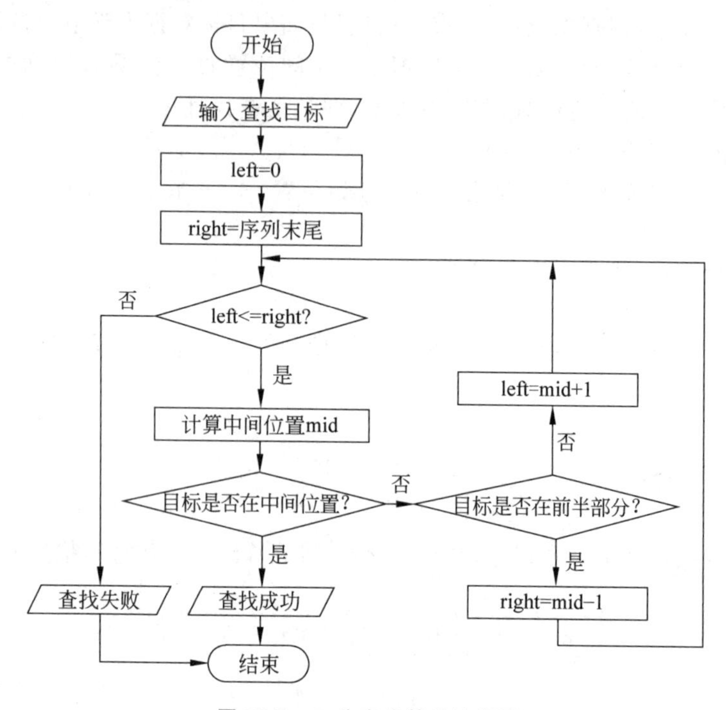

图 25-3 二分查找算法流程图

25.3 编程解题

根据上述算法分析得出的编程思路，编程实现二分查找算法。

跟我做

1. 使用循环结构实现二分查找算法

在 IDLE 环境中，打开一个新的 Python 编辑器窗口，以“二分查找-循环.py”作为文件名将空白源文件保存到本地磁盘上，然后在编辑器中输入如下代码。

```
① def binary_search(n, a):
②     left = 0
③     right = len(a) - 1
④     while left <= right:
⑤         mid = (right - left) // 2 + left
⑥         if n == a[mid]:
⑦             return mid
```

```
⑧          elif n < a[mid]:
⑨              right = mid - 1
⑩          else:
⑪              left = mid + 1
⑫      return - 1
```

对上面的代码详细说明如下。

代码①：定义 binary_search()函数，参数为目标数字 n 和待查找列表 a。

代码②和③：使用变量 left 和 right 分别记录待查找列表的开始位置和结束位置。

代码④：在 while 循环中不断地进行二分查找，循环控制条件为 left<=right，表示待查找序列可以被定位。

代码⑤：计算待查找序列的中间位置，存放在变量 mid 中。

代码⑥和⑦：如果查找目标等于序列中间位置的元素，则查找成功，返回中间位置 mid。

代码⑧和⑨：如果查找目标小于序列中间位置的元素，就将查找范围缩小到序列的前半部分，将变量 right 的值设为中间位置 mid 的前一个位置，继续进行二分查找。

代码⑩和⑪：如果查找目标大于序列中间位置的元素，就将查找范围缩小到序列的后半部分，将变量 left 的值设为中间位置 mid 的后一个位置，继续进行二分查找。

代码⑫：如果待查找序列不能定位(即 left > right)时，则查找失败，返回−1。

接下来，创建一个列表 a，并初始化为“2,3,5,7,11,13,17,19”，再调用 binary_search()函数查找目标数字 17。在编辑器中输入下面的代码进行测试。

```
if __name__ == '__main__':
    a = [2, 3, 5, 7, 11, 13, 17, 19]
    pos = binary_search(17, a)
    print(pos)
```

将上面的代码编辑好后保存，然后运行程序，执行结果如下。

```
>>>========RESTART: C:\二分查找-循环.py ========
6
```

输出结果为 6，正是列表 a 中的数字 17 的索引位置，说明查找成功。

提示：该程序的源文件位于“资源包/第 25 课/示例程序/二分查找-循环.py”。

2. 使用递归结构实现二分查找算法

在 IDLE 环境中，打开一个新的 Python 编辑器窗口，以“二分查找-递归.py”作为文件名将空白源文件保存到本地磁盘上，然后在编辑器中输入以下代码。

```
①  def binary_search(n, a, left, right):
②      if left <= right:
③          mid = (right - left) // 2+left
```

```
④         if n == a[mid]:
⑤             return mid
⑥         elif n < a[mid]:
⑦             return binary_search(n, a, left, mid - 1)
⑧         else:
⑨             return binary_search(n, a, mid + 1, right)
⑩     else:
⑪         return - 1
```

对上面的代码详细说明如下。

代码①：定义 binary_search()函数，参数除了目标数字 n 和待查找列表 a 之后，还要加上待查找序列的开始和结束位置，以便递归调用时使用。

代码②～⑨：如果待查找序列可以定位（即 left <= right），就用递归方式进行二分查找，不断地缩小查找范围，直到查找成功。

代码⑩和⑪：如果待查找序列不可定位（即 left > right），则查找失败。

在编辑器中输入下面的代码进行测试，仍然查找数字 17。

```
if __name__ == '__main__':
    a = [2, 3, 5, 7, 11, 13, 17, 19]
    pos = binary_search(17, a, 0, len(a)-1)
    print(pos)
```

将上面的代码编辑好后保存，然后运行程序，执行结果如下。

```
>>>========RESTART: C:\二分查找-递归.py ========
6
```

从输出结果来看，使用递归结构实现的二分查找算法也能够正确运行。

提示：该程序的源文件位于“资源包/第 25 课/示例程序/二分查找-递归.py”。

1. 请完善程序，实现一个 100 以内的二分猜数游戏。

```
import random
n = random.randint(1, 100)
while True:
    guess = int(input('请输入一个整数:'))
    if ______________:
        print('猜对了')
        break
```

```
    if ____________:
        print('大了')
    else:
        print('小了')
```

2. 请完善程序,实现一个100以内的二分猜数游戏的提示猜数功能。

```
left, right = 1, 100
while True:
    mid = ____________
    print('建议猜数:', mid)
    state =input('大了? 小了? 对了? (d/x/ok):')
    if state =='ok':
        print('完成')
        break
    elif state =='d':#大小
        right=____________
    elif state =='x':#小了
        left=____________
```

3. 请完善程序,使用二分查找算法从字符串列表中查找banana所在位置。

```
target ='banana'
fruits =['pear', 'orange', 'grape', 'banana', 'apple']
left, right = 0, len(fruits) - 1
while ____________:
    mid = ____________
    if target == fruits[mid]:
        print(mid)
        break
    elif target < fruits[mid]:
        ____________
    else:
        ____________
else:
    print('找不到')
```

第26课

勾股树——分形之美

26.1 问题描述

勾股树是根据勾股定理绘制的可以无限重复的图形，重复多次之后呈现为树状。据说勾股树最早是由古希腊数学家毕达哥拉斯绘制，因此又称之为毕达哥拉斯树。这种图形在数学上称为分形图，它们中的一个部分与其整体或者其他部分都十分相似，分形体内任何一个相对独立的部分，在一定程度上都是整体的再现和缩影。这就是分形图的自相似特性。

我国古代把直角三角形称为勾股形，并且直角边中较小者为勾，另一长直角边为股，斜边为弦，所以把这个定理称为勾股定理。公元前6世纪，古希腊数学家毕达哥拉斯证明了勾股定理，因而西方人都习惯地称这个定理为毕达哥拉斯定理。

勾股定理的定义：在平面上的一个直角三角形中，两个直角边边长的平方加起来等于斜边长的平方。用数学语言表达为 $a^2+b^2=c^2$，用图形表达如图26-1所示。

以图26-1中的勾股定理图为基础，让两个较小的正方形按勾股定理继续“生长”，又能画出新一代的勾股定理图，如此一直画下去，最终得到一棵完全由勾股定理图组成的树状图形（见图26-2），称其为勾股树再恰当不过。

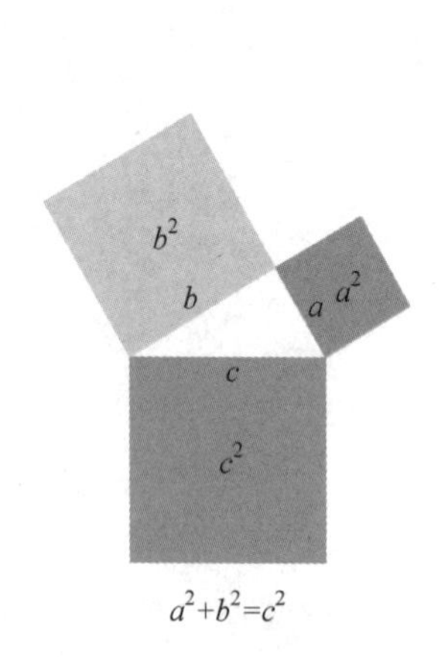

图 26-1　勾股定理图形

图 26-2　勾股树

请编写程序，在Python的海龟绘图窗口中绘制出勾股树分形图。

26.2 算法分析

利用分形图的自相似特性，先构造出分形图的基本图形，再不断地对基本图形进行复制，就能绘制出分形图。针对勾股树分形图，其绘制步骤如下。

(1) 先画出图 26-1 所示的勾股定理图形作为基本图形，将这一过程封装为一个绘图函数，以便进行递归调用。

(2) 在绘制两个小正方形之前，分别以直角三角形两条直角边作为下一代勾股定理图形中直角三角形的斜边，以递归方式调用绘制函数画出下一代的基本图形。

(3) 重复执行前两步，最终可绘制出一棵勾股树的分形图。由于是递归调用，需要递归的终止条件，这里设置为某一代勾股定理图的直角三角形的斜边小于某个数值时就结束递归调用。

如图 26-3 所示，这是一棵经典勾股树分形图的绘制过程，可以看到它从一个勾股定理图开始，逐步成长为一棵茂盛的勾股树。

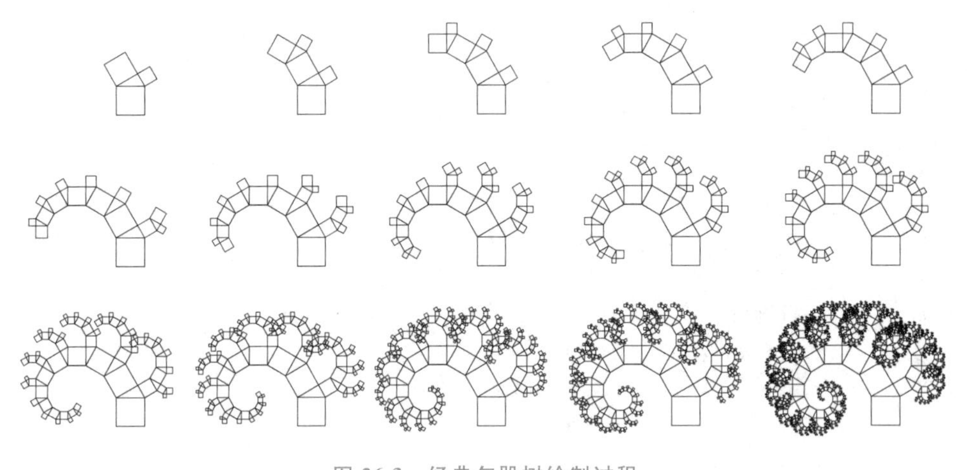

图 26-3　经典勾股树绘制过程

26.3 编程解题

根据上述算法分析中给出的编程思路，编程绘制勾股树的分形图。这个案例需要用到 Python 海龟绘图的知识，请回顾前面介绍海龟绘图的课程。

跟我做

在 IDLE 环境中，打开一个新的 Python 编辑器窗口，以“勾股树.py”作为文件名将空白源文件保存到本地磁盘，然后开始编写 Python 代码。

(1) 导入海龟绘图库和数学库。使用海龟绘图库可以轻松地完成绘制平面图形的工作。同时，计算三角形边长时需要用到数学库中的 cos()函数和 radians()函数。这两个库都是 Python 内置的，使用下面两行语句将它们导入运行环境。

```
from turtle import *
from math import cos, radians
```

（2）创建画正方形的函数 square()。该函数用于控制画笔沿着顺时针方向绘制一个正方形。勾股树是由一系列的正方形构成，将画正方形的过程封装为一个函数，可使绘制勾股树的逻辑更加清晰。square()函数的代码如下。

```
def square(b):
    '''画正方形'''
    for i in range(4):
        fd(b)
        right(90)
```

（3）创建绘制勾股树基本图形的函数 draw()。该函数是这个程序的核心函数，它调用 square()函数绘制出由 3 个正方形构成的勾股定理图。draw()函数的代码如下。

```
①  def draw(b):
        '''画勾股树'''
②      square(b)

③      fd(b)
④      left(30)
⑤      square(b * cos(radians(30)))

⑥      right(90)
⑦      fd(b * cos(radians(30)))
⑧      square(b * cos(radians(60)))

⑨      right(90)
⑩      fd(b * cos(radians(60)))
⑪      right(30)
⑫      fd(b)
⑬      right(90)
⑭      fd(b)
⑮      right(90)
```

结合图 26-4 所示的勾股定理图的绘制步骤，对上面的代码详细说明如下。

代码①：定义 draw()函数，参数 b 是要绘制的正方形的边长。

代码②：调用 square()函数绘制勾股定理图中最大的正方形，见图 26-4 中的步骤 1。

代码③～⑤：将画笔向前移到刚才绘制的正方形的左上角，再向左转 30°。之后，调用 square()函数绘制勾股定理图中的第 2 个正方形，见图 26-4 中的步骤 2。第 2 个正方形的边长为 b * cos(radians(30))。这里要注意，cos()函数的参数为弧度，需要用 radians()函数将角度值转换为弧度值。

代码⑥～⑧：将画笔向右旋转 90°，再向前移到第 2 个正方形的右端。之后，调用 square()函数绘制勾股定理图中的第 3 个正方形，见图 26-4 中的步骤 3。第 3 个正方形的边长为 b * cos(radians(60))。

代码⑨和⑩：将画笔向右旋转 90°，再向前移到第 3 个正方形的右端。

代码⑪～⑮：将画笔向右旋转 30°，再沿着最大的正方形的边缘回到左下角位置，也就是画笔最初所在的位置。

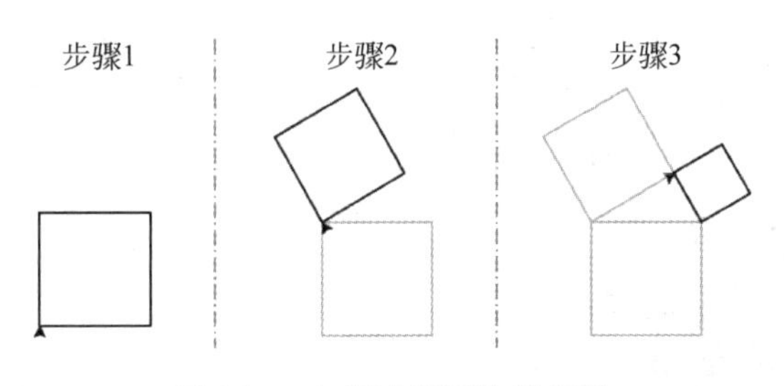

图 26-4　勾股定理图绘制步骤

(4) 编写海龟绘图库的初始化代码并进行测试。在程序入口中加入下面的代码。

```
if __name__ == '__main__':
    '''程序入口'''
    seth(90)
    draw(100)
```

在上面的代码中，调用 seth(90)函数将海龟绘图窗口中的画笔方向设置为面向屏幕上方(正北方向)，再调用 draw(100)画出一个勾股定理图形，其中最大的正方形的边长为 100。

接下来，对上面编写的代码进行测试。将代码编辑好后保存，然后运行程序，将会打开 Python 的海龟绘图窗口，绘制出一个勾股定理图形，如图 26-5 所示。请确保正确绘制出了这个勾股树的基本图形，否则后续工作将无法进行。

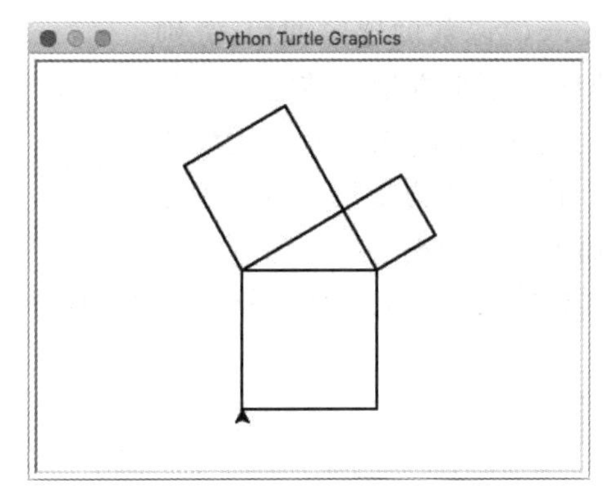

图 26-5　绘制勾股树的基本图形

(5) 使用递归方式复制基本图形，生成勾股树分形图。将 draw()函数修改如下。

```
def draw(b):
    '''画勾股树'''
①      if b < 50: return

    square(b)

    fd(b)
    left(30)
②      draw(b * cos(radians(30)))
    square(b * cos(radians(30)))

    right(90)
    fd(b * cos(radians(30)))
③      draw(b * cos(radians(60)))
    square(b * cos(radians(60)))

    right(90)
    fd(b * cos(radians(60)))
    right(30)
    fd(b)
    right(90)
    fd(b)
    right(90)
```

对上面标注的代码说明如下。

代码①：用于设置递归调用的终止条件，当要绘制的正方形的边长小于50，就结束递归调用。这点非常重要，如果不设置递归终止条件，draw()函数将会无休止地调用下去。

代码②和③：是对draw()函数的递归调用，分别在绘制勾股定理图形中的两个小正方形之前进入递归调用，如图26-6所示。通过递归调用，会在每一代勾股定理图形的基础上，让两个较小的正方形按勾股定理继续“生长”，最终生成一棵茂盛的勾股树。

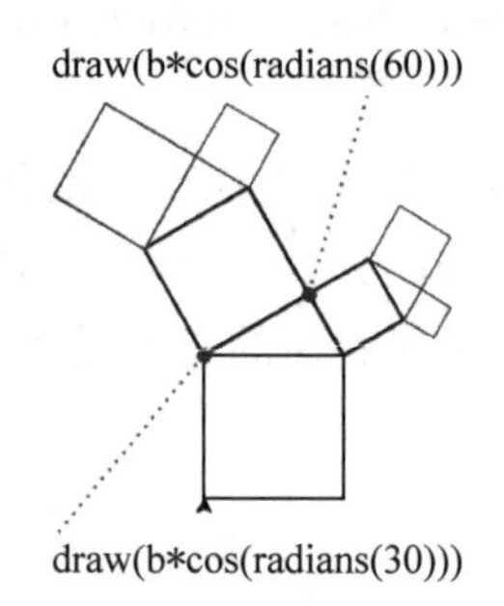

图 26-6　设置勾股树的递归调用点

(6) 调整海龟绘图参数，并测试生成一棵勾股树。将程序入口的代码修改如下。

```
if __name__ =='__main__':
    '''程序入口'''
    speed(0)
    up()
    goto(50, -250)
    down()
```

```
    seth(90)
    draw(100)
```

在上面的代码中，通过 speed(0)函数将海龟绘图库的绘图速度调到最快，以加快勾股树的绘制过程。另外，使用 goto()函数将画笔移动到(50，－250)处，使勾股树在屏幕上完整地显示。

提示：尽管 Python 海龟绘图库提供 speed()函数调节绘图速度，但是在绘制复杂的分形图时仍然过慢，这时你需要降低复杂度，或者是泡上一杯茶等待。

至此，全部程序编写完毕。保存所作修改并运行程序，Python 的海龟绘图窗口被重新打开，并在屏幕上绘制出一棵并不茂盛的勾股树，如图 26-7 所示。如果不能生成这个图形，可能是 draw()函数的递归调用位置不对。请仔细对照上面的代码进行检查并修正。

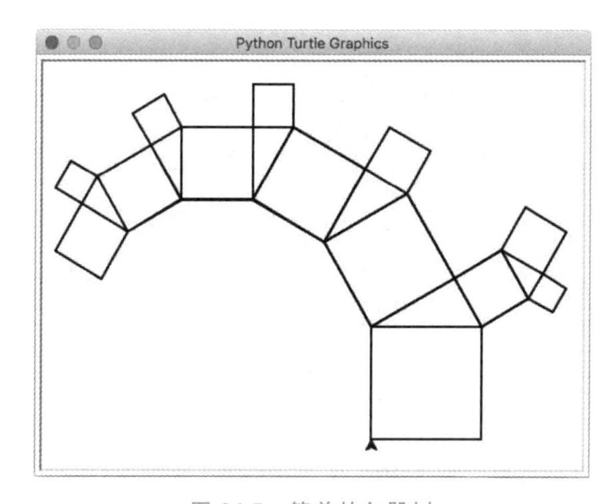

图 26-7　简单的勾股树

好了，到了感受递归魅力的时刻！将 draw()函数中的递归终止条件修改为 if b < 5：return，即在绘制的正方形的边长小于 5 时才结束递归调用。这个数值用于调整勾股树的繁茂程度，数值越小越茂盛。保存所作修改并运行程序，将会看到屏幕上绘制出了一棵茂盛的勾股树。

提示：这个程序的源文件位于“资源包/第 26 课/示例程序/勾股树.py”。

试一试　勾股树根据勾股定理生成，通过调整勾股定理图形中的直角三角形两个锐角的大小，可以构造出不同形状的勾股树。既可以单独使用一种直角三角形，也可以混合使用多种直角三角形。如果对勾股树中的各个正方形填充颜色，那么生成的勾股树将绚丽多彩，如图 26-8 所示。

图 26-8　不同形状的彩色勾股树

练习题

1. 图 26-9 是一棵美丽的勾股树，其中所有的四边形都是正方形，所有的三角形都是直角三角形。若正方形 A、B、C、D 的边长分别为 3、4、4、5，则最大正方形 E 的面积是________。

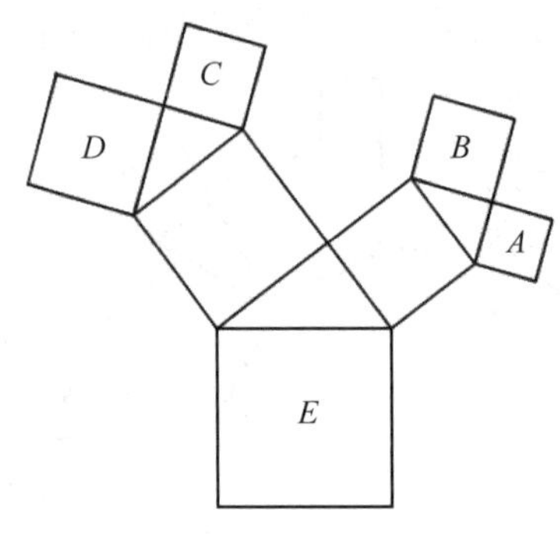

图 26-9　勾股树

2. 阅读并理解代码，画谢尔宾斯基三角形分形图，如图 26-10 所示。

```
from turtle import *
def draw_triangle(b):
    if b < 10: return
    for i in range(3):
        draw_triangle(b/2)
        left(120)
        fd(b)

if __name__ == '__main__':
    speed(0)
    draw_triangle(300)
```

试一试　在海龟绘图窗口中画出谢尔宾斯基三角形分形图，并用自己喜欢的颜色进行填充。

图 26-10　谢尔宾斯基三角形

3. 阅读并理解代码,画六角星雪花分形图,如图 26-11 所示。

```
from turtle import *
def draw_snowflake(b):
    if b<4: return
    down()
    for i in range(6):
        draw_snowflake(b/3)
        fd(b)
        left(60)
        fd(b)
        right(120)
    up()

if __name__ =='__main__':
    speed(0)
    draw_snowflake(100)
```

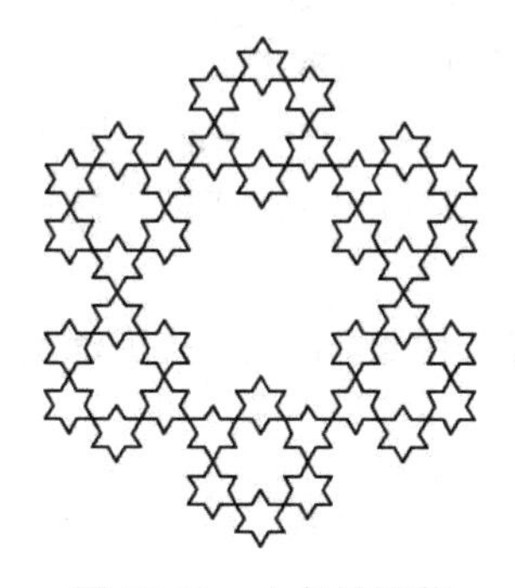

图 26-11　六角星雪花

试一试　在海龟绘图窗口中画出六角星雪花分形图,并用自己喜欢的颜色进行填充。

第27课

玫瑰曲线——数学之美

27.1 问题描述

在数学世界中有一些美丽的曲线图形，有螺旋线、摆线、双纽线、蔓叶线、心脏线、渐开线、玫瑰曲线、蝴蝶曲线……这些形状各异、简繁有别的数学曲线图形为看似枯燥的数学公式披上精彩纷呈的美丽衣裳。

在数学曲线的百花园中，玫瑰曲线算得上个中翘楚，它的数学方程简单，曲线变化众多，根据参数的变化能展现出姿态万千的优美形状。玫瑰曲线可用极坐标方程表示为

$$\rho = a \cdot \sin n\theta$$

也可以用参数方程表示为

$$\begin{cases} x = a \cdot \sin n\theta \cdot \cos\theta \\ y = a \cdot \sin n\theta \cdot \sin\theta \end{cases}$$

其中，参数 a 控制叶子的长度；参数 n 控制叶子的数量，并影响曲线闭合周期。当 n 为奇数时，玫瑰曲线的叶子数为 n，闭合周期为 π，即参数 θ 的取值范围为 $0\sim\pi$，才能使玫瑰曲线闭合为完整图形。当 n 为偶数时，玫瑰曲线的叶子数为 $2n$，闭合周期为 2π，即参数 θ 的取值范围为 $0\sim2\pi$。如图 27-1 所示，这是方程 $\rho=a \cdot \sin3\theta$ 对应的三叶玫瑰曲线图形。

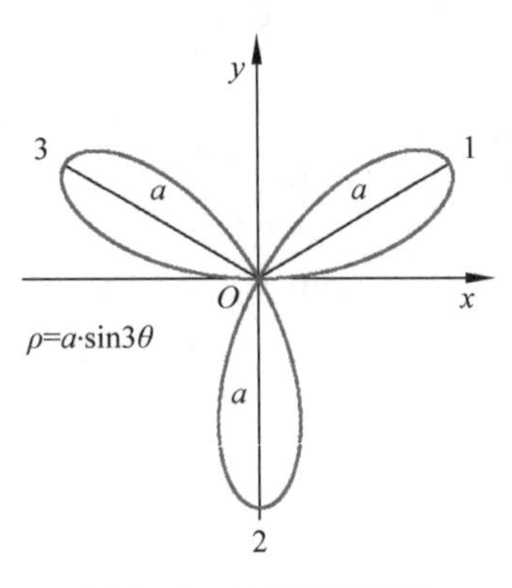

图 27-1　三叶玫瑰曲线

请编写程序，在海龟绘图窗口中绘制一幅三叶玫瑰曲线的图形。

27.2 算法分析

在数学世界中，像玫瑰曲线这样美丽的曲线图形实际上是由简单的函数关系生成的。通过利用曲线函数的参数方程，可以在平面直角坐标系中方便地绘制出它们的图形。

假如要利用玫瑰曲线的参数方程绘制三叶玫瑰曲线，则参数 n 的值可以设定为 3，参数 a 的值可以设定叶子的长度(如 100)。因为参数 $n=3$ 是奇数，所以三叶玫瑰曲线的闭合周

期为 π。只要将参数 θ 从 0 变化到 π，就能利用玫瑰曲线的参数方程求出平面内的一系列连续的点的坐标 (x,y)，由此可构成三叶玫瑰曲线的图形。

绘制玫瑰曲线的编程思路：在一个循环结构中让参数 θ 从 0 变化到 π，再利用玫瑰曲线的参数方程求出点坐标 x 和 y 的值，并通过海龟绘图库绘制一系列连续的点，最终绘制出一个完整的玫瑰曲线图形。

27.3 编程解题

根据上述算法分析中给出的编程思路，编程绘制玫瑰曲线的图形。这个案例需要用到 Python 海龟绘图的知识，请回顾前面介绍的海龟绘图的课程。

跟我做

在 IDLE 环境中，打开一个新的 Python 编辑器窗口，以“玫瑰曲线.py”作为文件名将空白源文件保存到本地磁盘，然后开始编写 Python 代码。

(1) 导入海龟绘图库和数学库。使用 Python 内置的海龟绘图库，可以轻松地完成绘制平面图形的工作。同时，玫瑰曲线函数中涉及三角函数，需要用到 Python 内置的数学库。使用下面两行语句导入海龟绘图库和数学库。

```
from turtle import *
from math import *
```

(2) 编写绘制玫瑰曲线的 draw()函数，代码如下。

```
def draw(a, n, end):
    '''绘制玫瑰曲线'''
    t = 0
    while t <= end:
        x = a * sin(n * t) * cos(t)
        y = a * sin(n * t) * sin(t)
        goto(x, y)
        t = t + 0.01
```

在上面的代码中，用于绘制玫瑰曲线的 draw()函数有 3 个参数，其中参数变量 a 表示叶子的长度，参数变量 n 表示叶子的数量，参数变量 end 表示曲线闭合周期。

在函数体中，通过 while 循环结构画出一系列连续的点，循环变量为 t，循环控制条件为 t <= end，即在从 0 到 end 的范围内绘制一个闭合的玫瑰曲线。在循环体中，使用玫瑰曲线的参数方程求出点坐标 x 和 y 的值，再利用海龟绘图库提供的 goto(x,y)函数定位画笔就能绘制出相应的图形。为了绘制出平滑的曲线，循环变量 t 每次以 0.01 的幅度增加。

(3) 调用 draw()函数绘制玫瑰曲线的图形。在程序入口中加入以下代码。

```
if __name__ =='__main__':
    draw(100, 3, 3.14)
```

上面的代码中调用 draw()绘制出一个叶子长度为 100 的三叶玫瑰曲线。由于叶子数是奇数，所以闭合周期为 π，这里选取 3.14 即可。

(4) 将上述代码编辑好后保存，然后运行程序，将会弹出一个 Python 海龟绘图窗口，并绘制出三叶玫瑰曲线的图形，如图 27-2 所示。

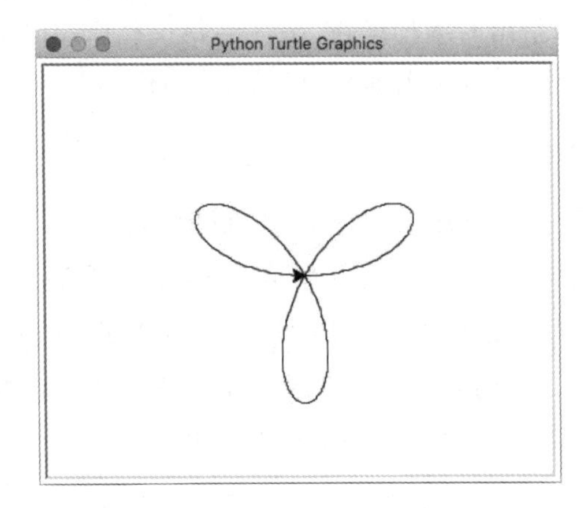

图 27-2　绘制三叶玫瑰曲线图形

提示：该程序的源文件位于"资源包/第 27 课/示例程序/玫瑰曲线.py"。

试一试　在绘图时，通过隐藏海龟图标、设置画笔颜色和大小、填充图形等方式，可以画出更美观的玫瑰曲线图形。

27.4 玫瑰曲线参数特性

如前所述，玫瑰曲线图形的形状由参数 a、n 和 θ 决定，分别控制叶子的大小、叶子的数量和曲线闭合周期。

当在整数范围内讨论参数 n 时，玫瑰曲线的参数特性：若 n 为奇数，则玫瑰曲线有 n 个叶子数，闭合周期为 π，即 θ 取值为 $0\sim\pi$；若 n 为偶数，玫瑰曲线有 $2n$ 个叶子数，闭合周期为 2π，即 θ 取值为 $0\sim2\pi$。

当在有理数范围内讨论参数 n 时，可利用公式 $n=\frac{L}{W}$ 确定玫瑰曲线的叶子数和闭合周期。n 为非整数的有理数，L/W 为简约分数，参数 L 控制叶子数，参数 W 控制闭合周期。玫瑰曲线的参数特性：当参数 L 和 W 仅有一个是偶数时，则闭合周期为 $2W\pi$，叶子数为 $2L$；当参数 L 和 W 都是奇数时，则闭合周期为 $W\pi$，叶子数为 L。

在图 27-3 中展示的是玫瑰曲线 7 代图谱，位于顶端的数字表示参数 L 的值，位于左端的数字表示参数 W 的值，通过选择 L 和 W 的值，就能确定玫瑰曲线的图形。

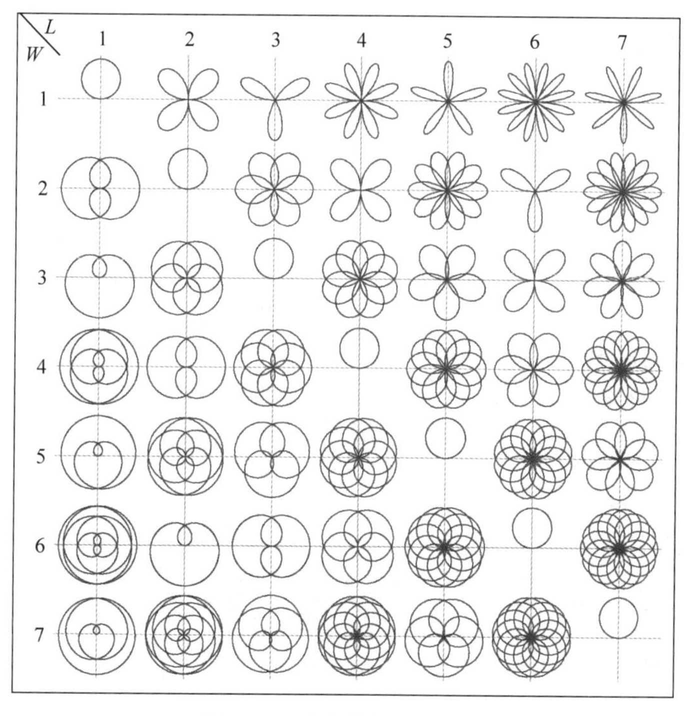

图 27-3　玫瑰曲线 7 代图谱

例如，当 $L=3$、$W=2$ 时，则 $n=1.5$，闭合周期为 $2W\pi=12.56$。根据这两个参数就可以绘制玫瑰曲线图形。在编辑器中修改代码如下。

```
if __name__ =='__main__':
    draw(100, 1.5, 12.56)
```

保存所作修改，然后运行程序，在 Python 海龟绘图窗口中将画出一个六叶玫瑰曲线图形，如图 27-4 所示。

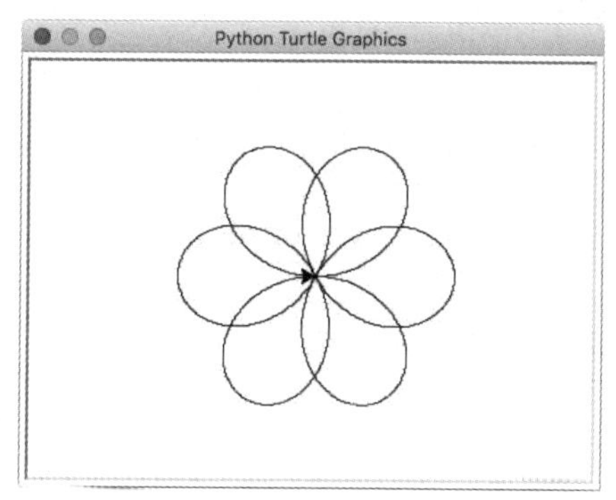

图 27-4　绘制六叶玫瑰曲线图形

试一试 你能画出图 27-3 中展示的这些美丽的玫瑰曲线图形吗？

1. 笛卡儿心形曲线的极坐标方程是 $r=a(1-\sin\theta)$，使用参数方程表示为

$$\begin{cases} x = \cos t \cdot a(1-\sin t) \\ y = \sin t \cdot a(1-\sin t) \end{cases}$$

其中，参数 a 控制图形大小；参数 t 为角度，取值范围为 $0\sim2\pi$。

绘制笛卡儿心形曲线的示例程序如下。

```
from turtle import *
from math import *
up()
a, t = 100, 0
while t <= 2 * pi:
    x=a* (1 -sin(t)) * cos(t)
    y=a* (1 -sin(t)) * sin(t)
    goto(x, y)
    down()
    t = t + 0.01
```

试一试 使用自己喜欢的颜色画笛卡儿心形曲线，效果如图 27-5 所示。

图 27-5 笛卡儿心形曲线

2. 桃心形曲线的图形比笛卡儿心形曲线更像一颗爱心，其参数方程为

$$\begin{cases} x = a \cdot 15(\sin t)^3 \\ y = a(15\cos t - 5\cos 2t - 2\cos 3t - \cos 4t) \end{cases}$$

其中，参数 a 控制图形大小；参数 t 为角度，取值范围为 $0\sim2\pi$。

绘制桃心形曲线的示例程序如下。

```
from turtle import *
from math import *
a, t = 10, 0
up()
while t <= 2 * pi:
    x = a * 15 * sin(t) ** 3
    y = a * (15 * cos(t) - 5 * cos(2 * t) - 2 * cos(3 * t) - cos(4 * t))
    goto(x, y)
    down()
    t = t + 0.01
```

试一试　使用自己喜欢的颜色画桃心形曲线，效果如图 27-6 所示。

图 27-6　桃心形曲线

3. 蝴蝶曲线极坐标方程是 $\rho=e^{\cos\theta}-2\cos4\theta+\sin^5\dfrac{\theta}{12}$，使用参数方程表示为

$$\begin{cases} x = a\cdot\sin t\cdot[e^{\cos t}-2\cos4t+(\sin t/12)^5] \\ y = a\cdot\cos t\cdot[e^{\cos t}-2\cos4t+(\sin t/12)^5] \end{cases}$$

其中，参数 a 控制图形大小；参数 t 为角度，取值范围为 0～24π。

绘制蝴蝶曲线的示例程序如下。

```
from turtle import *
from math import *
up()
a, t = 60, 0
while t <= 24 * pi:
    p = e ** cos(t) - 2 * cos(4 * t)+sin(t/12) ** 5
    x = a * sin(t) * p
    y = a * cos(t) * p
    goto(x, y)
    down()
    t = t + 0.01
```

试一试　使用自己喜欢的颜色画蝴蝶曲线，效果如图 27-7 所示。

图 27-7　蝴蝶曲线

第3单元

游戏编程

第28课

Pyglet 编程初步

28.1 Pyglet 简介

游戏的世界精彩纷呈，有动作类、策略类、角色扮演类等诸多类型，还有很多难以分类的小游戏，让人玩起来往往爱不释手。在 Python 中，用于游戏开发的类库不少，有 Pygame、Pyglet、Cocos2d、Arcade、Panda3D，等等。选择哪个类库作为游戏开发入门，成为摆在初学者面前的第一个问题。在众多的游戏开发类库中，Pyglet 是一个非常不错的选择。

Pyglet 是一个专门为 Python 语言开发的多媒体库，用于开发游戏和其他交互丰富的可视化应用程序。它支持窗口、用户界面事件处理、OpenGL 图形、加载图像和动画以及各种音视频格式等。Pyglet 是一个相当轻量的类库，成为理想的构建其他类库的基础，如 Cocos2d、Arcade 就是构建在 Pyglet 基础之上。

在 Pyglet 中可以选择安装 AVbin 库来支持丰富类型的音频和视频格式，可以通过 Pillow 图像处理库的配合来支持众多类型的图像格式。

总而言之，Pyglet 是一个简单易用且功能强大的游戏类库，是初学者学习游戏编程的理想选择。

28.2 准备工作

1. 安装 Pyglet 类库

在使用 Pyglet 编程之前，需要将 Pyglet 类库（模块）安装到 Python 环境中。Pyglet 的安装非常简单，打开 cmd 命令行窗口，使用 pip 命令安装 Pyglet 类库（模块）。

```
C:\>pip3 install pyglet==1.3.2
```

通常情况下，安装过程会非常顺利，很快就能将 Pyglet 安装妥当。然后打开 IDLE 环境，在 Python Shell 窗口中导入 Pyglet 模块，检测是否成功安装。

```
>>>import pyglet
```

如果没有输出任何信息，则表示已经成功导入 Pyglet，也说明 Pyglet 安装成功。如果导入失败，将会出现错误信息，就说明没有安装成功。那么，请阅读“附录 A 管理 Python 第三方模块”，学习如何安装 Python 模块。在 Pyglet 安装成功之后，就可以开始学习游戏编程。

2. 创建项目目录

在本地磁盘上创建一个名为“Pyglet 编程初步”的文件夹作为项目目录，用来存放源程序、图像、音频和视频等文件。然后从“资源包/第 28 课/资源文件”目录中的所有文件复制一份放到“Pyglet 编程初步”文件夹中。

 28.3 Pyglet 的 hello, world

在程序员中有一种惯例。当学习一种新技术时，通常会编写一个基于这种新技术的 hello, world 程序。这样既可以检验开发环境是否能够正常工作，也是向迈入的新世界发出一声问候。

示例程序 28-1 是一个 Pyglet 版本的 hello, world 程序。这个程序会创建一个窗口，其中包含一个文本标签，用于显示 hello, world。

示例程序 28-1

```
① import pyglet

② game_win = pyglet.window.Window()
③ label = pyglet.text.Label('hello, world', x = 0, y = 0)

④ @game_win.event
⑤ def on_draw():
⑥     game_win.clear()
⑦     label.draw()

⑧ pyglet.app.run()
```

虽然上面的代码不多，但是展示了编写一个 Pyglet 程序的基本步骤。对上面的代码详细说明如下。

代码①：使用 import 语句导入 pyglet 类库。

代码②：使用 pyglet.window.Window 类创建一个窗口对象 game_win。在创建这个窗口对象时可以用参数设定窗口的标题、宽度、高度或者是全屏显示等，但在这里不设定任何参数，全部使用默认值。

代码③：使用 pyglet.text.Label 类创建一个文本标签对象 label。在创建这个文本标签对象时，第 1 个参数设定标签上显示的内容为 hello, world，后两个参数指定这个文本标签显示在窗口的坐标位置为(0,0)。

代码④：使用一个装饰器@game_win. event 将其后定义的 on_draw()方法关联到窗口对象 game_win。当重新绘制窗口时，Pyglet 将分派此事件，在 on_draw()方法中的代码就会被执行。简单地说就是，如果想要在窗口中显示文本、图片和视频等内容，那么就在 on_draw()方法中编写相关代码。

代码⑤：定义一个 on_draw()方法，用于将文本标签的内容显示到窗口中。

代码⑥：调用窗口对象 game_win 的 clear()方法清除窗口中绘制的所有内容，窗口中将呈现默认的黑色背景。

代码⑦：调用文本标签对象 label 的 draw()方法，在窗口中绘制出文本标签的外观，将 hello, world 显示在窗口的(0,0)位置。

代码⑧：通过调用 pyglet. app. run()方法，让程序进入 Pyglet 的默认事件循环，并让 Pyglet 响应各种事件，如窗口变化事件、程序退出事件、鼠标和键盘事件、定时器事件等。当 run()方法被执行时，Pyglet 程序将开始工作，直到所有应用程序窗口关闭时，run()方法才会返回。

将上面的代码编辑好并以 hello. py 作为文件名保存到本地磁盘中，然后运行程序，将会在屏幕上显示一个黑色背景的窗口，在窗口左下角显示一行 hello, world 文本。

如果要退出这个程序，就单击窗口的关闭按钮，或者按下键盘左上角的 Esc 键。

提示：示例程序 28-1 的源文件位于“资源包/第 28 课/示例程序/28-1. py”。

小知识

在 Pyglet 窗口中，坐标原点(0,0)位于窗口左下角；X 轴从 0 开始，由左向右递增；Y 轴从 0 开始，由下往上递增。一些初学者可能会对坐标原点(0,0)位于窗口左下角感到不适应，习惯数学上使用的笛卡儿坐标系原点位于中心位置。而一些接触过 Scratch 的编程者也习惯于坐标原点位于舞台(窗口)的中心位置。另外，在一些编程语言中，坐标原点位于窗口的左上角位置。虽然各种编程语言的坐标系统不尽相同，但是学习者经过一些编程练习之后，自然会适应。

28.4　加载和显示图像或动画

图像和动画是大多数游戏或多媒体应用程序中的重要元素。在 Pyglet 中，很容易实现在屏幕上显示图像和动画。Pyglet 内置了一些常见格式的图像编解码器，用于加载 PNG、GIF、JPEG 和 BMP 等格式的图像。如果安装了 Pillow 图像处理库，将支持更多图像格式。

1. 使用 pyglet. image. load()方法加载图像

在 Pyglet 中加载图像非常方便，使用 pyglet. image. load()方法时，只需指定一个图像文件名参数，而不用指定其他参数，Pyglet 会尝试使用任何可用的图像编解码器加载图像文件。示例程序 28-2 展示了从本地文件中加载一个 PNG 格式的图像并显示到窗口中。

示例程序 28-2

```
    import pyglet

    game_win = pyglet.window.Window()
①   img = pyglet.image.load('kitten.jpg')

    @game_win.event
    def on_draw():
        game_win.clear()
②       img.blit(0, 0)

    pyglet.app.run()
```

上面代码的结构和前面介绍的 hello，world 程序基本一致，不同之处说明如下。

代码①：使用 pyglet. image. load()方法加载一个名为 kitten. jpg 的图像文件，并返回一个图像对象，存放在对象变量 img 中。默认路径为当前程序的源文件所在文件夹。

代码②：调用图像对象的 blit()方法，将图像绘制到窗口的(0,0)坐标处。默认情况下，图像的锚点位于图像的左下角(0,0)处。在绘制图像时，这个锚点将与 blit(x,y)方法中指定的坐标(x,y)对齐。图像对象提供 anchor_x 和 anchor_y 属性用于修改图像的锚点。对于学过 Scratch 编程的人来说，锚点可以理解为角色的造型中心。

> 提示：示例程序 28-2 的源文件位于"资源包/第 28 课/示例程序/28-2. py"。

2. 使用 pyglet. resource. image()方法加载图像

Pyglet 提供 resource 模块用于加载应用程序需要的资源，如图像、动画、音频、视频、文本等。默认情况下，resource 模块只会搜索当前程序所在目录(即包含__main__模块的目录)。例如，加载一个位于当前程序所在目录下的图像文件，可使用以下代码。

```
img=pyglet.resource.image('kitten.jpg')
```

之后，就可以在窗口对象的 on_draw()方法中调用 img. draw()来显示该图像。

通常，一个游戏程序需要多个图像、声音等资源。将这些资源集中放在一个目录中是比较好的做法。例如，在当前应用程序所在目录中建立一个名为 res 的子目录，然后将图像 kitten. jpg 移到这个目录中。这时需要在代码中设置 pyglet. resource. path 属性，再按照上述方法加载图像即可。

```
pyglet.resource.path = ['res']
img = pyglet.resource.image('kitten.jpg')
```

在设置 pyglet. resource. path 属性时，需要赋给它一个列表。这意味着这个属性可以设置多个资源目录。但是，如果目录中包含有子目录，Pyglet 不会对目录进行递归搜索，需要显式地指出子目录。例如，在 res 目录下分别建立 images 和 sounds 两个子目录，再将图像 kitten.jpg 移到 images 子目录中。这需要在代码中将 images 子目录加到 path 列表中，然后再加载图像即可。

```
pyglet.resource.path = ['res', 'res/images', 'res/sounds']
img = pyglet.resource.image('kitten.jpg')
```

在设置 resource.path 属性时，总是使用正斜杠(/)作为路径分隔符，即使不同的操作系统使用不同的符号。

在修改 path 属性之后，使用下面的代码重新建立资源目录的索引。

```
pyglet.resource.reindex()
```

提示：可以在示例程序 28-2 的基础上修改代码进行以上练习。

3. 使用 Sprite 类显示图像或动画

Sprite(精灵)是游戏编程中的一个重要元素。在 Scratch 的中文界面中，Sprite 被翻译为角色。Pyglet 提供一个高效、全面的 Sprite 类，用于将图像显示在屏幕上，并能对其进行定位、缩放、旋转和设置透明度等。可以利用一个图像创建出一个或多个精灵，这些精灵能够被独立地进行控制。

如果使用 PNG 格式的图像创建精灵，就可以利用其支持透明效果的特点，使图像与背景平滑地融合。例如，在示例程序 28-3 中，从 plan.png 文件加载一个飞机图像并使用该图像创建一个名为 plan 的精灵，然后调用 plan.draw()方法将精灵绘制在窗口中。最终看到一个飞机图像融合在黑色背景的窗口中。

示例程序 28-3

```
    import pyglet

    game_win = pyglet.window.Window()
①  plan_img = pyglet.resource.image('plan.png')
②  plan = pyglet.sprite.Sprite(plan_img, x = 200, y = 200)

    @game_win.event
    def on_draw():
        game_win.clear()
③      plan.draw()

    pyglet.app.run()
```

在上面的代码中，代码①是从 plan.png 文件加载图像并存放在变量 plan_img 中；代码②是使用 plan_img 创建一个精灵实例，并设定其坐标为(200,200)；代码③是在窗口的

on_draw()方法中调用 plan. draw()方法，使精灵的图像能够被绘制在窗口中。

提示：示例程序 28-3 的源文件位于“资源包/第 28 课/示例程序/28-3. py”。

如果使用动态 GIF 格式的动画图像创建精灵，就可以利用其支持透明效果和动画的特点，在窗口中呈现一个动态的精灵，这使游戏获得更好的体验。例如，在示例程序 28-4 中，加载一个小丑鱼的动态 GIF 图像(clown-fish. gif)，并使用该动画图像创建一个名为 fish 的精灵，然后调用 fish. draw()方法将精灵绘制到窗口上。最终将会看到一条摆动身体的小丑鱼呈现在黑色背景的窗口之中。

示例程序 28-4

```
    import pyglet

    game_win = pyglet.window.Window()
①  fish_gif = pyglet.resource.animation('clown-fish.gif')
②  fish = pyglet.sprite.Sprite(fish_gif, x = 200, y = 200)

    @game_win.event
    def on_draw():
        game_win.clear()
③      fish.draw()

    pyglet.app.run()
```

在上面的代码中，代码①从文件加载一个动画图像并存放在 fish_gif 变量中，然后在代码②中使用 fish_gif 创建一个精灵的实例，最后通过代码③把精灵绘制到窗口中。

除了使用 pyglet. resource. animation()方法从资源目录加载动画图像，还可以使用 pyglet. image. load_animation()方法从指定路径中加载动画图像。

提示：示例程序 28-4 的源文件位于“资源包/第 28 课/示例程序/28-4. py”。

28.5 播放声音和视频

开发一个让人喜爱的游戏程序，给游戏加上音效、背景音乐和过场视频等元素是不可或缺的。Pyglet 依赖 AVbin 库来支持丰富类型的音频和视频格式。要安装 AVbin 库，请查阅“附录 A　管理 Python 第三方模块”中安装 AVbin 库的内容。

1. 播放 MP3 音乐

在 Pyglet 中播放 MP3 等音频文件时，可以使用 resource 模块加载音频文件。与前面介绍的加载图像类似，Pyglet 提供 pyglet. resource. media()方法从应用程序所在目录中加载声音文件。例如，示例程序 28-5 展示了播放一首 MP3 音乐的方法。

示例程序 28-5

```
import pyglet
mp3=pyglet.resource.media('music.mp3')
mp3.play()
```

提示：示例程序 28-5 的源文件位于“资源包/第 28 课/示例程序/28-5. py”。

如果知道音乐文件在文件系统中的相对路径或绝对路径，还可以使用 pyglet. media. load()方法来加载音乐。例如：

```
mp3=pyglet.media.load('music.mp3')
```

2. 将音频文件加载到内存中播放

默认情况下，Pyglet 使用流媒体形式播放音频文件。这对于较长的音乐曲目来说效果很好。但是对于一些较短的声音，比如飞机引擎发动的声音、导弹发射的声音或者枪炮声等，在游戏过程中会被反复播放，应该将其加载到内存中完全解码，从而避免重复加载，这样能够使声音更快速地播放，从而减少 CPU 性能的损失。如果想这样做，只需要将 pyglet. resource. media()方法的 streaming 参数设定为 False 即可。例如：

```
wav=pyglet.media.load('ball.wav', streaming=False)
```

3. 使用 Player 类播放音频

Pyglet 提供的 Player 类是一个精简的媒体播放器，能实现播放、暂停、下一曲等常见功能。示例程序 28-6 展示了使用 Player 类的实例播放多个音乐文件的方法。

示例程序 28-6

```
   import pyglet
   sound1=pyglet.resource.media('音乐珊瑚.mp3', streaming=False)
   sound2=pyglet.resource.media('music.mp3', streaming=False)
①  player=pyglet.media.Player()
②  player.queue(sound1)
③  player.queue(sound2)
   player.queue(sound1)
   player.queue(sound2)
④  player.play()
```

对上面主要代码的说明如下。

代码①：创建了一个 Player 类的实例，不需要指定任何参数。

代码②和③：分别使用 player. queue()方法向 player 对象的播放队列中添加声音。因为 sound1 和 sound2 都是使用 streaming＝False 参数而被加载到内存中的，所以能够重复添加到播放队列中。

代码④：调用 player 对象的 play()方法播放队列中的音乐，直到全部音乐播放完毕。

提示：示例程序 28-6 的源文件位于“资源包/第 28 课/示例程序/28-6.py”。

4. 使用 Player 类播放视频

使用 Pyglet 提供的 Player 类还可以用来播放视频。当利用 Player 类的实例回放视频时，可用 get_texture()方法获得视频帧图像，用来显示与音频轨道同步的当前视频图像。示例程序 28-7 展示了在窗口中播放视频，并使窗口和视频画面大小一致。

示例程序 28-7

```
    import pyglet
①  mov = pyglet.resource.media('美丽勾股树.mov')
②  game_win = pyglet.window.Window(width = mov.video_format.width,
                                    height = mov.video_format.height)
③  player = pyglet.media.Player()
④  player.queue(mov)
⑤  player.play()

    @game_win.event
    def on_draw():
        game_win.clear()
⑥      player.get_texture().blit(0, 0)

    @game_win.event
    def on_close():
⑦      player.pause()

    pyglet.app.run()
```

对上面主要代码的说明如下。

代码①：使用 pyglet.resource.media()方法从应用程序的目录中加载视频文件“美丽勾股树.mov”。也可以使用 pyglet.media.load()方法从指定路径中加载视频文件。

代码②：创建一个和视频画面大小一致的窗口。video_format 对象提供视频的信息，通过 video_format.width 和 video_format.height 可获取视频画面的宽度和高度，单位为像素。在创建 Window 窗口类的实例时，通过设定参数 width 和 height 限定窗口大小。

代码③～⑤：创建一个媒体播放器 Player 类的实例，然后将视频对象 mov 加入播放队列并播放。

代码⑥：调用 player.get_texture()方法将返回一个视频帧图像，使用 blit()方法将其绘制到窗口中，这样就实现显示视频画面的功能。

代码⑦：在窗口关闭事件触发时，在 on_close()方法中调用 player.pause()方法使播放器暂停工作。为什么不是关闭播放器呢？因为 Player 类目前没有提供关闭的方法。

提示：示例程序 28-7 的源文件位于"资源包/第 28 课/示例程序/28-7.py"。

28.6 键盘和鼠标控制

在游戏应用程序中，通常使用键盘和鼠标作为游戏的操作设备。用 Pyglet 编写响应键盘和鼠标事件的处理程序是非常方便的。所有的 Pyglet 窗口都能接收来自键盘和鼠标设备的输入。当用户在键盘上按下按键或释放按键时，会产生相应的键盘事件；当用户移动鼠标、拖动鼠标、按下鼠标按键或者是滚动鼠标滚轮时，会产生相应的鼠标事件。在游戏程序中，需要编写相应的事件处理代码来响应这些事件，进行游戏功能的开发。

1. 处理键盘事件

最基本的键盘事件是 on_key_press()，在键盘按键被按下时会触发这个事件。

```
def on_key_press(symbol, modifiers)
    pass
```

在示例程序 28-8 中展示了对键盘按下事件 on_key_press()的处理方法，当用户按下键盘上的回车键、方向键、字母键、数字键和控制键等按键时，在 Python Shell 窗口中会打印出相关信息。

示例程序 28-8

```
    import pyglet
①  from pyglet.window import key

    game_win = pyglet.window.Window()

    @game_win.event
②  def on_key_press(symbol, modifiers):
③      if symbol == key.ENTER:
            print('回车键被按下')
④      elif symbol == key.LEFT:
            print('左方向键被按下')
⑤      elif symbol == key.A:
            print('字母键 A 被按下')
⑥      elif symbol == key._1:
            print('数字键 1 被按下')
⑦      elif modifiers & key.MOD_CTRL:
            print('Ctrl 键被按下')


    @game_win.event
    def on_draw():
        game_win.clear()

    pyglet.app.run()
```

对上面主要代码的说明如下。

代码①：导入 pyglet. window. key 中定义虚拟键码的常量表。

代码②：定义 on_key_press()方法用来响应键盘被按下的事件。该方法有两个参数，symbol 参数表示键盘的虚拟键码，modifiers 参数表示修饰符。如果要响应键盘按键被释放的事件，可以使用 on_key_release()方法，该方法也有 symbol 和 modifiers 两个参数，且意义相同。

代码③：判断参数变量 symbol 是否为回车键，若是，则输出信息。回车键的键码为 key. ENTER 或者 key. RETURN。常用的还有空格键，用 key. SPACE 表示。

代码④：判断左方向键是否被按下并输出信息。四个方向键的键码依次为 key. LEFT、key. RIGHT、key. UP、key. DOWN。

代码⑤：判断字母键 A 是否被按下并输出信息。各个字母键的键码为 key. A、key. B、key. C……以此类推。

代码⑥：判断数字键 1 是否被按下并输出信息。各个数字键的键码为 key. _1、key. _2、key_3……以此类推。

代码⑦：判断控制键(Ctrl)是否被按下并输出信息。检测 Ctrl 这类特殊按键使用位运算的形式进行，例如，modifiers & key. MOD_CTRL 能检测到控制键(Ctrl)，modifiers & key. MOD_SHIFT 能检测到 Shift 键，modifiers & key. MOD_ALT 能检测到 Alt 键。

通过判断键盘按键，可以实现对游戏的操作控制。例如，当玩家按下某个按键时，就让游戏中的精灵发射子弹。

提示：示例程序 28-8 的源文件位于“资源包/第 28 课/示例程序/28-8. py”。

2. 跟踪键盘按键状态

Pyglet 提供 KeyStateHandler 类用于存储当前键盘状态，可在任何窗口事件处理程序中检测键盘按键状态。在下面的代码片段中，展示了检测空格键被按下的处理方法。

```
   from pyglet.window import key

   game_win=pyglet.window.Window()
①  keys=key.KeyStateHandler()
②  game_win.push_handlers(keys)

   # 检测空格键当前是否被按下
③  if keys[key.SPACE]:
       pass
```

对上面主要代码的说明如下。

代码①：创建一个 KeyStateHandler 类的实例 keys。

代码②：使用 push_handlers()方法将 keys 追加到窗口的事件处理程序堆栈中。

代码③：将 keys 作为一个字典来使用，如果 keys[key.SPACE]为 True，则表示当前按下的是空格键。

3. 处理鼠标事件

最基本的鼠标事件是 on_mouse_motion()，在鼠标移动过程中会不断触发这个事件。

```
def on_mouse_motion(x, y, dx, dy):
    pass
```

这个鼠标事件的典型应用是控制窗口中的精灵随着鼠标指针一起移动。例如，在示例程序 28-9 中展示了让玩家用鼠标控制一架飞机在窗口中自由移动。

示例程序 28-9

```
import pyglet

game_win = pyglet.window.Window()
plan_img = pyglet.resource.image('plan.png')
plan = pyglet.sprite.Sprite(plan_img)

@game_win.event
def on_mouse_motion(x, y, dx, dy):
    plan.x, plan.y = x, y

@game_win.event
def on_draw():
    game_win.clear()
    plan.draw()

pyglet.app.run()
```

在上面的代码中，通过在 on_mouse_motion()方法中设定飞机精灵 plan 的坐标为鼠标指针的当前坐标，从而使鼠标指针移动时，飞机精灵能够跟着一起移动。在 on_mouse_motion()方法中，x 和 y 参数给出鼠标指针相对于窗口左下角的坐标。还记得吗？Pyglet 窗口左下角的坐标为(0,0)。

提示：示例程序 28-9 的源文件位于"资源包/第 28 课/示例程序/28-9.py"。

小知识

在 on_mouse_motion()方法中，dx 和 dy 参数给出鼠标指针在某个方向上的移动距离。在 X 轴上，鼠标指针向左移动，dx 为负数；鼠标指针向右移动，dx 为正数。同样地，在 Y 轴上，鼠标指针向下移动，dy 为负数；鼠标指针向上移动，dy 为正数。这两个参数用于如下场合：在一些游戏中不关心鼠标指针的实际位置，而只需要知道鼠标指针已经向哪个方向移动。例如，在第一人称的游戏中，鼠标通常控制玩家的视觉方向，而鼠标指针本身不显示。

当按下鼠标按键、松开鼠标按键或者拖动鼠标指针（按下任何鼠标按键并移动鼠标）时，会触发以下鼠标事件。

```
def on_mouse_press(x, y, button, modifiers):
    pass

def on_mouse_release(x, y, button, modifiers):
    pass

def on_mouse_drag(x, y, dx, dy, button, modifiers):
    pass
```

在示例程序 28-10 中展示了这几个鼠标事件的基本用法。

示例程序 28-10

```
import pyglet
from pyglet.window import mouse
from pyglet.window import key

game_win=pyglet.window.Window()

@game_win.event
def on_mouse_press(x, y, button, modifiers):
    if button ==mouse.LEFT:
        print('在窗口(%d,%d)处按下鼠标左键' %(x, y))

@game_win.event
def on_mouse_release(x, y, button, modifiers):
    if button ==mouse.LEFT:
        print('在窗口(%d,%d)处松开鼠标左键' %(x, y))

@game_win.event
def on_mouse_drag(x, y, dx, dy, buttons, modifiers):
    if buttons & mouse.LEFT:
        print('拖动时按下的是鼠标左键')
    if modifiers & key.MOD_CTRL:
        print('在窗口(%d,%d)处拖动鼠标,并按下键盘 Ctrl 键' %(x, y))

pyglet.app.run()
```

在上面的代码中，参数 x、y、dx、dy 与 on_mouse_motion()事件相同。在鼠标按下或松开事件中不需要 dx 和 dy 参数，因为在这种情况下它们为零。修饰符参数 modifiers 是关于键盘事件的，请查看前面键盘事件的介绍。button 参数表示按下了鼠标按钮，是以下常量之一。

```
pyglet.window.mouse.LEFT
pyglet.window.mouse.MIDDLE
pyglet.window.mouse.RIGHT
```

on_mouse_drag()方法的 buttons 参数是当前按住的所有鼠标按键的位组合。例如，使用 buttons & mouse.LEFT 检测拖动时按下鼠标左键。

提示：示例程序 28-10 的源文件位于"资源包/第 28 课/示例程序/28-10.py"。

试一试　Pyglet 窗口程序能够接收和处理 20 多种类型的事件。使用下面的程序，可以观察在窗口中触发的各种事件的名称和参数。

```
import pyglet
game_win = pyglet.window.Window()
game_win.push_handlers(pyglet.window.event.WindowEventLogger())
pyglet.app.run()
```

在 Python 编辑器窗口中输入上面的代码并保存，然后运行程序，将会看到在 Python Shell 窗口中打印出 Pyglet 窗口接收到的所有事件的信息。

28.7 计划任务

在游戏程序中，经常需要按照一定的时间间隔去执行某个任务。例如，让一个精灵以指定的速度在屏幕上平滑移动，定时检测某个精灵是否被击中，给游戏增加倒计时功能，等等。在 Pyglet 的 clock 模块中提供实现计划任务的一些方法，常用的有 pyglet.clock.schedule_interval()方法，它按照指定的时间间隔调用一个函数。例如：

```
clock.schedule_interval(move, 1/60)
```

在上面这行代码中，调用 schedule_interval()方法时提供了两个参数值：move 是一个已经定义的函数(称为回调函数)的名字；1/60 是时间间隔(单位：s)。Pyglet 会按照这个时间间隔反复调用 move()函数。

在示例程序 28-11 中演示了 Pyglet 计划任务的用法，让一个显示 hello，world 的文本标签在窗口底部水平移动到 x 坐标为 300 的位置。

示例程序 28-11

```
import pyglet
from pyglet import clock

window = pyglet.window.Window()
```

```
label=pyglet.text.Label('hello, world')

@window.event
def on_draw():
    window.clear()
    label.draw()

def move(dt):
    label.x +=int(100 * dt)
    if label.x >300:
        clock.unschedule(move)

if __name__ =='__main__':
    clock.schedule_interval(move, 1/60)
    pyglet.app.run()
```

在上面的代码中，通过 clock. schedule_interval()方法将 move()函数加入到 Pyglet 的计划任务列表中，move()函数被调用的时间间隔被设定为 1/60s。move()是回调函数，它有一个名为 dt 的参数。当 move()函数被调用时，Pyglet 会将自上次调用该回调函数以来经过的时间（单位：s）传递给 dt 参数。虽然时间间隔被设定为 1/60s，但是实际调用时的时间间隔并不总是相等的。在编程时，对时间敏感的数据需要乘以 dt 参数。在上面的示例程序中，使用“100 * dt”作为每次调用 move()函数时让 label 文本标签水平移动的增量，也就是让文本标签在 1s 内的水平移动增量为 100 像素。

如果要从 Pyglet 的计划任务列表中删除一个已存在的计划任务，可以使用 clock. unschedule()方法。

提示：示例程序 28-11 的源文件位于“资源包/第 28 课/示例程序/28-11. py”。

以上介绍了在 Pyglet 游戏编程中用到的一些基本技术。在后面的课程中，将会使用这些编程技术开发几个简单的游戏项目。为了更好地理解本课讲解的 Pyglet 编程技术，请认真阅读本课程提供的各个示例程序，并运行这些示例程序来更好地理解代码。

要了解更多 Pyglet 的编程知识，请阅读“资源包/第 28 课/Pyglet 文档/”中提供的帮助文档。

第29课

公主迎圣诞

29.1 游戏介绍

圣诞节要来了，圣诞老人给可爱的公主带来了许多礼物。公主穿着冰鞋在结冰的湖面上快速移动，接住圣诞老人从空中抛下来的礼物。不过呢，圣诞老人想和可爱的公主开个玩笑，从空中掉下来的不全是礼物，也可能是一朵雪花，还可能是一把剪刀……

以上描述的是一个简单的小游戏——公主迎圣诞，适合 4 岁以上的小朋友玩。如图 29-1 所示是这个游戏在不同状态时的画面截图。启动这个游戏程序，就进入游戏的欢迎画面，这时按下键盘上的回车键就可以开始游戏。

游戏欢迎画面

游戏进行画面

游戏结束画面

图 29-1 不同状态的游戏画面

在游戏进行中，从天空中会不断地随机掉下雪花、礼物和剪刀。玩家使用键盘上的左、右方向键控制公主角色往左、右两个方向移动，让公主躲避剪刀、接住礼物和雪花。接到雪花可获得 10 分，接到礼物可获得 50 分。游戏开始时，玩家有 3 颗爱心宝石。如果玩家让公主碰到剪刀，就要扣掉 1 颗爱心宝石；如果爱心宝石用光了，那么碰到剪刀就会结束游戏。这个游戏的时间限定为 5 分钟。游戏开始后就开始倒计时，时间到，则游戏结束。

在游戏结束画面，按下键盘上的回车键可以重新开始游戏。如果要退出游戏程序，可以单击窗口中的"关闭"按钮，或者是按下键盘上的 Esc 键。

在编写这个游戏之前，先进行试玩，以更好地了解这个游戏需要实现的各个功能。

> 提示：这个游戏程序位于"资源包/第 29 课/试玩/公主迎圣诞.py"。

29.2 编程思路

这个游戏要实现的功能并不复杂，整个游戏分为 3 个状态，即等待、进行和结束。在各个状态下需要实现的功能见表 29-1。

表 29-1 游戏状态及功能表

状 态	功 能
等待状态	• 显示游戏欢迎背景图 • 按下回车键开始玩游戏
进行状态	• 显示游戏进行背景图 • 循环播放《铃儿响叮当》伴奏曲 • 用左、右方向键控制公主左、右移动 • 礼物、雪花和剪刀随机地从天空中掉下 • 公主接到礼物加 50 分，接到雪花加 10 分 • 公主碰到剪刀减掉 1 颗爱心宝石
结束状态	• 显示游戏结束背景图 • 按下回车键重新玩游戏

这个游戏的 3 个状态在不同的条件下被触发和转换，其变化情况如图 29-2 所示。

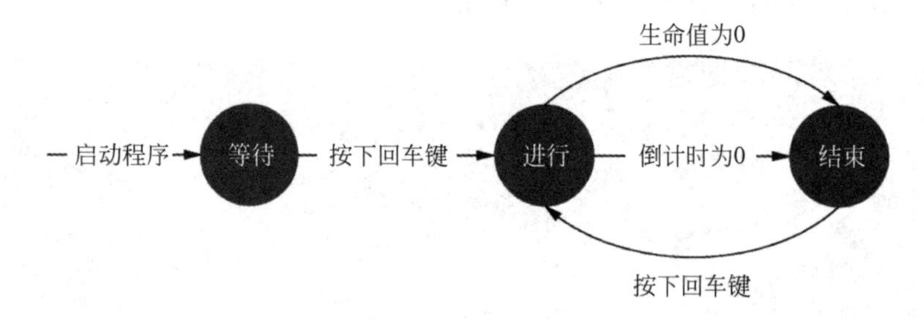

图 29-2 “公主迎圣诞”游戏状态变化图

在游戏进行中，从天空中会随机掉落物体，可能是雪花、礼物或剪刀中的一个。使用随机函数决定掉落物体的类型，将雪花、礼物和剪刀三者的比例控制为 5∶3∶2。也就是在 1 到 10 之间随机生成一个数 n。如果 $1\leqslant n\leqslant 5$，则掉落物体是雪花；如果 $6\leqslant n\leqslant 8$，则掉落物体是礼物；如果 $9\leqslant n\leqslant 10$，则掉落物体是剪刀。

在游戏时需要判断公主是否碰到雪花、礼物或剪刀，专业的说法叫作“碰撞检测”。在 Pyglet 中并没有提供碰撞检测的功能，需要编程者自己实现。实现碰撞检测功能的一般做法是：使用数学上的两点之间距离公式计算出两个精灵之间的距离，当这个距离小于某个数值时，就认为两个精灵碰撞在一起。如图 29-3 所示，假设礼物的中心为 A 点、半径为 R_a，公主的中心为 B 点、半径为 R_b，使用两点之间距离公式计算出 AB 两点的距离，当 $|AB|<R_a+R_b$ 时，就认为两个精灵发生碰撞。

实际上，在游戏中很多精灵的外形并非圆形，并且游戏中的碰撞检测也不需要太精准，只需要判断两个精灵中心点之间的距离小于某个数值即可。在这个游戏中，这个数值

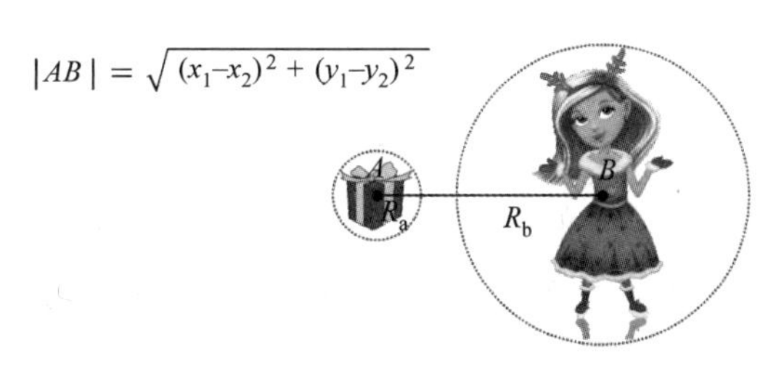

图 29-3　用两点之间距离公式进行碰撞检测

设定为公主精灵高度的一半。

为了实现这个游戏，需要准备一些图片素材和音乐素材（见图 29-4），对各种素材的简单介绍如下。

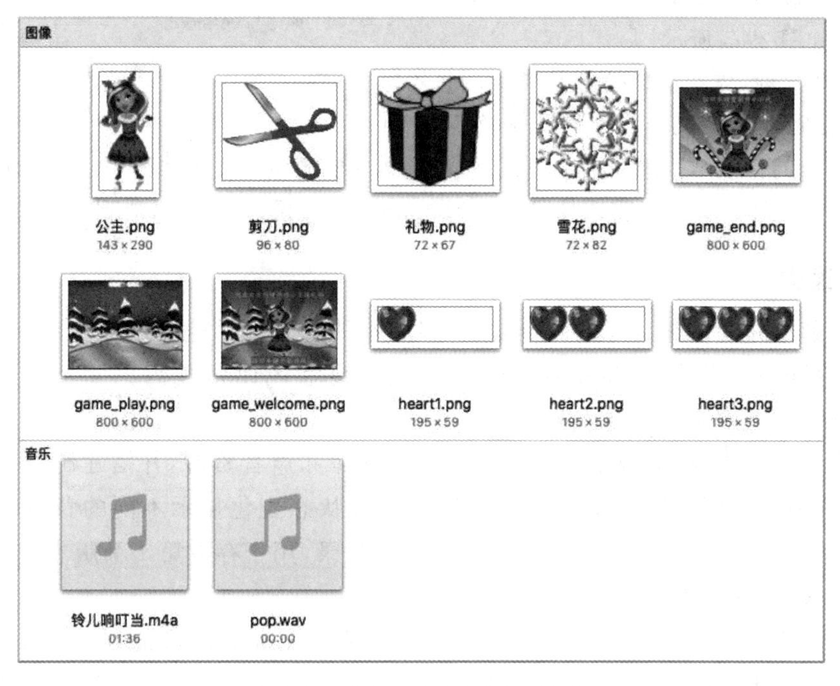

图 29-4　“公主迎圣诞”游戏素材

（1）在游戏处于 3 个不同状态时分别显示不同的背景图像。每个状态的背景图像上已经写上相应的提示信息，这样可以减少编程的工作量。

（2）游戏开始时，玩家有 3 颗爱心宝石，每次碰到剪刀就会被扣掉 1 颗。为简化编程，在爱心宝石数量变化时，将显示不同的图像。

（3）游戏进行中使用的公主、雪花、礼物、剪刀的造型图像采用 PNG 格式。

（4）在游戏进行中循环播放一首名为《铃儿响叮当》的伴奏曲。

（5）在公主碰到雪花、礼物或剪刀时播放一个 pop 音效声。

提示：这个游戏的素材位于“资源包/第 29 课/游戏素材”。

29.3 编程实现

虽然这个游戏的功能比较简单，但是对于新接触 Pyglet 游戏编程的初学者来说，仍然显得有些复杂。为了降低学习难度，将分为 5 个阶段实现这个游戏，每个阶段将建立一个版本，逐步添加功能，最终完成“公主迎圣诞”游戏项目。

为了让这个游戏项目的目录结构清晰和易于维护，将图像、音乐资源文件和每个版本的程序源文件存放在专门的目录中，整个游戏项目的目录结构如图 29-5 所示。

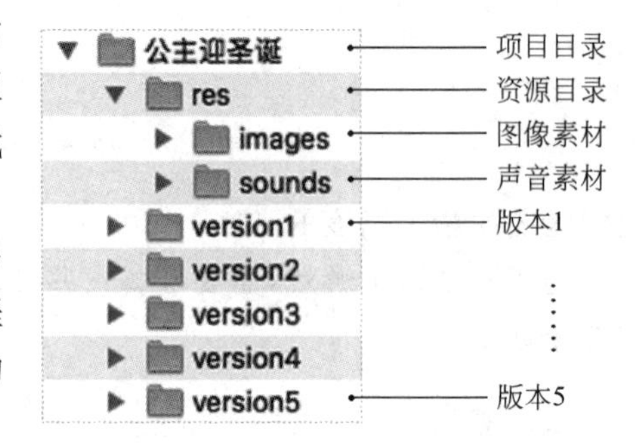

图 29-5 “公主迎圣诞”项目目录结构

在编程之前，先在本地磁盘上建立一个名为“公主迎圣诞”的文件夹作为项目目录，然后按照图 29-5 所示的目录结构建立各个子目录，再从本书资源包中找到如图 29-4 所示的游戏素材并复制一份到 res 目录，将图像素材放到 images 子目录、声音素材放到 sounds 子目录。

跟我做

按照前面介绍的编程思路和分阶段、多版本的思想编写这个游戏程序。在 IDLE 环境中，打开一个新的 Python 编辑器窗口，准备编写 Python 代码。

1. 加载游戏资源和搭建游戏框架

在第 1 个阶段，将加载游戏中使用的各种图像和声音资源，并搭建游戏的基本框架，能够响应按下回车键的键盘事件和根据游戏状态变化显示不同的背景图像。在“公主迎圣诞”项目目录中建立一个 version1 子目录，用于存放第 1 个版本的源文件。

1）加载游戏中使用的图像和声音资源

新建一个名为 game_res. py 的源文件，并保存到 version1 目录中。在这个源文件中，将使用 pyglet. resource. image()和 pyglet. resource. media()方法加载游戏中需要的图像和声音资源，步骤如下。

(1) 修改资源路径。因为已经将图像资源放在 res/images 目录下，声音资源放在 res/sounds 目录下，所以在程序中需要重新设置 pyglet. resource. path。否则，将无法加载资源文件。

```
import pyglet
pyglet.resource.path = ['../res/images', '../res/sounds']
```

如果无法加载资源文件，可能还需要对路径列表重新建立索引。

```
pyglet.resource.reindex()
```

(2) 加载图像和设置图像锚点。使用 pyglet.resource.image()方法加载游戏中需要用到的各个图像。

```
welcome_img = pyglet.resource.image('game_welcome.png')
end_img = pyglet.resource.image('game_end.png')
bg_img = pyglet.resource.image('game_play.png')
heart1_img = pyglet.resource.image('heart1.png')
heart2_img = pyglet.resource.image('heart2.png')
heart3_img = pyglet.resource.image('heart3.png')
clipper_img = pyglet.resource.image('剪刀.png')
snowflake_img = pyglet.resource.image('雪花.png')
gift_img = pyglet.resource.image('礼物.png')
princess_img = pyglet.resource.image('公主.png')
```

默认情况下,图像的锚点在图像的左下角。在这个游戏中,需要修改公主、雪花、礼物和剪刀等图像的锚点,将其设置在图像的中心位置。为此建立一个 center_image()函数来完成这个工作,将这个函数的代码添加在当前源文件(game_res.py)的开头处。

```
def center_image(image):
    '''设置图片的锚点为中心'''
    image.anchor_x = image.width / 2
    image.anchor_y = image.height / 2
```

然后,在加载图像之后,调用该函数修改公主、雪花、礼物和剪刀等图像的锚点。

```
center_image(clipper_img)
center_image(snowflake_img)
center_image(gift_img)
center_image(princess_img)
```

(3) 加载声音资源。这个游戏的背景音乐使用的是《铃儿响叮当》伴奏曲(铃儿响叮当.m4a)和一个 pop 音效(pop.wav),使用 pyglet.resource.media()方法加载即可。请设置参数 streaming = False,以便将声音资源加载到内存中。

```
music = pyglet.resource.media('铃儿响叮当.m4a', streaming = False)
pop_sound = pyglet.resource.media('pop.wav', streaming = False)
```

至此,加载游戏资源的工作就完成了。

2) 搭建游戏的基本框架

新建一个名为"公主迎圣诞.py"的源文件,并保存到 version1 目录中。在这个源文件中,将创建一个游戏窗口,响应按下回车键的键盘事件,并根据游戏的 3 个状态显示不同的背景画面,具体步骤如下。

(1) 导入 pyglet 库和依赖的模块。

```
import pyglet
from pyglet.window import key
from game_res import *
```

导入 pyglet. window. key 模块以使用其中定义的键盘常量，导入刚才创建的 game_res. py 模块，以使用游戏中需要的各种资源。

(2) 创建一个记录游戏状态的变量 game_state，并设置初始值为 0。

```
game_state=0
```

说明：游戏的 3 个状态用数字表示：0 表示等待状态，1 表示进行状态，2 表示结束状态。

(3) 创建游戏窗口，将窗口尺寸设定为 800 * 600，标题设定为"公主迎圣诞"。

```
game_win = pyglet.window.Window(width = 800, height=600)
game_win.set_caption('公主迎圣诞')
```

(4) 绘制游戏画面。在 game_win 窗口的 on_draw()方法中，使用图像的 blit()方法将图像绘制到窗口中。根据游戏状态 game_state 绘制不同的图像作为游戏背景画面。因为要使用全局变量 game_state，所以在函数或方法中要用 global 关键字进行声明。

```
@game_win.event
def on_draw():
    global game_state
    game_win.clear()
    if game_state == 0:
        welcome_img.blit(0, 0)
    elif game_state == 1:
        bg_img.blit(0, 0)
    elif game_state == 2:
        end_img.blit(0, 0)
```

(5) 使用窗口的 on_key_press()方法响应键盘按下事件。在游戏处于等待状态和结束状态时，才会响应用户按下回车键的行为，将游戏设定为进行状态。由于游戏程序没有完成，为了方便测试，当用户按下空格键时，游戏将进入结束状态。

```
@game_win.event
def on_key_press(symbol, modifiers):
    global game_state
    if symbol==key.ENTER:
        if game_state !=1:
            game_state=1
```

```
    #用于测试游戏结束的情况
    if symbol==key.SPACE:
        game_state=2
```

提示：如果对键盘事件处理有疑惑，请回顾第 28 课的相关内容。

(6) 进入 Pyglet 事件循环。在程序入口中调用 pyglet.app.run()方法，使 Pyglet 游戏程序进入事件循环，从而使游戏程序开始工作。

```
if __name__=='__main__':
    pyglet.app.run()
```

至此，这个程序的第一个版本完成。运行程序，然后按以下流程进行测试。

①游戏程序启动后，显示游戏欢迎画面，游戏处于等待状态。②按下回车键，显示游戏进行画面，游戏处于进行状态。③按下空格键，显示游戏结束画面，游戏处于结束状态。④再按下回车键，又显示游戏进行画面。如此反复。

如果程序没有按上述流程运行，请认真检查自己编写的代码，或者对照本书资源包中提供的源代码进行检查。

提示：第 1 个版本的源文件位于"资源包/第 29 课/示例程序/version1"。

2. 公主精灵的控制

在第 2 个阶段，将创建一个公主精灵，支持玩家使用键盘上的左、右方向键控制公主精灵的左、右移动。在"公主迎圣诞"项目目录中，把 version1 子目录复制一份并命名为 version2，在第 1 个版本的基础上编写第 2 个版本的代码，具体步骤如下。

切换到源文件"公主迎圣诞.py"的编辑窗口，准备编写代码。

(1) 使用图像 princess_img 创建一个公主精灵，将其定位在窗口底部居中位置。

```
princess=pyglet.sprite.Sprite(princess_img, 400, 150)
```

提示：将创建公主精灵的代码放在创建窗口对象 game_win 的代码之后。

(2) 在窗口的 on_draw()方法中，调用 princess.draw()方法将公主精灵的图像绘制到窗口中。在游戏处于进行状态才会显示公主精灵，即在 game_state 等于 1 时才绘制公主精灵的外观。

```
elif game_state==1:
    ...
    princess.draw()
```

提示：符号"..."表示省略掉的部分代码，下同。

(3) 控制公主精灵左、右移动。这里没有使用键盘事件，而是通过检测键盘按键状态来判断是否按下左、右方向键，需要用到 pyglet. window. key. KeyStateHandler 类。同时，还需要 pyglet. clock. schedule_interval()方法创建一个计划任务，以轮询的方式检测左、右方向键的按键状态，并控制公主精灵左、右移动。在程序入口添加以下代码。

```
if __name__=='__main__':
    keys=key.KeyStateHandler()
    game_win.push_handlers(keys)
    pyglet.clock.schedule_interval(princess_control, 1/60)
    pyglet.app.run()
```

princess_control 是计划任务的回调函数的名字，每经过 1/60s 就会调用一次这个回调函数。princess_control()函数的代码如下。

```
def princess_control(dt):
    global game_state
    if game_state != 1:
        return

    if keys[key.LEFT]:
        princess.x -=400 * dt
        if princess.x < princess.width / 2:
            princess.x = princess.width / 2
    elif keys[key.RIGHT]:
        princess.x += 400 * dt
        if princess.x > 800 -princess.width / 2:
            princess.x = 800 -princess.width / 2
```

对上面代码的说明如下。

① 在游戏处于进行状态时才能控制公主精灵移动，即如果 game_state 不等于 1，就退出这个函数。

② 回调函数 princess_control()被调用时，自上次被调用以来经过的时间(单位：s)就会被传递给参数 dt。假设公主精灵的移动速度为 400 像素/s，那么它在 princess_control()函数被调用时的移动速度则为 400 * dt。在向左移动时，princess. x 的值将减去 400 * dt；在向右移动时，princess. x 的值将增加 400 * dt。

③ 公主精灵在窗口中移动应该显示完整的外形。由于公主图像的锚点设置在图像的中心位置，因此，设定 princess. x 的最小值为 princess. width/2、最大值为 800 − princess. width/2。

至此，第 2 个版本的程序编写完成。运行程序，就可以用键盘上的左、右方向键控制公主精灵左、右移动了。

> 提示：第 2 个版本的源文件位于"资源包/第 29 课/示例程序/version2"。

3. 下落物体精灵的控制

在第 3 个阶段，将从 Sprite 类中派生一个下落物体类 FallingObject，并运用该类的实例实现从天空中随机落下雪花、礼物或剪刀。在"公主迎圣诞"项目目录中，把 version2 子目录复制一份并命名为 version3，在第 2 个版本的基础上编写第 3 个版本的代码。

1）创建 FallingObject 类

新建一个名为 falling_object. py 的源文件，并保存到 version3 目录中。在这个源文件中定义一个名为 FallingObject 的类，在类中添加一个属性 type 和一个用于切换雪花、礼物和剪刀的 change()方法。具体步骤如下。

（1）导入 pyglet 库和依赖的模块。用 random 模块的 randint()函数生成随机数，并将前面所创建的 game_res 模块导入以使用雪花、礼物和剪刀等图像资源。

```
import pyglet
from random import randint
from game_res import *
```

（2）定义 FallingObject 类，让它继承自 pyglet. sprite. Sprite 类。在 FallingObject 类的初始化方法__init__()中，添加一个 type 属性，并调用 change()方法随机生成掉落物体。

```
class FallingObject(pyglet.sprite.Sprite):
    def __init__(self):
        super().__init__(snowflake_img)
        self.type = 1
        self.change()
```

self. type 属性用于表示掉落物体的类型，用数字表示：1 表示雪花，2 表示礼物，3 表示剪刀。

> 提示：如果对类（对象）的继承有疑惑，请回顾第 16 课中介绍的相关内容。

（3）在 FallingObject 类中创建一个 change()方法，使用随机数生成掉落物体的造型，并将其随机定位在窗口上方。该方法的代码如下。

```
def change(self):
    #随机切换掉落物体的造型
    n = randint(1, 10)
    if 1 <= n <= 5:
        self.type = 1
```

```
        self.image = snowflake_img
    elif 6 <= n <= 8:
        self.type = 2
        self.image = gift_img
    else:
        self.type = 3
        self.image = clipper_img
    #将物体定位到窗口上方随机位置
    self.x, self.y = randint(100, 700), 900
```

提示：随机生成下落物体的算法在本课的编程思路中已经作过介绍，随机函数的用法请回顾第6课中的相关内容。

2）应用 FallingObject 类实例

在源文件“公主迎圣诞.py”中创建一个 FallingObject 类的实例，并使用一个计划任务控制其向窗口下方移动。具体步骤如下。

（1）导入 falling_object 模块以使用 FallingObject 类。

```
from falling_object import *
```

（2）使用 FallingObject 类创建一个 falling_obj 对象。

```
falling_obj = FallingObject()
```

提示：将创建 falling_obj 对象的代码放在创建公主精灵对象 princess 的代码之后。

（3）在窗口的 on_draw()方法中绘制出 falling_obj 对象的外观。与公主精灵一样，都是在游戏处于进行状态时才会显示下落物体。

```
elif game_state == 1:
    ...
    falling_obj.draw()
```

（4）在窗口的 on_key_press()方法中添加切换下落物体造型的代码。当在游戏重新开始时，就调用 change()方法切换下落物体的造型。

```
if game_state != 1:
    ...
    falling_obj.change()
```

（5）控制下落物体向下移动。使用 pyglet.clock.schedule_interval()方法创建一个

计划任务，在程序入口中加入设置代码。

```
if __name__=='__main__':
    …
    pyglet.clock.schedule_interval(falling_control, 1/60)
    pyglet.app.run()
```

回调函数 falling_control()的代码如下。

```
def falling_control(dt):
    global game_state
    if game_state != 1:
        return

    falling_obj.rotation += 60 * dt
    falling_obj.y -= 200 * dt
    if falling_obj.y < 0:
        falling_obj.change()
```

对上面代码的说明如下。

① 在游戏处于进行状态时才能控制下落物体的移动，即如果 game_state 不等于 1，就退出这个函数。

② 旋转速度和向下移动速度跟时间有关。下落物体在降落过程中是旋转的，假设每秒旋转 60°，就使用 60 * dt 算出 falling_obj. rotation 每次的增加量；假设每秒向下移动 200 像素，就使用 200 * dt 算出 falling_obj. y 每次减少的距离。

③ 当下落物体移动到窗口底部外面的区域时，就将其重新放到窗口的顶部，并随机切换新的造型，调用 change()方法来实现。

至此，第 3 个版本的程序编写完成。运行程序，就可以看到在游戏时会从天空中随机掉下雪花、礼物或者剪刀。

> 提示：第 3 个版本的源文件位于“资源包/第 29 课/示例程序/version3”。

4. 碰撞检测、得分及生命值

在第 4 个阶段，利用数学上的两点之间距离公式实现碰撞检测功能，使公主精灵能够接到雪花、礼物或剪刀。在“公主迎圣诞”项目目录中，把 version3 子目录复制一份并命名为 version4，在第 3 个版本的基础上编写第 4 个版本的代码。

1）给 FallingObject 类增加碰撞检测功能

打开 version4 目录中的 falling_object. py 源文件，给 FallingObject 类增加 touching()方法，代码如下。

```
def touching(self, pos = (0, 0), distance = 0):
    '''碰撞检测'''
```

```
        d = sqrt((self.x -pos[0]) ** 2 + (self.y - pos[1]) ** 2)
        return d < distance
```

在 touching()方法中，计算 FallingObject 类实例与其他精灵所在坐标 pos 的距离，如果其值小于参数 distance 的值，就视为两个精灵发生碰撞。

在 touching()方法中用到求平方根函数 sqrt()，因而需要导入 math 模块。

```
from math import sqrt
```

提示：有关碰撞检测的算法，请回顾本课编程思路中介绍的内容。

2）显示得分和爱心宝石

切换到源文件“公主迎圣诞.py”的编辑窗口中，准备编写代码。

创建一个显示爱心宝石的精灵，放在窗口的左上角位置(50,500)。

```
heart = pyglet.sprite.Sprite(heart1_img, 50, 500)
```

创建一个文本标签用来显示得分情况，文本的字体颜色为黑色，位置为(300,570)。

```
score_label=pyglet.text.Label('0', color = (0,0,0,255), x = 300, y = 570)
```

在窗口的 on_draw()方法中添加显示文本标签和爱心宝石图像的代码。

```
elif game_state == 1:
    ...
    score_label.draw()
    if 1 <= heart_num <= 3:
        heart.draw()
elif game_state == 2:
    ...
    score_label.draw()
```

注意：变量 heart_num 需要用 global 关键字来声明为全局变量。

3）更新得分和爱心宝石

在 falling_control()回调函数中应用碰撞检测功能，并更新得分和爱心宝石的变化情况，具体步骤如下。

(1) 将公主精灵的坐标传入 falling_obj. touching()方法，当公主精灵与下落物体之间的距离小于公主精灵高度的一半时，就认为两个精灵发生碰撞。如果公主碰到雪花加 10 分，碰到礼物加 50 分，碰到剪刀则扣掉一颗爱心宝石。碰撞之后还要播放一个 pop 音效，以及切换下落物体的造型。

```
if falling_obj.touching(princess.position, princess.height / 2):
    if falling_obj.type == 1:
        score += 10
    elif falling_obj.type == 2:
        score += 50
    elif falling_obj.type == 3:
        heart_num -= 1
    pop_sound.play()
    falling_obj.change()
```

注意：变量 heart_num 和 score 需要用 global 关键字来声明为全局变量。

（2）将玩家得分更新到文本标签中。

```
score_label.text = str(score)
```

（3）根据变量 heart_num 的值更新爱心宝石图像，或者 heart_num 小于 0 时就让游戏进入结束状态。

```
if heart_num < 0:
    game_state = 2
elif heart_num == 1:
    heart.image = heart1_img
elif heart_num == 2:
    heart.image = heart2_img
elif heart_num == 3:
    heart.image = heart3_img
```

4）按回车键开始游戏时，让程序使用预设值

在窗口的 on_key_press()方法中加入下面的代码，将 score 设为 0、heart_num 设为 3。

```
if game_state != 1:
    ...
    score = 0
    heart_num = 3
```

注意：变量 heart_num 和 score 需要用 global 关键字来声明为全局变量。

5）从窗口的 on_key_press()方法中删除如下测试代码

```
#用于测试游戏结束的情况
if symbol == key.SPACE:
    game_state = 2
```

至此，第 4 个版本的程序编写完成。运行程序，然后对下面的功能进行测试。

①玩家能够控制公主精灵左右移动，如果接到雪花和礼物就能获取得分，如果碰到剪刀就会扣掉爱心宝石。②当爱心宝石被用光，再碰到剪刀，就会进入游戏结束状态。

如果程序未能实现上述功能，请认真检查自己编写的代码，或者对照本书资源包中提供的源代码进行检查。

提示：第 4 个版本的源文件位于“资源包/第 29 课/示例程序/version4”。

5. 其他控制

在第 5 个阶段，为游戏增加倒计时和循环播放背景音乐的功能。在“公主迎圣诞”项目目录中，把 version4 子目录复制一份并命名为 version5，在第 4 个版本的基础上编写第 5 个版本的代码。

1）实现倒计时功能

切换到源文件“公主迎圣诞.py”的编辑窗口，准备编写代码。

创建一个文本标签用于显示倒计时的时间，文本的字体颜色为黑色，位置为(430，570)。

```
timer_label=pyglet.text.Label('00:00', color=(0,0,0,255), x=430, y=570)
```

在窗口的 on_draw()方法中添加绘制文本标签 timer_label 的代码，在游戏处于进行状态和结束状态时都显示倒计时的文本标签。

```
elif game_state == 1:
    ...
    timer_label.draw()
elif game_state == 2:
    ...
    timer_label.draw()
```

在窗口的 on_key_press()方法中设定变量 timer_value 初始值为 300。

```
if game_state != 1:
    ...
    timer_value = 300
```

注意：变量 timer_value 需要用 global 关键字来声明为全局变量。

创建一个计划任务用于使变量 timer_value 的值不断减少。在程序入口中加入设置计划任务的代码。

```
if __name__=='__main__':
    ...
```

```
    pyglet.clock.schedule_interval(others_control, 1/60)
    pyglet.app.run()
```

回调函数 others_control()的代码如下。

```
def others_control(dt):
    global game_state, timer_value

    #倒计时
    if game_state == 1:
        timer_value -= 1 * dt
        if timer_value <= 0:
            timer_value = 0
            game_state = 2
        timer_label.text = '%02d:%02d' %(timer_value//60, timer_value %60)
```

在游戏处于进行状态时,以秒为单位进行倒计时,变量 timer_value 的值每秒减少量为 1 * dt。当变量 timer_value 的值小于等于 0 时,则游戏结束。

2) 实现循环播放背景音乐的功能

创建一个 Player 媒体播放器实例,用于循环播放一首名为《铃儿响叮当》的伴奏曲。如果要调整音量大小,可以修改 player. volume 属性,其值为从 0(静音)到 1(默认值)。

```
player = pyglet.media.Player()
player.volume = 0.5
```

在回调函数 others_control()中添加实现循环播放音乐的代码。在游戏进行中会循环播放背景音乐,如果游戏结束,则通过调用 player. next_source()方法切换到下一首音乐的方式实现关闭当前音乐的目的,因为播放列表中只有一首。

```
def other_control(dt):
    ...
    #循环播放背景音乐
    if game_state == 1:
        if not player.playing:
            player.queue(music)
            player.play()
    else:
        player.next_source()
```

在窗口的 on_close()方法中关闭当前播放的音乐。

```
@game_win.event
def on_close():
    player.next_source()
```

至此，第 5 个版本的程序编写完成。运行程序，然后对倒计时和循环播放背景音乐的功能进行测试。

提示：第 5 个版本的源文件位于“资源包/第 29 课/示例程序/version5”。

经过 5 个版本的迭代，一个简单的“公主迎圣诞”小游戏终于完成了。接下来，你可以根据自己的喜好尝试对这个游戏进行扩展。以下是一些作为练习的内容：

(1) 换成自己喜欢的背景和角色。

(2) 当出现剪刀时选择落在公主精灵的正上方，而不是随机位置。

(3) 增加更多下落物体，并设置不同的得分。

(4) 同时落下多个物体。

(5) 按个人喜好自由发挥。

第30课

疯狂摩托

30.1 游戏介绍

在一望无垠的沙漠中，一条高速公路向远方延伸。这里人迹罕至，是飙车族的天堂。伊文是一个疯狂的摩托车爱好者，伴随着轰鸣的引擎声，他如闪电般疾驰在沙漠公路上，感受极速狂飙的快感。然而，速度越快，危险就越大。伊文在驾驶摩托车高速行驶的同时，要敏捷地躲避前方不断出现的障碍物……你也想来挑战一下吗？

这是一个考验玩家反应能力的竞速类小游戏——疯狂摩托。如图 30-1 所示，游戏的背景画面由高速公路、沙漠、仙人掌等构成，驾驶摩托车（车头朝右）的伊文居于画面左侧，在画面的左上方显示摩托车的行驶速度和里程。在游戏中，玩家使用键盘的 4 个方向键来操控摩托车。游戏开始时，摩托车速度为 0，经过连续加速，最高速度接近 140km/h。在摩托车前进的道路上，每隔一段距离就会出现一个作为障碍物的大箱子。当摩托车接近大箱子时，系统会响起报警声提醒玩家注意躲避。在高速行驶时，人的反应能力将变得不可靠，如果玩家不小心碰到障碍物，则摩托车速度降为 0。这也提醒我们，在现实生活中千万不要超速行驶，否则后果不堪设想。

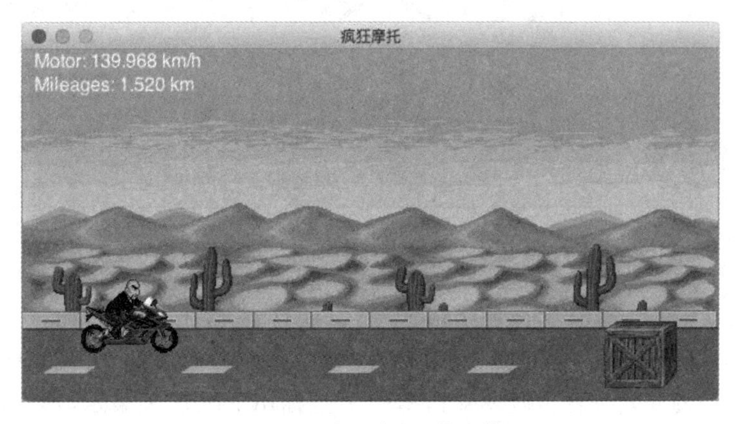

图 30-1 “疯狂摩托”游戏截图

这个游戏没有胜负之分，主要用于测试玩家的反应能力。如果要退出游戏程序，可以单击窗口中的“关闭”按钮，或者是按下键盘上的 Esc 键。

在编写这个游戏之前，先进行试玩，以便更好地了解这个游戏需要实现的各个功能。

提示：这个游戏程序位于"资源包/第 30 课/试玩/疯狂摩托.py"。

30.2 编程思路

这是一个精简版本的赛车竞速类小游戏，被设计用于教学目的，主要实现了横屏滚动、键盘操控和碰撞检测等技术，现将其编程思路介绍如下。

1. 横屏滚动技术

运动和静止都是相对的。在现实世界中，人坐在行驶的汽车里，如果以汽车作为参照物，那么人是静止的；如果以大地作为参照物，那么人是运动的。这个原理可以被用来设计游戏。在这个游戏中以一辆车头朝右的摩托车作为参照物，使其在游戏窗口中不移动；另控制一幅沙漠公路的背景图像以摩托车的行驶速度向游戏窗口左侧移动。那么，从玩家的视角来看，就产生了摩托车在沙漠公路上向前行驶的效果。

通过移动背景图像使玩家角色产生运动效果的技术，在游戏设计中被称为屏幕滚动技术。根据需要，可以横向滚动、垂直滚动或者向任意方向滚动，可以向前或向后滚动，等等。在这个游戏中，采用向左横向滚动的方式，并且只能前进，不能后退。

如图 30-2 所示，(a)和(b)是完全相同的图像，且图像能够实现无缝拼接。当玩家控制摩托车加速时，(a)的起始位置将向窗口左侧移动，而(b)的起始位置紧跟着(a)结束的位置，这样(a)和(b)就被无缝拼接在一起。从玩家的视角来看，超出窗口的部分是看不见的，在窗口中呈现的是一幅内容不断变化的背景图像，并且图像向左移动的速度与摩托车的前进速度一致，这样就产生了摩托车向前运动的效果。

图 30-2　横屏滚动图片拼接示意图

在这个游戏中实现背景图像的横屏滚动，需要计算出图 30-2(a)和(b)的起始位置。虽然摩托车不动，但是仍然需记录摩托车在 x 轴方向的位置变化，并用这个位置计算出图 30-2(a)和(b)的起始位置。假设摩托车的 x 坐标用 motor_x 表示，那么图 30-2(a)和(b)起始位置的 x 坐标的计算公式如下。

(a)的 x 坐标：0－int(motor_x)％600；

(b)的 x 坐标：600－int(motor_x)％600。

其中，公式中的数字 600 是背景图像的宽度(单位为像素)，且窗口的宽度也被设置为 600

像素。

2. 摩托车移动控制

在这个游戏中，使用键盘上的 4 个方向键控制摩托车移动，这 4 个按键的作用见表 30-1。

表 30-1 用于控制摩托车运动的 4 个方向键的作用

按键名称	作　用	按键名称	作　用
向上键	控制摩托车向游戏窗口上方移动	向左键	控制摩托车减速
向下键	控制摩托车向游戏窗口下方移动	向右键	控制摩托车加速

默认情况下，图像的锚点（造型中心）位于左下角位置。在游戏中，当摩托车与箱子碰撞时，通过计算摩托车图像的锚点（O_m）与箱子图像的锚点（O_b）之间的距离来判断，如图 30-3 所示。关于利用数学上的两点之间距离公式进行碰撞检测，请参考第 29 课的相关内容。

图 30-3 摩托车移动控制示意图

当摩托车没有碰到箱子时，摩托车允许在 0～50 像素垂直移动，这个距离略小于游戏背景图像中公路的高度。

如图 30-3 所示，当摩托车(motor)碰到箱子(box)时，分 3 种情况进行处理。

第 1 种情况：当摩托车位于箱子的 y 坐标开始的 12 像素之内(即 box. y ＜ motor. y ＜ box. y ＋ 12)时，摩托车的速度将被降为 0，此时摩托车位于箱子左侧，不能前进，但可以向窗口上方或下方移动。

第 2 种情况：当摩托车位于箱子的 y 坐标＋12 像素之上(即 motor. y ＞＝ box. y ＋ 12)时，摩托车在垂直方向上只能在 box. y ＋ 12 到 50 之间移动，此时摩托车会被箱子遮挡，可以继续前进。

第 3 种情况：当摩托车位于箱子的 y 坐标之下(motor. y ＜ box. y)时，摩托车在垂直方向上只能在 0 到 box. y 之间移动，此时箱子会被摩托车遮挡，可以继续前进。

按照上述方法进行处理，使得采用平面图像的游戏能够增加一些立体感，让玩家获得更好的游戏体验。

3. 计算摩托车速度和里程

这个游戏采用宽度为 600 像素的图像作为背景，摩托车图像的宽度为 84 像素。同时，假设摩托车的长度为 2m，最高车速为 140km/h，从 0 加速到 140km/h 需要 10s(即加速度为 3.89m/s)。

根据以上数据，先计算出真实摩托车的长度(单位：m)与游戏中摩托车图像宽度(单位：像素)的比值 2/84≈0.024，再利用这一比值计算出游戏中摩托车的最高速度为 140/0.024/3.6≈1620(像素/s)，加速度为 3.89/0.024≈162(像素/s)。这样就实现了按照真实数据模拟摩托车的行驶。

反之，可以将游戏中以像素为单位的摩托车速度和里程换算成现实中以 km 为单位的数据。假设用变量 motor_speed 表示游戏中摩托车的速度，则 motor_speed * 0.024 * 3.6 可换算成以 km/h 为单位的行驶速度；假设用 motor_x 表示游戏中摩托车行驶 ns 后的 x 坐标，则 motor_x * 0.024/1000 可换算成以 km 为单位的行驶里程。这样可以使玩家更好地感受游戏中摩托车的运动速度。

4. 准备游戏素材

为了实现这个游戏，需要准备一些图片素材和音乐素材(见图 30-4)。

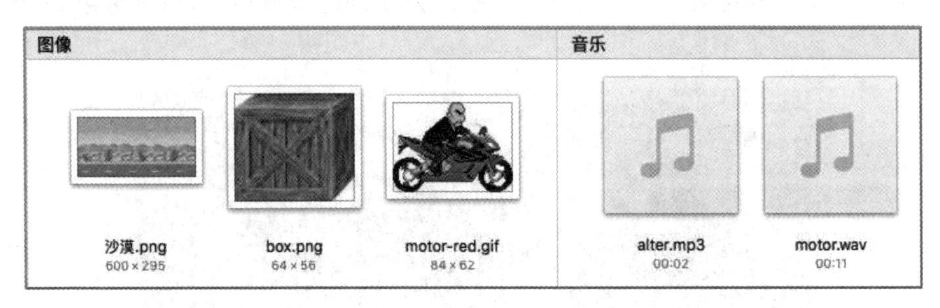

图 30-4 "疯狂摩托"游戏素材

提示：这个游戏的素材位于"资源包/第 30 课/游戏素材"。

30.3 编程实现

这个游戏比较简单，没有设计游戏的欢迎画面和结束画面等，游戏一开始就是游戏进行画面。同时，游戏也没有胜负之分，不需要设计得分、生命机制等。接下来，将按照编程思路中的介绍，分 3 个步骤编写程序和进行测试。

跟我做

在本地磁盘创建一个名为"疯狂摩托"的文件夹作为项目目录，然后再创建一个名为 res 的子目录，接着从"资源包/第 30 课/游戏素材"文件夹中把图像和音频文件复制一份放到 res 子目录中。

在 IDLE 环境中，打开一个新的 Python 编辑器窗口，以"疯狂摩托.py"作为文件名将空白源文件保存到本地磁盘，然后开始编写 Python 代码。

1. 准备工作

在这个步骤中，主要是进行编写游戏控制逻辑前的准备工作，即加载游戏中使用的图像和声音资源，创建游戏窗口、精灵、文本标签和媒体播放器等。

(1) 导入 pyglet 相关库和随机数、求平方根函数等相关模块。

```
import pyglet
from pyglet.window import key
from pyglet import clock
from random import randint
from math import sqrt
```

(2) 加载图像和声音资源。

```
pyglet.resource.path = ['res']
bg_img = pyglet.resource.image('沙漠.png')
motor_animation = pyglet.resource.animation('motor-red.gif')
box_img = pyglet.resource.image('box.png')
motor_sound = pyglet.resource.media('motor.wav', streaming = False)
alert_sound = pyglet.resource.media('alter.mp3', streaming = False)
```

提示：从“资源包/第 30 课/游戏素材”中将这个游戏的资源文件复制一份放到当前程序所在目录的 res 子目录中。

(3) 创建 4 个全局变量，分别用于记录摩托车的 x 坐标、y 坐标、行驶速度和行驶里程。

```
motor_x = 0
motor_y = 40
motor_speed = 0
mileages = 0
```

(4) 创建游戏窗口、精灵、文本标签和媒体播放器等。

```
game_win = pyglet.window.Window(width = 600, height = 295, caption = '疯狂摩托')
motor = pyglet.sprite.Sprite(img = motor_animation, x = 50, y = 40)
box = pyglet.sprite.Sprite(img = box_img, x = 500, y = 10)
speed_label = pyglet.text.Label('Speed: 0', x = 10, y = 280)
mileages_label = pyglet.text.Label('Mileages: 0', x = 10, y = 260)
motor_player = pyglet.media.Player()
alert_player= pyglet.media.Player()
```

对上面代码的说明如下。

① 创建一个游戏窗口 game_win，其大小与背景图像一致，尺寸都是 600 * 295 像素。窗口大小不包括窗口的标题栏、边框等，仅为窗口中的可绘图区域。

② 创建两个精灵：摩托车 motor 和大箱子 box。其中，摩托车精灵利用 GIF 动画图

像创建，因而在窗口中以动画形式呈现。

③ 创建两个文本标签 speed_label 和 mileages_label，分别用于显示摩托车的行驶速度和里程。

④ 创建两个媒体播放器 motor_player 和 alert_player，分别播放摩托车音效和警报声。

(5) 在窗口的 on_draw()方法中绘制游戏画面。

```
@game_win.event
def on_draw():
    global motor_x
    #实现屏幕滚动
    bg_img.blit(0 - int(motor_x) %600, 0)
    bg_img.blit(600 - int(motor_x) %600, 0)
    #实现遮拦效果
    if motor.y >box.y:
        motor.draw()
        box.draw()
    else:
        box.draw()
        motor.draw()
    #显示速度和里程
    speed_label.draw()
    mileages_label.draw()
```

屏幕背景图像的滚动速度与摩托车的行驶速度相关。当摩托车速度改变时，根据摩托车 x 坐标计算出图 30-2(a)和(b)在窗口中的起始位置，在窗口的 on_draw()方法中使用图像的 blit()方法绘制背景图像。请查看编程思路中对屏幕滚动技术的介绍。

为了增强真实感，当摩托车和箱子的位置重叠时，根据它们的 y 坐标大小决定摩托车和箱子绘制的先后顺序，从而实现遮挡效果。

(6) 在程序入口中调用 pyglet.app.run()方法，启动 Pyglet 应用程序，进入事件循环。

```
if __name__=='__main__':
    pyglet.app.run()
```

至此，第 1 个步骤的工作就完成了。运行程序，就可以看到窗口中绘制出的沙漠背景图像，摩托车的行驶速度和里程显示为 0，摩托车和箱子出现在沙漠公路上。

> 提示：这个步骤完成的源文件位于“资源包/第 30 课/示例程序/疯狂摩托 v1.py”。

2. 控制摩托车和箱子运动

在这个步骤中，将编程控制摩托车和箱子精灵的运动，让摩托车在沙漠公路上能够加速或减速行驶，在碰到箱子时能够停止，以及显示摩托车的行驶速度和里程等。

（1）创建 distance()函数，用于计算两个坐标点之间的距离，从而实现碰撞检测功能。

```
def distance(a = (0, 0), b = (0, 0)):
    return sqrt((a[0] - b[0]) ** 2 + (a[1] - b[1]) ** 2)
```

提示：需要引入数学库 math 以使用其中的 sqrt()函数。

（2）创建 motor_move()函数，实现对摩托的行驶控制，分别使用键盘上的 4 个方向键控制摩托车向上移动、向下移动、减速和加速。

```
def motor_move(up_max, down_min, speed, dt):
    global motor_speed, motor_y
    if keys[key.UP]:
        motor_y += 50 * dt
        if motor_y > up_max: motor_y = up_max
    if keys[key.DOWN]:
        motor_y -= 50 * dt
        if motor_y < down_min: motor_y=down_min
    if keys[key.LEFT]:
        motor_speed -= 324 * dt
        if motor_speed < 0: motor_speed = 0
    if keys[key.RIGHT]:
        motor_speed += speed * dt
        if motor_speed > 1620: motor_speed = 1620
```

这个函数将会在 Pyglet 的计划任务中被间接调用，与时间敏感的数据和 dt 参数结合使用，从而精确控制数据的变化。例如，按下向上方向键控制摩托车往窗口上方移动时，在代码 motor_y ＋＝ 50 * dt 中使用了 dt 参数，那么 50 将是 1s 内的变化量。也就是说，按下向上方向键，变量 motor_y 在 1s 内能够增加 50。其他使用了 dt 参数的代码与之是相同的道理。

（3）创建 motor_control()函数，用于控制摩托车精灵运动。根据摩托车与箱子是否碰撞和所处位置使用不同的方式控制摩托车移动，以及显示摩托车的行驶速度和里程等。

```
def motor_control(dt):
    '''控制摩托车运动'''
    global motor_speed, motor_x, motor_y, mileages

    #碰撞检测和移动控制
    if distance(motor.position, box.position) <= motor.width:
        if (box.y < motor.y < box.y + 12):
            motor_speed = 0
```

```
            motor_move(50, 0, 0, dt)
        elif motor.y >= box.y +12:
            motor_move(50, box.y +12, 162, dt)
        else:
            motor_move(box.y, 0, 162, dt)
    else:
        motor_move(50, 0, 162, dt)

    motor.y = motor_y
    motor_x += motor_speed * dt

    #显示速度和里程
    mileages = motor_x * 0.024
    speed_label.text = 'Motor: %.3f km/h' % (motor_speed * 0.024 * 3.6)
    mileages_label.text = 'Mileages: %.3f km' % (mileages / 1000)
```

提示：关于控制摩托车运动的几种方式，以及将速度和里程转换成 km 为单位等，请查看编程思路中的介绍。这个函数作为一个 Pyglet 计划任务的回调函数使用，请回顾第 28 课中关于计划任务的内容。

（4）创建 box_control()函数，用于控制箱子精灵运动。当摩托车行驶里程超过 100m，并且里程数是 300 的整数倍时，将让箱子从 x 坐标 3000 处向窗口左侧移动。同时，箱子出现在摩托车 y 坐标附近。如果玩家不注意控制摩托车行驶，就会撞上箱子。这个函数也作为一个 Pyglet 计划任务的回调函数来使用。

```
def box_control(dt):
    '''控制箱子运动'''
    global mileages, motor_speed
    if mileages > 100 and int(mileages) % 300 == 0:
        #放置箱子
        box.x = 3000
        box.y = motor.y - 6
    else:
        #移动箱子
        box.x -= motor_speed * dt
```

（5）在程序入口中，将 pyglet. window. key. KeyStateHandler 类的实例加入窗口的事件处理栈中，用来侦测键盘按键状态；用 clock. schedule_interval()创建两个计划任务，分别将 motor_control()函数和 box_control()函数作为回调函数，用以控制摩托车和箱子精灵的运动。

```
if __name__=='__main__':
    keys = key.KeyStateHandler()
    game_win.push_handlers(keys)
    clock.schedule_interval(motor_control, 1/60)
    clock.schedule_interval(box_control, 1/60)
    pyglet.app.run()
```

至此,第 2 个步骤的工作就完成了。运行程序,就可以使用键盘上的 4 个方向键控制摩托车上下移动、加速或减速,当摩托车碰到箱子时,就会停止前进。同时,在摩托车向前行驶时,窗口左上方的速度和里程数会不断变化。

提示:这个步骤完成的源文件位于"资源包/第 30 课/示例程序/疯狂摩托 v2.py"

3. 添加游戏音效

在这个步骤中,将编程实现让摩托车行驶时发出轰鸣的引擎声,以及在靠近箱子时响起警报声,提醒玩家注意躲避。

(1) 在 motor_control()函数中增加播放摩托车音效的代码。当摩托车行驶速度大于 0 时,就播放轰鸣的引擎声音效;当行驶速度等于 0 时,则停止声音。

```
def motor_control(dt):
    ...
    #摩托车音效
    if motor_speed > 0:
        if not motor_player.playing:
            motor_player.queue(motor_sound)
            motor_player.play()
    elif motor_speed == 0:
        motor_player.next_source()
```

另外,在游戏窗口关闭时,也停止声音。

```
@game_win.event
def on_close():
    motor_player.next_source()
```

(2) 在 box_control()回调函数中增加播放警报声的代码。当摩托车的行驶里程大于 100m,并且是 300 的整数倍时,就播放警报声音效。

```
def box_control(dt):
    ...
    if mileages > 100 and int(mileages) % 300 == 0:
        ...
        #播放警报声
```

```
        if not alert_player.playing:
            alert_player.queue(alert_sound)
            alert_player.play()
```

至此，这个“疯狂摩托”游戏程序编写完毕。运行程序，玩家就可以听到摩托车在行驶中发出轰鸣的引擎声，还可以在听到警报声后及时躲避前方出现的箱子。否则，摩托车在高速行驶时，玩家会很难躲避箱子。

提示：这个游戏程序的源文件位于“资源包/第30课/示例程序/疯狂摩托 v3.py”。

经过3个步骤，这个“疯狂摩托”游戏终于完成了。接下来，你可以根据自己的喜好尝试对这个游戏进行扩展。以下是一些作为练习的内容：

(1) 换成自己喜欢的背景和角色，如使用汽车造型。

(2) 给游戏加上欢迎画面和结束画面。

(3) 为游戏设计得分机制或生命机制。

(4) 为游戏增加倒计时功能。

(5) 按个人喜好自由发挥。

第31课

捕鱼达人

31.1 游戏介绍

在绚丽多彩的珊瑚礁海域，不同种类的鱼儿成群结队地在游来游去，有小黄鱼、小丑鱼、河豚、鹦鹉螺、灯笼鱼、魔鬼鱼、海龟、鲨鱼……只要对准屏幕中的鱼群发射一枚枚能释放渔网的炮弹，就能够捕捉这些栩栩如生的海洋鱼类。你想成为海洋中的捕鱼达人吗？赶快来试试吧！

以上描述的是一款以深海狩猎为题材的休闲射击游戏——捕鱼达人。如图 31-1 所示，在游戏窗口中游动着各种色彩鲜艳的鱼儿，一门大炮位于窗口正下方；玩家移动鼠标指针，大炮随之转动；瞄准鱼儿，轻点鼠标，就能发射炮弹；当炮弹击中鱼儿时，就会变成一张渔网，将鱼儿收入网中，并兑换成得分。

图 31-1 “捕鱼达人”游戏截图

这个游戏轻松而简单，可以让玩家享受深海捕鱼的乐趣。如果要退出游戏程序，可以单击窗口中的“关闭”按钮，或者是按下键盘上的 Esc 键。

在编写这个游戏之前，可以先进行试玩，以便更好地了解这个游戏需要实现的各个功能。

提示：这个游戏程序位于“资源包/第31课/试玩/捕鱼达人/捕鱼达人.py”。

31.2 编程思路

与前面课程中介绍的两个小游戏相比，这个捕鱼游戏要略为复杂一些。这个游戏需要实现的主要功能有：在游戏中大炮会随时面向鼠标指针转动，各种鱼会随机地游来游去，当炮弹击中鱼时会显示渔网，以及产生一枚硬币飞到得分栏中的效果。接下来，将介绍实现这个捕鱼游戏涉及的一些主要算法。

1. 实现高级运动控制功能

对初学者来说，在 Pyglet 中想要实现类似大炮跟随鼠标指针转动的效果，将是一件比较困难的事情。到目前为止，Pyglet 的精灵类(pyglet. sprite. Sprite)并没有提供让精灵面向鼠标指针的功能。特别是接触过 Scratch 的编程者，在用惯了 Scratch 方便的运动控制指令之后，在使用 Pyglet 编写游戏时将会感到极为不方便。

工欲善其事，必先利其器。为了简化编程工作，需要在 Pyglet 的精灵类的基础上实现一个 Sprite 派生类，为其添加一套类似 Scratch 的角色运动控制指令，如图 31-2 所示。

图 31-2　部分 Scratch 角色运动控制指令

接下来，将介绍在 Pyglet 中实现类似 Scrath 的运动控制功能，让精灵(Sprite)能够面向某个坐标和沿某个方向移动指定距离的算法。

1) 让精灵面向某个坐标

在游戏中，有时需要让一个精灵面向另一个精灵，其实质就是确定两个精灵的坐标点连成的直线的方向。专业的说法称为直线定向，即确定直线与标准方向之间的角度。在测量学中，使用方位角和象限角表示直线的方向。

方位角的定义：以坐标纵轴北端为标准方向，沿顺时针方向量到某条直线的夹角，称为该直线的坐标方位角，简称方位角；其角值为 0°～360°，正北为 0°，正东为 90°，正南为 180°，正西为 270°。如图 31-3 所示。

象限角的定义：从坐标纵轴的北端或南端起，沿顺时针或逆时针方向量至某条直线的锐角，称为该直线的坐标象限角，简称象限角；其角值为 0°～90°，为了表示直线的方向，应分别注明北东、北西或南东、南西，如北东 60°、南西 55°等。如图 31-4 所示。

直线的方位角和象限角之间存在换算关系。象限角用 R 表示，坐标方位角用 α 表示，两者之间的换算关系见表 31-1。

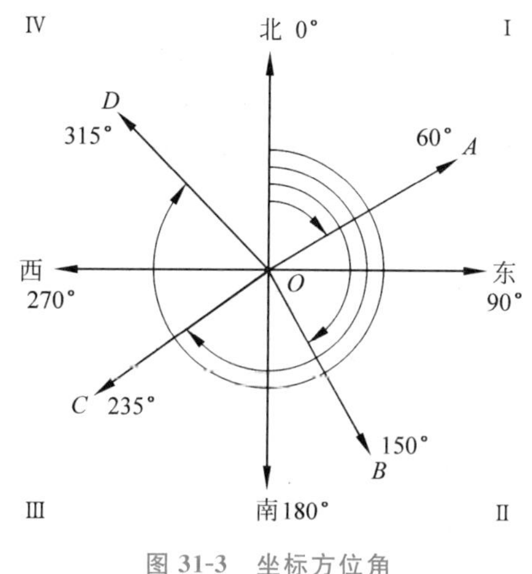

图 31-3 坐标方位角

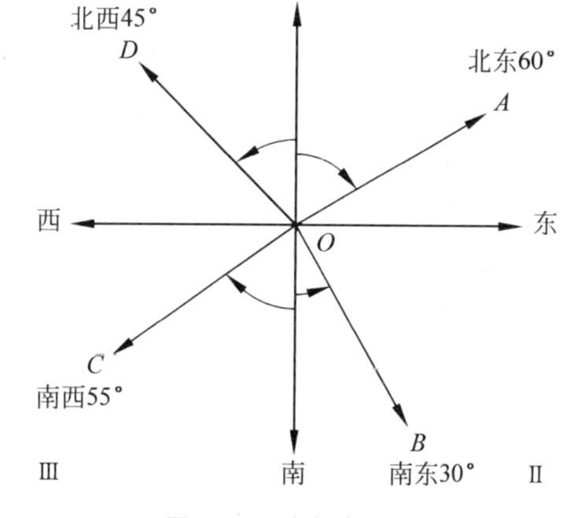

图 31-4 坐标象限角

表 31-1 直线的方位角和象限角之间的换算关系

直线方向	由方位角推算象限角	由象限角推算方位角
北东,第Ⅰ象限	$R=\alpha$	$\alpha=R$
南东,第Ⅱ象限	$R=180°-\alpha$	$\alpha=180°-R$
南西,第Ⅲ象限	$R=\alpha-180°$	$\alpha=180°+R$
北西,第Ⅳ象限	$R=360°-\alpha$	$\alpha=360°-R$

注意:坐标象限在数学中按逆时针方向编号,而在测量学中按顺时针方向编号。

如图 31-5 所示,已知 A 点(x_A,y_A)和 B 点(x_B,y_B)的坐标,先利用反正切函数求得象限角 R_{AB} 的值,再根据 B 点位于 A 点的右上方判定象限角 R_{AB} 位于第一象限,由此可得直线 AB 的方位角 $\alpha_{AB}=R_{AB}$。同理,也可以计算出其他象限中某条直线的坐标方位角。

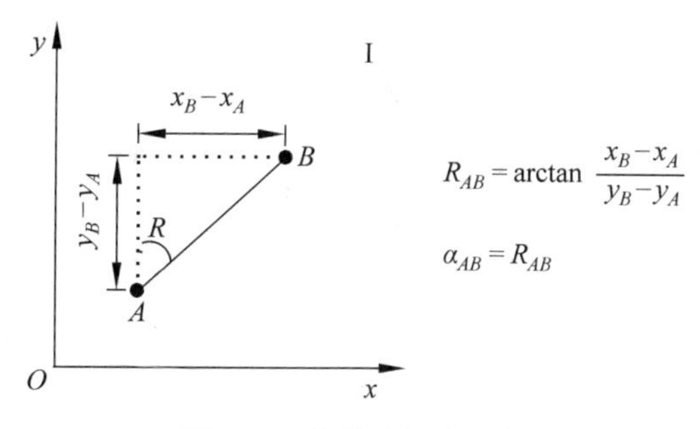

图 31-5 计算坐标方位角

由于 Pyglet 坐标系的 0°位于正东方向,与测量学中位于正北的标准方向相差 90°,因而将上述所求得的方位角减去 90°,就能得到 Pyglet 中使用的方位角。使用所求得的方位角来设置精灵的旋转角度,即可实现让一个精灵面向鼠标指针或其他精灵所在坐标。

2）让精灵沿某个方向移动指定距离

在游戏中，经常需要让精灵以随机方式运动，以获得自然逼真的运动效果。这需要控制精灵运动的方向和距离这两个参数来实现。通过增加或减少精灵的旋转角度，就能实现让精灵向左旋转或向右旋转的功能。在方向确定之后，让精灵沿着该方向往前移动指定的距离，移动后的坐标可以由方位角和距离这两个参数计算出来。

如图 31-6 所示，已知 A 点（x_A，y_A）沿着 α 方向移动一段距离 D 之后到达 B 点（x_B，y_B）。那么，利用 sin 和 cos 函数就可以求得 B 点坐标。

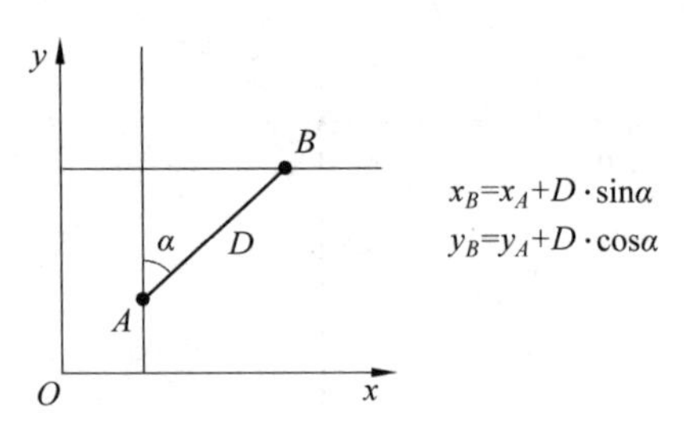

图 31-6　计算一个点移动后的坐标

由于 Pyglet 的方位角与测量学中的方位角相差 90°，因此，在计算时将方位角 α 加上 90°再用三角函数求出 B 点的坐标。这样一来，使用方向和距离这两个参数就能让精灵实现自然逼真的随机运动，使游戏具有更好的体验。

3）检测精灵之间是否碰撞

在这个捕鱼游戏中，如果要判断移动中的炮弹是否命中游动的鱼，就需要检测炮弹和鱼这两个精灵之间是否产生碰撞。通常的做法是判断两个精灵坐标点之间的距离，如果其小于某个给定的数值，就认为两个精灵碰撞了。利用数学上两点之间的距离公式可以方便地计算出两个精灵之间的距离，请参考第 29 课中的相关内容。

2. 鱼群生成策略和鱼的游动策略

捕鱼游戏的主要特色就是展示了多种栩栩如生的海洋鱼类自由自在游动的逼真效果。这需要设计一个鱼群生成策略，用来控制每种鱼的总数和活跃数；还需要设计一个鱼的游动算法，让不同的鱼采用不同的速度和路线以随机方式游动。

1）鱼的参数配置表

在捕鱼游戏中，鱼的种类多达 12 种。编程时，需要用到每种鱼的总数、游动速度、生命值、得分等多种参数，如表 31-2 所示。把这些参数存放在字典（dict）类型的变量中，能够极大地简化编程工作。

表 31-2　鱼的参数配置表

序号	鱼的名称	总数目	生命值	得分	游动速度	是否转向	文件名	动画行数
1	小黄鱼	50	1	1	40	是	fish1.png	8
2	小丑鱼	35	2	3	40	是	fish2.png	8
3	红鱼	25	3	5	40	是	fish3.png	8
4	蓝鱼	20	3	8	40	是	fish4.png	8
5	河豚	9	5	10	30	是	fish5.png	8
6	鹦鹉螺	8	3	20	30	是	fish6.png	12
7	水母	8	4	30	25	是	fish7.png	10
8	灯笼鱼	9	5	40	25	是	fish8.png	12
9	魔鬼鱼	7	6	50	30	是	fish9.png	12

续表

序号	鱼的名称	总数目	生命值	得分	游动速度	是否转向	文件名	动画行数
10	海龟	5	8	60	30	是	fish10. png	10
11	蓝鲨	1	10	100	25	否	shark111. png	12
12	金鲨	1	12	200	25	否	shark2. png	12

提示：除文件名和动画行数外，其他参数可以根据个人喜好自行调整。

2）鱼群的生成策略

在游戏中，使用表31-2中给出的每种鱼的总数目参数来控制其数量上限，避免鱼群数量过多在屏幕上造成拥挤，从而影响游戏视觉效果。以下是这个捕鱼游戏中采用的鱼群生成策略。

策略1：在游戏开始时，每种鱼生成其总数的1/2；之后，如果每种鱼的数量小于其上限的1/3时，则把剩余的数量补齐。

策略2：在游戏进行中，每隔300s或480s出现一只蓝鲨或金鲨。因两种鲨鱼体积过大且得分最高，在游戏中使其总数量分别保持在1条即可。

3）鱼的游动策略

在游戏中，采用随机方式控制鱼的游动速度和方向，从而创造出变化无穷的游动路线。以下是这个捕鱼游戏中采用的鱼的游动策略。

策略1：随机设定鱼的起点。

一条新生的鱼，设定其起点位于游戏窗口可视区域的两侧。在1～10随机生成一个数，如果该数大于5，则让鱼出现在左侧；否则在右侧。这个游戏窗口尺寸设定为1024×768。在左侧时，鱼的x坐标在－1024～－512随机指定；在右侧时，鱼的x坐标在1536～2048随机指定。同时，将鱼的y坐标在0～768随机指定，将鱼的游动方向设定为面向游戏窗口的中心位置(512,384)。

策略2：随机改变鱼的游动方向和速度。

在游戏中，每条鱼每隔3s有一次改变游动路线的机会。如果鱼在随机活动区域内，且鱼被允许转变方向，则会随机改变鱼的游动方向和速度。这时，鱼的旋转角度在－10°～10°随机指定，鱼的加速度在－10到鱼的正常速度的1/2之间随机指定。

在游戏中，鱼的随机活动区域限定：水平方向为－512～1536，垂直方向为－384～1152。

使用表31-2中的"游动速度"和"是否转向"这两个参数来设定鱼的正常游动速度和在游动中是否允许转变方向。

策略3：当鱼游出给定活动区域时就消失。

在游戏中，鱼的活动区域限定：水平方向为－1024～2048，垂直方向为－768～1536。当鱼游出这个区域，就会被从内存中删除。

3. 射击捕鱼的算法

在游戏中，玩家操控位于游戏窗口正下方的一门人炮来捕鱼。对于发射出去的每一枚炮弹，都要与生命值大于0的鱼逐一进行碰撞检测。当炮弹与鱼的距离小于鱼的图像高度的一半时，就认为炮弹击中了鱼。这时，将鱼的生命值减 1，并在其坐标处抛出一张渔网。

当鱼的生命值为 0 时，将会把鱼的造型切换为扭动身体的动画图像，表示鱼被捕获。在鱼挣扎 1s 之后，将从屏幕上消失，并从该种类型的鱼的存活数中减去 1。另外，在鱼的坐标处释放出一枚硬币，根据鱼的得分值显示为一枚银币或金币。硬币将从鱼的坐标处飞向位于游戏窗口左下角的硬币盒处，同时累计玩家的得分。

4. 动画的制作

在这个游戏中，鱼的动画图像是利用静态图像生成的。使用 pyglet. image. ImageGrid 类，可以通过一个虚构的网格将一个图像分割为多个较小的图像；再用 pyglet. image. Animation 类的 from_image_sequence()方法，可以把一系列小图像作为动画帧组成 GIF 动画图像。

以下代码片段演示了从本地磁盘文件加载一个图像，然后利用 ImageGrid 类生成一个由网格中的多个小图像组成的图像序列，再通过 Animation 类的 from_image_sequence()方法将图像序列中的部分小图像生成 GIF 动画图像，最后提供给 Sprite 类创建精灵。

```
image=pyglet.resource.image('fish2.png')
img_seq=ImageGrid(image, 8, 1)
animation=Animation.from_image_sequence(img_seq[:3:-1], 0.2)
fish=pyglet.sprite.Sprite(animation, 500, 300)
```

提示：在本书资源包中已经提供了这个动画演示程序，其源文件位于“资源包/第 31 课/动画演示/animation_example. py”。

在创建 ImageGrid 类的实例时，通过指定网格的行数和列数，将得到一个由多个小图像组成的一维图像序列。如图 31-7 所示，Pyglet 会创造一个虚构的网格将一个图像划分为 N 行 M 列，网格中小图像的访问顺序为“从下到上，从左到右”。例如，在 3 行 3 列的图像网格中，海龟在图像序列中的访问顺序为[7]。

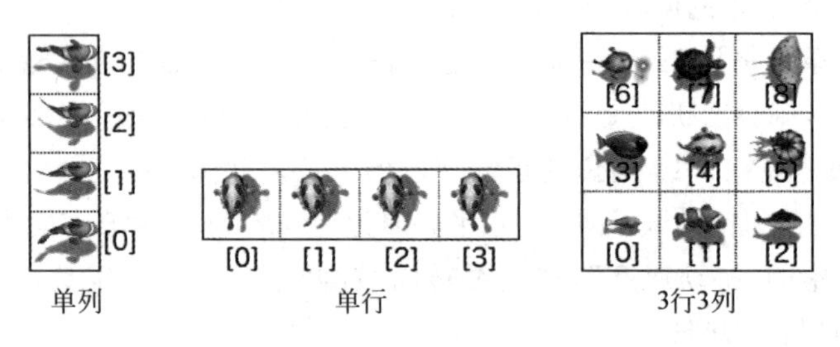

图 31-7 网格图像访问顺序

31.3 编程实现

在编写捕鱼游戏之前，先创建一个 pyglet. sprite. Sprite 类的派生类，实现一套类似 Scratch 的角色运动控制指令，从而让编程变得更加简单。

> 提示：在本书资源包中已经提供了一个写好的 SpritePlus 类，其源文件位于“资源包/第 31 课/sprite_plus. py”。

在 IDLE 环境中打开 SpritePlus 类的源文件，并结合“编程思路”的内容阅读和理解源代码。下面将对 SpritePlus 类中实现的各种方法进行简单介绍。

(1) 导入 pyglet 库和相关库，如求平方根、取随机数和三角函数等。

```
import pyglet
from math import sqrt, sin, cos, atan, radians, degrees
from random import randint
```

(2) 创建一个名为 SpritePlus 的类，继承自 pyglet. sprite. Sprite 类。请注意初始化方法__init__()的参数写法，它使用一种简洁的方式来描述参数列表。

```
class SpritePlus(pyglet.sprite.Sprite):
    '''Sprite 增强类'''
    def __init__(self, *args, **kwargs):
        super().__init__(*args, **kwargs)
```

(3) 创建 point()方法，用于实现让精灵面向指定的坐标(x,y)。

```
    def point(self, x, y):
        if x == self.x:
            a = 0 if y > self.y else 180
        elif y == self.y:
            a = 90 if x > self.x else 270
        else:
            R = degrees(atan(abs(x - self.x) / abs(y - self.y)))
            if x > self.x and y > self.y:
                a = R
            elif x > self.x and y < self.y:
                a = 180 - R
            elif x < self.x and y < self.y:
                a = 180 + R
            elif x < self.x and y > self.y:
                a = 360 - R
        self.rotation = a - 90
```

在上面代码中，先对 x 或 y 落在坐标轴上的情况进行处理，即方位角等于界限角(轴线角)，然后将 4 个象限中的象限角换算成方位角，其算法请参照“编程思路”中的介绍。

(4) 创建 left()和 right()方法，实现让精灵向左或向右旋转指定的角度。

```
def left(self, angle):
    self.rotation -= angle

def right(self, angle):
    self.rotation += angle
```

(5) 创建 move()方法，用于让精灵沿着某个方向往前移动指定的距离。其算法请参照"编程思路"中的介绍。需要注意的是，在 Python 中使用 sin()或 cos()等三角函数时，先用 radians()函数将角度值转为弧度值。

```
def move(self, distance):
    self.x += distance * sin(radians(self.rotation + 90))
    self.y += distance * cos(radians(self.rotation + 90))
```

(6) 创建 touching()方法，用于实现精灵的碰撞检测。在其他课程中已经使用过这种方式实现碰撞检测，此处不再赘述。

```
def touching(self, pos = (0, 0), distance = 0):
    d = sqrt((self.x - pos[0])**2 + (self.y - pos[1]) ** 2)
    return d < distance
```

(7) 创建 set_image_center()方法，用于将一个图像的锚点设定在其中心位置。该方法能够自动识别 GIF 格式的动态图像，并在其每一帧图像上设定锚点。

```
def set_image_center(self, image):
    if isinstance(image, pyglet.image.Animation):
        for frame in image.frames:
            frame.image.anchor_x = frame.image.width // 2
            frame.image.anchor_y = frame.image.height // 2
    elif isinstance(image, pyglet.image.AbstractImage):
        image.anchor_x = image.width / 2
        image.anchor_y = image.height / 2
```

(8) 创建 set_sprite_center()方法，用于将精灵中图像的锚点设置在其中心位置。它是对 set_image_center()方法的调用，这样封装是为了方便使用。

```
def set_sprite_center(self):
    self.set_image_center(self.image)
    self.set_position(self.x, self.y)
```

至此，对 SpritePlus 类介绍完毕。请回顾"编程思路"中的内容来理解这个类的源代码，或者是运行测试程序来理解其实现。

提示：在“资源包/第31课/测试 SpritePlus 类”文件夹中提供了测试程序，读者可以运行 test_sprite.py 程序对 SpritePlus 类的功能进行测试。

有了 SpritePlus 类的支持，编写这个捕鱼游戏程序将会轻松许多。但是，在本书的案例中，这个捕鱼游戏程序的代码量是最多的，除去 SpritePlus 类不计，整个程序有 300 多行代码。为了降低初学者的学习难度，将分 4 个阶段编写这个游戏程序，并为每个阶段建立一个版本。

接下来，按照前面介绍的编程思路和分阶段多版本的思想来编写这个游戏程序。

跟我做

在 IDLE 环境中，打开一个新的 Python 编辑器窗口，准备编写 Python 代码。

1. 搭建游戏框架

首先建立一个名为“捕鱼达人”的文件夹作为该游戏的项目目录，在该目录中建立一个 res 文件夹用于存放游戏中使用的各种资源文件，然后将这个游戏的图像和声音素材文件复制到该目录中。

提示：该游戏的素材位于“资源包/第31课/游戏素材”文件夹中。

接着，在“捕鱼达人”项目目录中创建一个 version1 子目录，用于存放第1个版本的源文件。在第1个阶段，将搭建捕鱼游戏的基本框架，包括加载资源文件和建立鱼的参数配置表，创建游戏窗口和显示背景图像，建立面向鼠标指针旋转的大炮精灵，等等。

（1）加载游戏资源和建立鱼的参数配置表。

新建一个空白源文件，并以 game_res.py 作为文件名保存到 version1 目录中。在这个源文件中编写代码加载游戏中使用的图像和声音资源。

```
import pyglet
#加载资源
pyglet.resource.path = ['../res/images', '../res/sounds']
music = pyglet.resource.media('音乐珊瑚.mp3', streaming = False)
bg_img = pyglet.resource.image('珊瑚海岸.jpg')
panel_img = pyglet.resource.image('panel.png')
cannon_img = pyglet.resource.image('cannon.png')
bullet_img = pyglet.resource.image('bullet.png')
fishing_net_img = pyglet.resource.image('fishing_net.png')
gold_coin_img = pyglet.resource.image('gold_coin.png')
silver_coin_img = pyglet.resource.image('silver_coin.png')
```

然后按照表 31-2 中的数据建立一个复合结构的字典变量 fishes_config，并按以下形式将各种鱼的参数组织好。

```
fishes_config={
    '小黄鱼':{'max':50, 'alive':0, 'turn':1, 'life':1, 'score':1, 'speed':
            40, 'file':'fish1.png', 'rows':8},
    #添加其他鱼的参数
    ...
    }
```

在上面代码中，字典变量 fishes_config 中各个键名表示的用途如表 31-3 所示。

表 31-3 字典变量 fishes_config 中各个键名表示的用途

max	alive	turn	life	score	speed	file	rows
鱼的总数目	鱼的活跃数	是否转向	生命值	得分	游动速度	文件名	动画行数

提示：在"资源包/第 31 课/示例程序/version1/"位置找到 game_res. py 源文件，可以查看或复制其中的字典变量到当前编辑的源代码文件中。

(2) 创建游戏窗口和显示背景图像等。

新建一个空白源文件，并以"捕鱼达人. py"作为文件名保存到 version1 目录中。在这个源文件中，创建一些全局变量、游戏窗口、显示得分的标签和大炮精灵等，并在游戏窗口的 on_draw()方法中绘制出游戏画面。在编辑器窗口中输入下面的代码。

```
import pyglet
from sprite_plus import SpritePlus
from game_res import *

#全局变量
fishes, bullets, nets, coins = [], [], [], []
score, game_time, auto_play = 0, 0, False

#创建游戏窗口、面板、大炮、标签等
game_win = pyglet.window.Window(width = 1024,height = 768, caption = '捕鱼达人')
panel = pyglet.sprite.Sprite(img = panel_img, x = 130, y = 0)
score_label = pyglet.text.Label('000000', x = 165, y = 6)
score_label.font_name = 'Arial Black'
score_label.font_size = 18
cannon = SpritePlus(img = cannon_img, x = 554, y = 20)
cannon.set_sprite_center()

@game_win.event
def on_draw():
    '''绘制游戏画面'''
    bg_img.blit(0, 0)
```

```
    panel.draw()
    score_label.draw()
    cannon.draw()

if __name__=='__main__':
    '''程序入口'''
    pyglet.app.run()
```

提示：从本书资源包中找到 SpritePlus 类的源文件 sprite_plus.py，并复制一份到 version1 目录中。

(3) 在游戏窗口的 on_mouse_motion()方法中让大炮精灵面向鼠标指针转动。

```
@game_win.event
def on_mouse_motion(x, y, dx, dy):
    cannon.point(x, y)
```

至此，这个游戏程序的第 1 个版本完成。运行程序，就可以看到窗口中显示背景图像、大炮等；同时，随着鼠标指针的移动，大炮精灵也跟着转动。

提示：第 1 个版本的源文件位于"资源包/第 31 课/示例程序/version1"。

2. 实现鱼群的生成和鱼的游动

在第 2 个阶段，将按照"编程思路"中介绍的鱼群生成策略和鱼的游动策略进行编程，在屏幕上创造出一群栩栩如生的海洋鱼类，并让它们以随机路线游动。在"捕鱼达人"项目目录中，把 version1 子目录复制一份并命名为 version2，然后在第 1 个版本的基础上编写第 2 个版本的代码。

1) 创建鱼精灵 FishSprite 类

新建一个空白源文件，并以 game_sprites.py 作为文件名保存到 version2 目录中。在这个源文件中编写 FishSprite 类的实现代码，它继承自 SpritePlus 类，能够根据表 31-2 中各种鱼的参数生成各种栩栩如生的鱼，根据鱼的游动策略生成随机的游动路线等。

使用下面的代码定义鱼精灵 FishSprite 类，并编写类的初始化方法__init__()。

```
import pyglet
from pyglet.image import Animation
from random import randint
from time import time
from sprite_plus import SpritePlus
from game_res import *

class FishSprite(SpritePlus):
    '''鱼精灵'''
```

```
def __init__(self, name = '', item = {}):
    self.set_animation(item)                        #创建鱼的动画图像
    super().__init__(img = self.alive_img)          #调用父类的初始化方法
    self.name = name                                #鱼的名字
    self.life = item['life']                        #生命值
    self.score = item['score']                      #得分
    self.is_turn = item['turn']                     #是否允许游动时转向
    self.is_capture = False                         #是否被捕获
    self.visible = True                             #是否可见
    self.death_time = 0                             #鱼挣扎死亡的时间
    self.change_time = time()                       #鱼上次改变路线的时间
    self.angle = 0                                  #旋转角度
    self.speed = item['speed']                      #游动速度
    self.acc= 0                                     #加速度
    self.set_start()                                #设置鱼游动的起点
```

在类的初始化方法中，先根据 PNG 文件生成鱼的动画图像，并作为参数调用其父类的初始化方法；接着创建一些类的属性，如鱼的名字、生命值、游动速度等；最后设定鱼游动的起点位置。

在类中创建 set_animation()方法，用于根据 PNG 图像文件生成鱼的 GIF 动画图像。

```
def set_animation(self, item = {}):
    image = pyglet.resource.image(item['file'])
    img_seq = pyglet.image.ImageGrid(image, item['rows'], 1)
    for img in img_seq: self.set_image_center(img)
    self.alive_img = Animation.from_image_sequence(img_seq[:3:-1], 0.2)
    self.dead_img = Animation.from_image_sequence(img_seq[3::-1],0.2)
```

在类中创建 set_start()方法，用于设定鱼游动的起点，即实现鱼游动的第 1 个策略。

```
def set_start(self):
    if randint(1, 10) > 5:
        self.x = 0 - randint(512, 1024)
    else:
        self.x = randint(1536, 2048)
        self.y= randint(0, 768)
        self.point(512, 384)
```

在类中创建 swim()方法，用于实现鱼的自由游动，能够随机改变鱼的游动方向和速度，以及让鱼游出给定范围时消失，即实现鱼游动的第 2 个和第 3 个策略。

```
def swim(self, dt):
    #每隔 3s 改变游动路线
    if time() - self.change_time > 3:
```

```
        self.change_time = time()
        if -512 < self.x < 1536 and -384 < self.y < 1152:
            if self.is_turn:
                self.angle = randint(-10, 10)
                self.acc = randint(-10, self.speed // 2)
    #随机转向、加减速移动
    self.left(self.angle * dt)
    self.move((self.speed + self.acc) * dt)
    #超出范围时让鱼消失
    if not (-1024 < self.x < 2048 and -768 < self.y < 1536):
        self.visible = False
```

在类中创建 twist()方法，用于在鱼被捕获时显示扭动的动画图像。

```
def twist(self):
    self.image = self.dead_img
```

在类中创建 check_dead()方法，用于实现鱼被捕获时能够扭动 1s 后再消失。

```
def check_dead(self, dt):
    if self.visible:
        self.death_time += 1 * dt
        if self.death_time >1:
            self.visible = False
```

至此，这个 FishSprite 类编写完毕，可在“捕鱼达人. py”源文件中将其导入并使用。

2) 控制鱼群的生成和鱼的游动

切换到“捕鱼达人. py”源文件，导入 game_sprites 模块以使用 FishSprite 类。

```
from game_sprites import *
```

创建实现鱼群生成策略的计划任务，用来创造一群栩栩如生的鱼在屏幕上游动，并控制鱼的游动和处理被捕获等。首先创建 fishes_control()函数作为计划任务的回调函数。

```
def fishes_control(dt):
```

然后从字典变量 fishes_config 中读取各种鱼的参数，按照鱼群的生成策略，使用 FishSprite 类创建出鱼精灵的实例，并将其放入 fishes 列表中。

```
    global game_time
    game_time += 1 * dt

    for fish_name, item in fishes_config.items():
        if item['alive']==0:
```

```
            num = item['max'] // 2
        elif item['alive'] < item['max'] // 3:
            num = item['max'] - item['alive']
        else:
            num = 0

        if fish_name == '蓝鲨' and int(game_time + 1) % 300 == 0:
            num = item['max'] - item['alive']

        if fish_name == '金鲨' and int(game_time + 1) % 480 == 0:
            num = item['max'] - item['alive']

        for i in range(num):
            fish = FishSprite(name = fish_name, item = item)
            item['alive'] += 1
            fishes.append(fish)
```

再读取 fishes 列表中的各个鱼精灵实例，让生命值大于 0 的鱼精灵游动；让被捕获的鱼精灵扭动身体 1s，并释放出一枚硬币；将不可见状态的鱼精灵从 fishes 列表中移除，再将鱼精灵删除。

```
for fish in fishes:
    if fish.life > 0:
        fish.swim(dt)
    else:
        if not fish.is_capture:
            fish.is_capture = True
            fish.twist()
            release_coin(fish.position, fish.score)
        else:
            fish.check_dead(dt)

    if not fish.visible:
        fishes_config[fish.name]['alive'] -= 1
        fishes.remove(fish)
        fish.delete()
```

至此，回调函数 fishes_control()编写完毕，使用这个回调函数在程序入口中创建一个计划任务，时间间隔设为 1/60s。

```
if __name__=='__main__':
    ...
    pyglet.clock.schedule_interval(fishes_control, 1/60)
    ...
```

最后还要在游戏窗口的 on_draw()方法中调用 draw_sprites()函数绘制鱼群的图像。

```
@game_win.event
def on_draw():
    …
    draw_sprites(fishes)
    …
```

在这个游戏程序中,使用几个列表变量 fishes、bullets、nets 和 coins 分别存放鱼精灵、炮弹精灵、渔网精灵和硬币精灵。使用 draw_sprites()函数能够将这些列表变量中存放的处于可见状态的各个精灵绘制到游戏窗口中,该函数的代码如下。

```
def draw_sprites(sprites):
    for sprite in sprites:
        if sprite.visible:
            sprite.draw()
```

至此,这个游戏程序的第 2 个版本编写完成。运行程序,稍等片刻,就能看到从游戏窗口的两侧不断地游出栩栩如生的各种鱼。

提示:第 2 个版本的源文件位于“资源包/第 31 课/示例程序/version2”。

3. 实现射击捕鱼

在第 3 个阶段,将按照“编程思路”中介绍的射击捕鱼的算法进行编程,实现让玩家操控大炮射击捕鱼。在“捕鱼达人”项目目录中,把 version2 子目录复制一份并命名为 version3,然后在第 2 个版本的基础上编写第 3 个版本的代码。

1) 创建 3 个精灵类

切换到 game_sprites.py 源文件,分别创建炮弹精灵 BulletSprite 类、渔网精灵 NetSprite 类和硬币精灵 CoinSprite 类。

创建炮弹精灵 BulletSprite 类,在编辑器窗口中输入以下代码。

```
class BulletSprite(SpritePlus):
    '''炮弹精灵'''
    def __init__(self, x = 0, y = 0):
        '''初始化'''
        super().__init__(img = bullet_img, x = x, y = y)
        self.set_sprite_center()
        self.speed = 300                          #炮弹移动速度
        self.visible = True                       #是否可见

    def fire_move(self, dt):
        '''移动炮弹'''
        if self.visible:
```

```
            self.move(self.speed * dt)
            if self.x < 0 or self.x > 1024 or self.y > 768:
                self.visible = False
```

BulletSprite 类有两个属性：speed 和 visible，分别用于控制炮弹的移动速度和可见状态。类中的 fire_move()方法用于实现炮弹的移动，当炮弹移动到游戏窗口的可见区域之外，就让其消失。

创建渔网精灵 NetSprite 类，在编辑器窗口中输入以下代码。

```
class NetSprite(SpritePlus):
    '''渔网精灵'''
    def __init__(self, x = 0, y = 0):
        '''初始化'''
        super().__init__(img = fishing_net_img, x = x, y = y)
        self.set_sprite_center()
        self.size = 0                                    #渔网大小
        self.visible = True                              #是否可见

    def open(self, dt):
        '''张开渔网'''
        if self.scale <= 1:
            self.size += 300 * dt
            self.scale = self.size / 100
        else:
            self.visible = False
```

NetSprite 类有两个属性：size 和 visible，分别用于控制渔网张开的大小和可见状态。类中的 open()方法用于实现让渔网由小慢慢变大并消失的动态效果。

创建硬币精灵 CoinSprite 类，在编辑器窗口中输入以下代码。

```
class CoinSprite(SpritePlus):
    '''硬币精灵'''
    def __init__(self, x = 0, y = 0, score = 0):
        '''初始化'''
        self.set_animation(score)                        #设置银币或金币动画图像
        super().__init__(img = self.coin_img, x = x, y = y)
        self.score = score                               #得分
        self.speed = 400                                 #移动速度
        self.visible = True                              #是否可见
        self.point(150, 0)                               #面向窗口底部的硬币箱

    def set_animation(self, score):
        '''设置动画'''
```

```
        image=silver_coin_img if score <= 20 else gold_coin_img
        coin_seq=pyglet.image.ImageGrid(image, 10, 1)
        self.coin_img=Animation.from_image_sequence(coin_seq, 0.02)
        self.set_image_center(self.coin_img)

    def move_down(self, dt):
        '''移动硬币'''
        if self.y >0:
            self.move(self.speed * dt)
        else:
            self.visible = False
```

CoinSprite 类有 3 个属性，score 用于记录捕获一条鱼的得分，speed 和 visible 分别用于控制硬币移动速度和可见状态。类中的 set_animation()方法用于按得分创建银币或金币的动画图像。

2）控制射击捕鱼动作

切换到“捕鱼达人.py”源文件，创建一个计划任务，用于实现发射炮弹捕鱼，检测炮弹与鱼的碰撞，以及控制渔网张开、硬币落下等。

创建 fire_control()函数作为计划任务的回调函数。

```
def fire_control(dt):
```

从 bullets 列表读取各个炮弹精灵实例，让炮弹精灵移动，并与 fishes 列表中的每个鱼精灵实例进行碰撞检测。当炮弹精灵碰到鱼精灵时，就让炮弹消失，并在鱼的位置抛出一张渔网。此外，还从 bullets 列表中移除处于不可见状态的炮弹精灵实例。

```
#炮弹控制
for bullet in bullets:
    if bullet.visible:
        #移动炮弹
        bullet.fire_move(dt)
        if bullet.y < 150: continue
        #对每条有生命的鱼进行碰撞检测
        for fish in fishes:
            if fish.life <= 0: continue
            if bullet.touching(fish.position, fish.height // 2):
                #减去鱼的生命值
                fish.life -= 1
                #让炮弹消失
                bullet.visible = False
                #抛出一张渔网
                throw_fishing_net(fish.position)
```

```
    else:
        bullets.remove(bullet)
        bullet.delete()
```

从 nets 列表中读取各个渔网精灵实例，让渔网逐渐张开。当渔网精灵处于不可见状态时，就将其从 nets 列表中移除。

```
#渔网控制
for net in nets:
    if net.visible:
        net.open(dt)
    else:
        nets.remove(net)
        net.delete()
```

从 coins 列表中读取各个硬币精灵实例，让硬币精灵向着窗口左下角的硬币盒处移动。之后，将捕鱼的得分累加到全局变量 score 中，并将硬币精灵从 coins 列表中移除。

```
#硬币控制
for coin in coins:
    if coin.visible:
        coin.move_down(dt)
    else:
        #增加得分
        global score
        score += coin.score
        score_label.text = '%06d' % score
        coins.remove(coin)
        coin.delete()
```

至此，回调函数 fire_control()编写完毕，使用这个回调函数在程序入口中创建一个计划任务，时间间隔设为 1/60s。

```
if __name__=='__main__':
    ...
    pyglet.clock.schedule_interval(fire_control, 1/60)
    ...
```

接下来，创建 fire_bullet()、throw_fishing_ne()和 release_coin()这 3 个函数，分别用于实现发射炮弹、抛出渔网和释放硬币的功能。在这些函数中将会生成炮弹精灵、渔网精灵和硬币精灵的实例，将它们加入到对应的 bullets、nets 或 coin 列表中。

```
def fire_bullet():
    '''发射炮弹'''
    bullet = BulletSprite(x = cannon.x, y = cannon.y)
    bullet.rotation = cannon.rotation
    bullets.append(bullet)

def throw_fishing_net(pos):
    '''抛撒渔网'''
    net = NetSprite(x = pos[0], y = pos[1])
    nets.append(net)

def release_coin(pos, score):
    '''释放金币'''
    coin = CoinSprite(x = pos[0], y = pos[1], score = score)
    coins.append(coin)
```

在游戏窗口中按下鼠标左键时，将调用 fire_bullet()函数发射炮弹。

```
@game_win.event
def on_mouse_press(x, y, button, modifiers):
    if button == pyglet.window.mouse.LEFT:
        fire_bullet()
```

还要在游戏窗口的 on_draw()方法中调用 draw_sprites()函数，将 nets、coins 和 bullets 这 3 个列表中的渔网、硬币和炮弹精灵实例的图像绘制到窗口中。

```
@game_win.event
def on_draw():
    '''绘制游戏画面'''
    bg_img.blit(0, 0)
    draw_sprites(fishes)
    draw_sprites(nets)
    draw_sprites(coins)
    panel.draw()
    score_label.draw()
    draw_sprites(bullets)
    cannon.draw()
```

至此，这个游戏程序的第 3 个版本完成。运行程序，就能让玩家操控大炮发射炮弹捕鱼了。赶快试试吧！

提示：第 3 个版本的源文件位于“资源包/第 31 课/示例程序/version3”。

4. 播放背景音乐

看着赏心悦目的画面，再配上悦耳动听的音乐，将让游戏体验更佳。这是第 4 个阶段要实现的功能，请自行实现。

> 提示：第 4 个版本的源文件位于"资源包/第 31 课/示例程序/version4"。

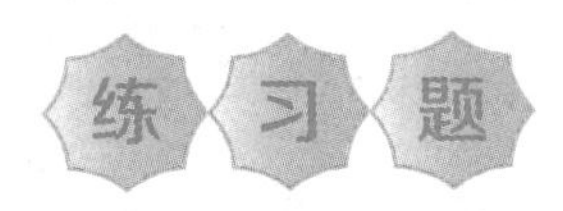

经过多次迭代，终于完成了这个"捕鱼达人"游戏。接下来，你可以根据自己的喜好尝试对这个游戏进行扩展。以下是一些作为练习的内容：

（1）调整鱼群生成策略和鱼的游动策略，以符合各种鱼的特点。

（2）设计多个游戏关卡，在不同关卡显示不同种类的鱼。

（3）改进游戏的可玩性，如增加更强大的武器、更多的道具等。

（4）按个人喜好自由发挥。

第4单元

人工智能

第 32 课

OpenCV 编程初步

32.1 OpenCV 和人工智能简介

OpenCV 的全称是 Open Source Computer Vision Library，它是一个功能强大的跨平台开源计算机视觉库，可应用于人机互动、物体识别、图像分割、人脸识别、动作识别、运动跟踪、机器人、运动分析、机器视觉、结构分析、汽车安全驾驶等诸多领域。这些应用领域将我们的注意力引向一个当前科技和社会的热点——人工智能。

人工智能是计算机科学的一个分支，其研究领域包括专家系统、机器学习、进化计算、模糊逻辑、计算机视觉、自然语言处理、推荐系统等。虽然人工智能从提出之日起就一直是技术研究的前沿，但是之前多停留在实验室或出现在科幻电影中。随着硬件技术和人工智能理论等的飞跃发展，在移动互联网、大数据时代，人工智能开始进入大众视野，它将对人们的生活、学习和工作产生深刻的影响。

在各种媒体报道中，出现频率极高的词汇有：人工智能、机器学习和深度学习。那么，它们三者之间是什么关系呢？这三者关系如图 32-1 所示。简单地说，机器学习是人工智能的实现手段，深度学习是其中的一种方法。

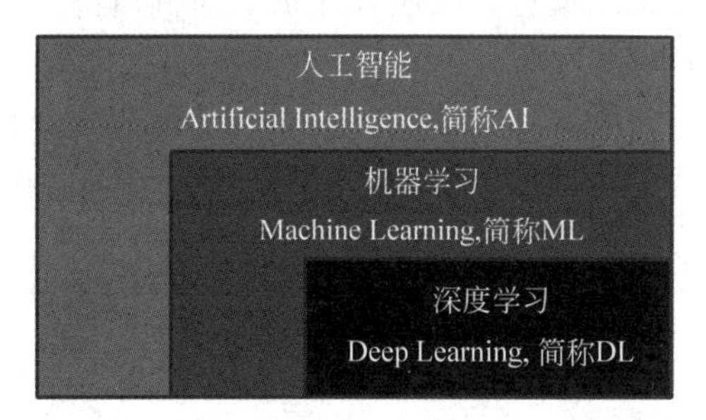

图 32-1　人工智能、机器学习和深度学习的关系

在人工智能这个单元中，通过简单有趣的项目案例展示了机器学习和深度学习技术的应用。作为人工智能技术的体验课程，不要求编程者掌握高深的人工智能理论知识和复杂的数学公式，就能通过 OpenCV 项目感受到人工智能的魅力，引领青少年迈进人工智能应用领域，消除对人工智能技术的神秘感。

学习功能强大的 OpenCV 编程不是一蹴而就的。本课将从 OpenCV 的基本用法开始，逐步介绍人脸检测、车牌检测等简单项目的实现，后续课程将介绍涉及机器学习和深度学习技术的人脸识别、目标检测和图像风格迁移等项目。

先让我们从最基础的内容开始吧。

32.2 安装 OpenCV 模块

在 Python 中，需要安装 opencv-python 模块才能使用 OpenCV 进行编程。

打开一个 cmd 命令行窗口，使用 pip 命令将 opencv-python 模块安装到 Python 环境中。

```
C:\>pip3 install opencv-python==3.4.3.18
```

通常情况下，安装过程会非常顺利，很快就能将 opencv-python 模块安装妥当。然后打开 IDLE 环境，在 Python Shell 窗口中导入该模块，检测是否安装成功。在 Python 环境中该模块的名字是 cv2，导入命令如下：

```
>>>import cv2
```

如果没有输出任何信息，则表示已经成功导入 cv2，即 opencv-python 模块安装成功。如果提示 ImportError: No module named 'cv2'的错误信息，则表示没有成功安装 opencv-python 模块。请阅读“附录 A　管理 Python 第三方模块”，学习如何使用 pip 命令安装 Python 模块。

在 OpenCV 安装成功之后，就可以开始学习本课程。

32.3 OpenCV 的 hello, world

从这里开始学习 OpenCV 编程。按照程序员的惯例，自然是从简单的 hello, world 程序开始编写第一个 OpenCV 程序。

示例程序 32-1 是一个 OpenCV 版本的 hello, world 程序。该程序从本地磁盘的一个文件中读取图像，然后在图像左上角输出一个蓝色的 hello, world 文本，最后将该图像显示在一个窗口中。

示例程序 32-1

```
① import cv2
② img = cv2.imread('face1.jpg')
③ pos = (10, 50)
④ font = cv2.FONT_HERSHEY_SIMPLEX
⑤ color = (255,255,0)
⑥ cv2.putText(img, 'hello, world', pos, font, 2, color, 2)
⑦ cv2.imshow('Image', img)
⑧ cv2.waitKey(0)
⑨ cv2.destroyAllWindows()
```

对上面的代码说明如下。

代码①：导入 cv2 模块，才能使用 OpenCV 提供的方法来编程。

代码②：使用 cv2.imread()方法从文件中读取一个图像，存放在变量 img 中。文件路径可以是相对路径或者绝对路径。如果给定的文件路径是错误的，该方法并不会报错，而是返回一个 None 值。这行代码使用的图像位于"资源包/第 32 课/示例程序/images/face1.jpg"，将其复制一份到该程序所在目录。

代码③～⑥：先定义 pos、font 和 color 三个变量，分别用于设定文本的左上角坐标、字体和颜色。然后使用 cv2.putText()方法在 img 图像上输出一个文本，该方法的参数依次为图像、文本、左上角坐标、字体、字体大小、颜色、字体粗细。

代码⑦：使用 cv2.imshow()方法将添加了 hello，world 文字的图像 img 显示在一个指定的窗口中，窗口的名字为 Image。

代码⑧：调用 cv2.waitkey(0)方法，让窗口一直处于等待状态，直到按下键盘的某个键时才结束。

代码⑨：调用 cv2.destroyAllWindows()方法，将销毁所有打开的窗口。

提示：这个程序的源文件位于"资源包/第 32 课/示例程序/hello_world.py"。

 32.4 人脸检测

人脸检测的任务是从一个图像中寻找出人脸所在的位置和大小。OpenCV 提供了级联分类器(CascadeClassifier)和人脸特征数据，只用少量代码就能实现人脸检测功能。

在本小节中，将学习编写几个简单的人脸检测程序，以此掌握在 OpenCV 中操作图像、视频和摄像头的方法。

1. 准备工作

从"资源包/第 32 课/"中把"人脸检测"文件夹复制到本地磁盘上作为项目目录。该文件夹中已经准备好了用于检测的人脸图像、视频和人脸(正脸)特征数据文件。下面编写的人脸检测程序也存放在这个文件夹中。

2. 检测图像中的人脸

在 IDLE 环境中，新建一个空白源文件，以 detect_image.py 作为文件名保存到"人脸检测"文件夹中，然后编写程序检测图像中的人脸(正脸)，具体过程如下。

(1) 导入 cv2 库。

```
import cv2
```

(2) 从文件中加载一个含有人脸的图像，并转换得到一个灰度图像。

```
img = cv2.imread('images/face1.jpg')
gray = cv2.cvtColor(img, cv2.COLOR_BGR2GRAY)
```

说明：OpenCV 提供的 cvtColor()方法是用于转换图像的色彩空间，使用 cv2.COLOR_BGR2GRAY 参数可以将一个彩色图像转换为灰度图像。

(3) 利用人脸特征数据创建一个人脸检测器(CascadeClassifier 类的实例)，然后调用该实例的 detectMultiScale()方法检测图像中的人脸区域，将检测结果返回给变量 faces。

```
file = 'haarcascade_frontalface_default.xml'
face_cascade=cv2.CascadeClassifier(file)
faces=face_cascade.detectMultiScale(gray, 1.3, 5)
```

说明：在调用 detectMultiScale()方法的参数中，第 1 个参数是一个灰度图像；第 2 个参数表示在前后两次相继的扫描中，搜索窗口的比例系数(默认为 1.1，即每次搜索窗口依次扩大 10%)；第 3 个参数表示构成检测目标的相邻矩形的最小个数(默认为 3 个)。

(4) 在检测图像中的每一个人脸区域画上矩形框。

```
for (x, y, w, h) in faces:
    cv2.rectangle(img, (x, y), (x + w, y + h), (255, 0, 0), 3)
```

说明：检测出的人脸区域是一个矩形，由左上角坐标(x,y)和矩形的宽度 w 和高度 h 来确定。利用 cv2.rectangle()方法可以在图像上画出一个矩形，该方法的第 1 个参数是图像，第 2 个参数是矩形的左上角坐标(x,y)，第 3 个参数是矩形的右下角坐标(x+w，y+h)，第 4 个参数是线条的颜色，第 5 个参数是线条的宽度。

(5) 把标注矩形框后的图像显示到窗口中。

```
cv2.imshow('Image', img)
```

(6) 等待用户按下任意按键，之后销毁所有窗口。

```
cv2.waitKey(0)
cv2.destroyAllWindows()
```

至此，人脸检测程序编写完毕。运行程序，结果如图 32-2 所示。

提示：这个程序的源文件位于“资源包/第 32 课/示例程序/detect_image.py”。

试一试 在“人脸检测/images”文件夹中还提供了其他人脸图像文件，尝试对不同图像进行检测，并观察检测效果。另外，通过调整 detectMultiScale()方法的第 2 个和第 3 个参数，可以获得不同的检测效果。

3. 检测视频中的人脸

在 IDLE 环境中，新建一个空白源文件，以 detect_video.py 作为文件名保存到“人脸检测”文件夹中，然后编写程序检测视频流中的人脸(正脸)，具体过程如下。

图 32-2 静态图像的人脸检测结果

（1）导入 cv2 库。

```
import cv2
```

（2）利用人脸特征数据创建一个人脸检测器。

```
file = 'haarcascade_frontalface_default.xml'
face_cascade = cv2.CascadeClassifier(file)
```

（3）使用 VideoCapture 类从文件中加载视频。

```
vc = cv2.VideoCapture('images/video.mp4')
```

（4）循环读取每一个视频帧图像。如果读取不到视频帧或者按下 q 键时就退出循环。

```
while True:
    retval, frame = vc.read()
    if not retval or cv2.waitKey(16) & 0xFF == ord('q'):
        break
```

（5）将读取的视频帧图像转为灰度图像，再检测灰度图像中的人脸。

```
    gray = cv2.cvtColor(frame, cv2.COLOR_BGR2GRAY)
    faces = face_cascade.detectMultiScale(gray, 1.3, 5)
```

（6）在视频帧图像中标注人脸区域。

```
    for (x, y, w, h) in faces:
        cv2.rectangle(frame, (x, y), (x+w, y+h), (255, 0, 0), 3)
```

（7）将视频帧图像显示到窗口中。

```
    cv2.imshow('Video', frame)
```

（8）退出循环后，关闭视频，销毁所有窗口。

```
vc.release()
cv2.destroyAllWindows()
```

至此，在视频流中检测人脸的程序编写完毕。运行程序，就能看到在播放视频的过程中检测出来的人脸会被标注出来。

提示：这个程序的源文件位于“资源包/第32课/示例程序/detect_video.py”。

4. 通过摄像头检测人脸

在IDLE环境中，新建一个空白的源文件，以detect_camera.py作为文件名保存到“人脸检测”文件夹中，然后将示例程序32-2的代码输入编辑器中。

示例程序 32-2

```
import cv2
file='haarcascade_frontalface_default.xml'
face_cascade=cv2.CascadeClassifier(file)
#打开摄像头
vc=cv2.VideoCapture(0)
#设置视频画面的宽度为480像素，高度为320像素
vc.set(cv2.CAP_PROP_FRAME_WIDTH, 480)
vc.set(cv2.CAP_PROP_FRAME_HEIGHT, 320)
while True:
    #读取视频帧图像
    retval, frame=vc.read()
    if not retval or cv2.waitKey(16) & 0xFF ==ord('q'):
        break
    gray=cv2.cvtColor(frame, cv2.COLOR_BGR2GRAY)
    faces=face_cascade.detectMultiScale(gray, 1.3, 5)
    for (x, y, w, h) in faces:
        cv2.rectangle(frame, (x, y), (x+w, y+h), (255, 0, 0), 3)
    cv2.imshow('Video', frame)
#关闭摄像头
vc.release()
cv2.destroyAllWindows()
```

将上面的代码编辑好后保存，然后运行程序，将会打开一个窗口显示摄像头拍摄到的视频画面，并将检测到的人脸标注出来。

提示：这个程序的源文件位于"资源包/第 32 课/示例程序/detect_camera.py"。

32.5 车牌检测

不仅可以使用 OpenCV 进行人脸检测，还可以用它进行车牌检测。检测车牌的程序与检测人脸的程序类似，只要使用车牌特征数据创建一个车牌检测器就可以用来检测车牌。

从"资源包/第 32 课/"中把"车牌检测"文件夹复制到本地磁盘上作为项目目录。该文件夹中已经准备好了用于检测的车牌图像和车牌特征数据文件。创建一个名为 detect_number.py 的源文件，并输入示例程序 32-3 中的代码实现检测车牌的功能。

示例程序 32-3

```
import cv2
#从文件读入车牌图像,并转换为灰度图像
img=cv2.imread('images/car1.jpg')
gray=cv2.cvtColor(img, cv2.COLOR_BGR2GRAY)
#创建车牌检测器
file='haarcascade_russian_plate_number.xml'
face_cascade=cv2.CascadeClassifier(file)
faces=face_cascade.detectMultiScale(gray, 1.2, 5)
#标注车牌区域,并保存到文件中
for (x, y, w, h) in faces:
    cv2.rectangle(img, (x, y), (x+w, y+h), (255, 0, 0), 3)
    #裁剪识别区[y0:y1, x0:x1]
    number_img=img[y:y+h,x:x+w]
    cv2.imwrite('car_number.jpg', number_img)
#显示标注后的图像
cv2.imshow('Image', img)
cv2.waitKey(0)
cv2.destroyAllWindows()
```

将上面的代码编辑好后保存，然后运行程序，就可以检测出图像中的车牌，如图 32-3 所示。另外，检测出的车牌区域会被保存到 car_number.jpg 文件中。

提示：这个程序的源文件位于"资源包/第 32 课/示例程序/detect_number.py"。

图 32-3　静态图像中的车牌号检测结果

练习题

1. 使用 OpenCV 检测猫脸（正脸），检测效果如图 32-4 所示。

> 提示：在“资源包/第 32 课/猫脸检测”文件夹中提供了用于检测的猫脸图像和猫脸特征文件。

2. 使用 OpenCV 检测人脸和人眼。在编程时，先进行人脸检测并标注，再在人脸区域中进行人眼检测和标注。检测效果如图 32-5 所示。

图 32-4　检测猫脸

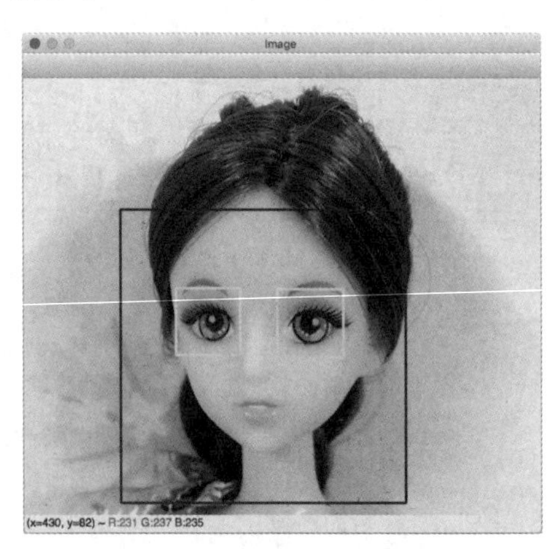

图 32-5　检测人脸和人眼

> 提示：在“资源包/第 32 课/haarcascades”文件夹中提供了人眼特征数据文件 haarcascade_eye. xml。

第33课

人脸识别

33.1 项目介绍

现如今，人脸识别技术的应用已经随处可见。不仅公司里的员工考勤机、小区的门禁机、一些高铁或地铁进站口等已经提供人脸识别功能，甚至很多个人手机的屏幕解锁也能用人脸识别实现。

人脸识别是基于人的脸部特征信息进行身份识别的一种图像识别技术。使用OpenCV进行人脸识别的过程如下。

(1) 针对每个识别对象收集大量的人脸图像作为样本。

(2) 将样本送给识别器进行学习，在训练完成之后得到一个人脸数据模型。

(3) 利用这个模型对新的人脸图像进行身份识别，预测人脸的所有者。

简单地说就是收集训练数据、训练识别器、识别目标对象3个步骤，其工作过程如图33-1所示。

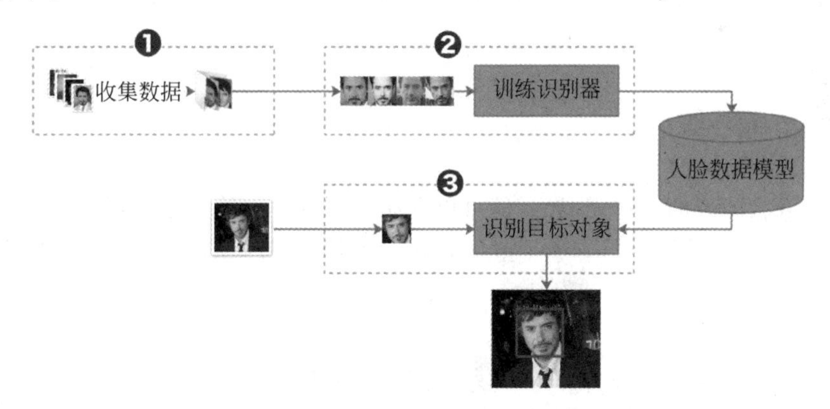

图 33-1　识别特定人脸的工作过程

使用OpenCV提供的人脸检测分类器，能够做到检测图像中的人脸并定位目标区域。如果想识别图像中的人脸是谁的，还需要训练专门的人脸识别器。这也不难，功能强大的OpenCV提供简单易用的人脸识别接口，编程者不需要深入了解人脸识别理论知识，就可以轻松编写出人脸识别程序。

本课将介绍对“钢铁侠”和“蜘蛛侠”进行人脸识别，让我们开始吧！

 33.2 准备工作

1. 安装依赖模块 opencv-contrib-python

在进行人脸识别时要用到 OpenCV 的识别器，它由 opencv-contrib-python 模块提供。在 cmd 命令行窗口中输入以下命令安装该模块。

```
c:\>pip3 install opencv-contrib-python==3.4.3.18
```

2. 准备项目目录和数据

在本地磁盘上建立一个名为"人脸识别"的文件夹作为项目目录，用于存放本项目的数据、源程序、图像等文件，然后从"资源包/第 33 课"文件夹中把两个文件夹(training 和 testing)以及一个人脸特征文件(lbpcascade_frontalface_improved. xml)复制到"人脸识别"文件夹中。

training 文件夹中提供了用于训练识别器使用的图像文件，testing 文件夹中提供了进行人脸识别测试时使用的图像文件。

 33.3 收集训练数据

在这个项目中，已经准备好了用于训练人脸识别器的人脸图像文件。也可以通过互联网搜索一些自己感兴趣的人脸图像作为训练数据，然后将其存放在 testing 文件夹中的一个子文件夹内即可。每一个人的人脸图像文件放在一个单独的文件夹中。

此外，在使用摄像头的人脸识别项目中，可以通过摄像头采集人脸图像作为训练数据。

33.4 训练识别器

在收集人脸图像的工作完成后，就可以开始编写程序训练人脸识别器。如图 33-2 所示，这是使用 OpenCV 的 FaceRecognizer 进行人脸识别器的训练并生成数据模型的过程。

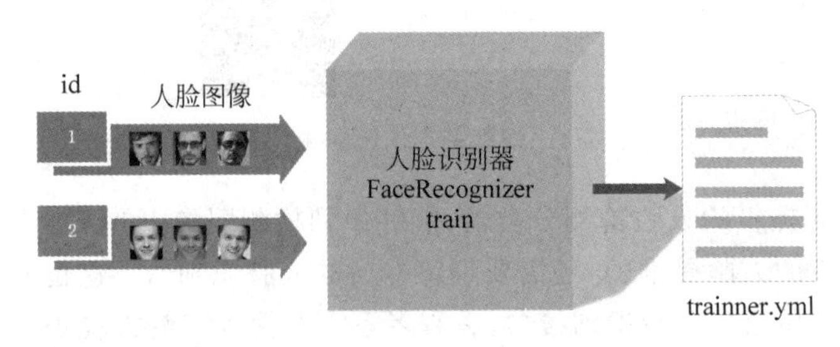

图 33-2 训练人脸识别器的过程

跟我做

新建一个空白源文件，以 face_training.py 作为文件名保存到“人脸识别”项目文件夹中，然后编写程序进行人脸识别器的训练，具体过程如下。

(1) 导入 cv2、numpy 和 os 模块。

```
import cv2, numpy, os
```

说明：在这个程序中需要使用 os 模块读取磁盘目录和文件列表。

(2) 创建训练识别器时使用的标签(整数 id 值)列表和人脸图像列表，以及创建人脸检测器和人脸识别器的实例。

```
labels, faces = [], []
file = 'lbpcascade_frontalface_improved.xml'
face_cascade = cv2.CascadeClassifier(file)
face_recognizer = cv2.face.LBPHFaceRecognizer_create()
```

(3) 编写 detect_face()函数，用于从图像中检测人脸并返回人脸区域。

```
def detect_face(image):
    gray = cv2.cvtColor(image, cv2.COLOR_BGR2GRAY)
    faces = face_cascade.detectMultiScale(gray, 1.2, 5, minSize = (20, 20))
    if (len(faces) == 0):
        return None
    (x, y, w, h) = faces[0]
    return gray[y:y + w, x:x + h]
```

说明：调用 detectMultiScale()方法能够检测并返回图像的多个人脸区域，这里只使用其中的一个作为 detect_face()函数的返回值。

(4) 编写 read_face()函数，用于读取训练识别器使用的图像文件，并将检测出的人脸图像数据和 id 加入到 faces 列表和 labels 列表中。

```
def read_face(label, images_path):
    print('trainning:', label, images_path)
    files=os.listdir(images_path)
    for file in files:
        if file.startswith('.'):
            continue
        image=cv2.imread(images_path + '/' + file)
        face=detect_face(image)
        if face is not None:
            face=cv2.resize(face, (256, 256))
            faces.append(face)
            labels.append(label)
```

说明：在 faces 和 labels 这两个列表中的元素一一对应，即人脸图像和 id 要匹配。

(5) 训练人脸识别器，生成人脸特征模型数据文件。这里使用蜘蛛侠和钢铁侠的图像进行训练。

```
if __name__=='__main__':
    read_face(1, 'training/spider_man/')
    read_face(2, 'training/iron_man/')
    face_recognizer.train(faces, numpy.array(labels))
    face_recognizer.save('trainner.yml')
```

说明：人脸识别器的 train()方法将读取的人脸图像生成特征数据，第 1 个参数是图像列表，第 2 个参数是标签(整数的 id 值)数组，需要用 numpy. array()方法将列表(List)类型转换为 numpy 的数组。人脸识别器的 save()方法将生成的人脸特征模型数据保存到一个文件中。

至此，训练人脸识别器的程序编写完毕。运行程序，将会读取 training 文件夹中的人脸图像，然后调用人脸识别器的 train()方法进行训练，最终在项目目录下生成一个人脸特征模型的数据文件 trainner. yml。

提示：这个程序的源文件位于“资源包/第 33 课/face_training. py”。

33.5 人脸检测与识别

在训练好识别器之后，使用生成的人脸特征模型文件 trainner. yml 就可以对 testing 目录下的人脸图像进行测试，看看是否能够识别出图像中的人脸是谁的。如图 33-3 所示，这是使用训练好的人脸识别器对图像中的人脸进行身份识别的过程。

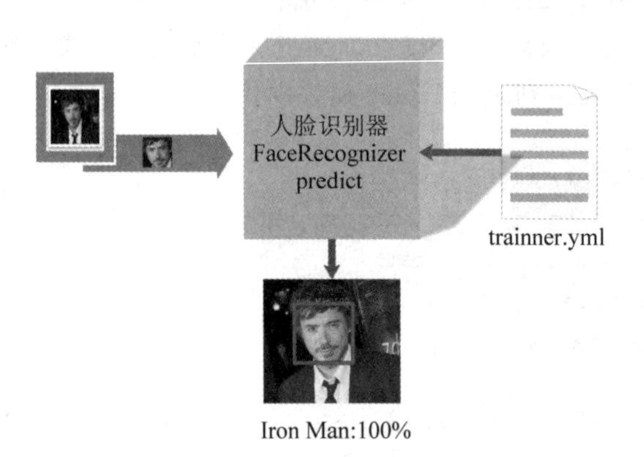

图 33-3　预测人脸的过程

跟我做

新建一个空白源文件，以 face_detection. py 作为文件名保存到“人脸识别”项目文件夹中，然后编写程序对测试图像进行人脸识别，具体过程如下。

(1) 导入 cv2 库。

```
import cv2
```

(2) 创建一个元组，存放人脸所有者的名字。其中，第一个元素不使用。

```
names = ('None', 'Spider Man', 'Iron Man')
```

(3) 创建人脸检测器和识别器。

```
file = 'lbpcascade_frontalface_improved.xml'
face_cascade = cv2.CascadeClassifier(file)
recognizer = cv2.face.LBPHFaceRecognizer_create()
recognizer.read('trainner.yml')
```

说明：通过人脸识别器的 read()方法，读取人脸特征模型数据文件 trainner. yml。

(4) 从文件中读取用于测试的人脸图像。

```
test_img = cv2.imread('testing/test1.jpg')
gray_img = cv2.cvtColor(test_img, cv2.COLOR_BGR2GRAY)
faces = face_cascade.detectMultiScale(gray_img, 1.2, 5)
```

(5) 在循环结构中对检测出的一组人脸图像进行预测。取出人脸图像，改变大小。

```
for (x, y, w, h) in faces:
    face = gray_img[y:y + w, x:x + h]
    face = cv2.resize(face, (256, 256))
```

(6) 使用前面训练的人脸识别器预测图像中的人脸所有者。

```
    label, confidence = recognizer.predict(face)
    confidence= 100 - confidence
```

说明：LBPHFaceRecognizer 预测产生 0～100 的评分，低于 50 是可靠的，高于 80 是不可靠的。这里把评分转换一下，以符合正常的阅读习惯。

(7) 当信任度大于 50 时，标注出图像中的人脸所有者。

```
    if label > 0 and confidence > 50 :
        cv2.rectangle(test_img, (x, y), (x+w, y+h), (255, 0, 0), 2)
        text = '%s:%d' %(names[label], confidence)
        font = cv2.FONT_HERSHEY_PLAIN
        cv2.putText(test_img, text, (x, y), font, 2.5, (0, 255, 0), 2)
```

（8）所有人脸处理完毕，显示到窗口。

```
cv2.namedWindow('Image', cv2.WINDOW_NORMAL)
cv2.imshow('Image', test_img)
cv2.waitKey(0)
cv2.destroyAllWindows()
```

至此，人脸识别程序编写完毕。运行程序，对同时含有蜘蛛侠和钢铁侠的图像进行预测。从结果来看，能够正确识别出蜘蛛侠和钢铁侠，如图 33-4 所示。

> 提示：这个程序的源文件位于"资源包/第 33 课/face_detection.py"。

图 33-4　预测结果

练习题

1. 通过网络收集自己感兴趣人物的图像，然后生成人脸特征数据文件，再使用测试图像进行人脸识别。如果检测结果不理想，可以尝试调整检测器的 detectMultiScale()方法的参数。

2. 通过摄像头识别自己的脸，其编程思路如下。

（1）利用摄像头采集一批自己脸的图像，并保存到文件中。

（2）利用采集的人脸图像训练人脸识别器，并生成人脸特征数据。

（3）通过摄像头进行人脸识别，并标注人脸区域和姓名。

> 提示：该题参考程序位于"资源包/第 33 课/练习题/人脸采集与识别"。

第34课

目标检测

 34.1 项目介绍

目标检测(Object Detection)的任务是在图像中找出检测对象的位置和大小，是计算机视觉领域的核心问题之一，在自动驾驶、机器人和无人机等许多领域极具研究价值。

随着深度学习的兴起，基于深度学习的目标检测算法逐渐成为主流。深度学习是指在多层神经网络上运用各种机器学习算法解决图像、文本等各种问题的算法集合。因此，基于深度学习的目标检测算法又被称为目标检测网络。

本项目使用一种名为 MobileNet-SSD 的目标检测网络对图像进行目标检测。

MobileNet-SSD 能够在图像中检测出飞机、自行车、鸟、船、瓶子、公交车、汽车、猫、椅子、奶牛、餐桌、狗、马、摩托车、人、盆栽、羊、沙发、火车和电视机共 20 种物体和 1 种背景，平均准确率能达到 72.7%。

由于训练神经网络需要大量的数据和强大的算力，这里将使用一个已经训练好的目标检测网络模型。在 Python 中，可以通过 OpenCV 的 dnn 模块使用训练好的模型对图像进行目标检测，其步骤如下。

(1) 加载 MobileNet-SSD 目标检测网络模型。

(2) 读入待检测图像，并将其转换成 blob 数据包。

(3) 将 blob 数据包传入目标检测网络，并进行前向传播。

(4) 根据返回结果标注图像中被检测出的对象。

这其实不难，跟“把大象放进冰箱”差不多。让我们开始吧！

 34.2 准备工作

在磁盘上创建一个名为“目标检测”的文件夹作项目目录，用于存放本项目的模型、源程序、图像和视频等文件，然后从“资源包/第 34 课”文件夹中把 model、images 和 videos 3 个文件夹复制到“目标检测”文件夹中。

在 model 文件夹中提供 MobileNetSSD 目标检测网络模型文件，包括神经网络模型文件 MobileNetSSD_deploy.caffemodel 和网络结构描述文件 MobileNetSSD_deploy.prototxt。

在 images 文件夹中提供一些用于进行目标检测的图像，这些图像里含有汽车、飞机、行人、马、猫等。

34.3 目标检测过程

跟我做

新建一个空白源文件，以 object_detection. py 作为文件名保存到“目标检测”文件夹中，然后编写程序检测图像中的物体，具体过程如下。

（1）导入 cv2 和 numpy 模块。

```
import cv2, numpy
```

（2）创建表示图像文件、网络描述文件和网络模型文件等的变量。

```
image_path = 'images/example_1.jpg'
prototxt = 'model/MobileNetSSD_deploy.prototxt'
model = 'model/MobileNetSSD_deploy.caffemodel'
```

（3）创建物体分类标签、颜色和字体等的变量。

```
CLASSES = ('background', 'aeroplane', 'bicycle', 'bird', 'boat',
'bottle', 'bus', 'car', 'cat', 'chair', 'cow', 'diningtable',
'dog', 'horse', 'motorbike', 'person', 'pottedplant', 'sheep',
'sofa', 'train', 'tvmonitor')
COLORS = numpy.random.uniform(0, 255, size = (len(CLASSES), 3))
FONT = cv2.FONT_HERSHEY_SIMPLEX
```

CLASSES 变量中这些分类标签是通过 MobileNet-SSD 网络训练的能够被检测的物体的名称，包括 20 种物体和 1 种背景。COLORS 变量存放的是随机分配的标签颜色。

（4）使用 dnn 模块从文件中加载神经网络模型。

```
net = cv2.dnn.readNetFromCaffe(prototxt, model)
```

（5）从文件中加载待检测的图像，用来构造一个 blob 数据包。

```
image = cv2.imread(image_path)
(h, w) = image.shape[:2]
blob_img = cv2.resize(image, (300, 300))
blob = cv2.dnn.blobFromImage(blob_img, 0.007843, (300, 300), 127.5)
```

cv2. dnn. blobFromImage 函数返回一个 blob 数据包，它是经过均值减法、归一化和通道交换之后的输入图像。由于训练 MobileNet-SSD 网络时使用的是 300 * 300 大小的图像，所以这里也需要使用相同尺寸的图像。

（6）将 blob 数据包传入 MobileNet-SSD 目标检测网络，并进行前向传播，然后等待返回检测结果。

```
net.setInput(blob)
detections = net.forward()
```

（7）用循环结构读取检测结果中的检测区域，并标注出矩形框、分类名称和可信度。

```
for i in numpy.arange(0, detections.shape[2]):
    idx = int(detections[0, 0, i, 1])
    confidence = detections[0, 0, i, 2]
    if confidence > 0.2:
        #画矩形框
        box= detections[0, 0, i, 3:7] * numpy.array([w, h, w, h])
        (x1, y1, x2, y2) = box.astype('int')
        cv2.rectangle(image, (x1, y1), (x2, y2), COLORS[idx], 2)
        #标注分类名称和可信度
        label = '[INFO] {}: {:.2f}%'.format(CLASSES[idx],confidence * 100)
        print(label)
        cv2.putText(image, label, (x1, y1), FONT, 1, COLORS[idx], 2)
```

（8）将检测结果图像显示在窗口中。

```
cv2.imshow('Image', image)
cv2.waitKey(0)
cv2.destroyAllWindows()
```

至此，目标检测程序编写完毕。运行程序，对图像(example_1.jpg)的检测结果如图 34-1 所

图 34-1　对图像 example_1.jpg 的检测结果

示，在 Python Shell 窗口中输出被检测到的小车和行人的可信度。

```
[INFO] car: 99.56%
[INFO] person: 68.05%
[INFO] person: 63.51%
```

提示：这个程序的源文件位于“资源包/第 34 课/object_detection.py”。

34.4 检测效果展示

利用已经编写好的目标检测程序，对 images 文件夹中的一些图像进行目标检测。

1. 示例 1

对含有飞机和小车的图像(example_2.jpg)进行目标检测，结果如图 34-2 所示，在 Python Shell 窗口中输出被检测出的物体如下。

```
[INFO] aeroplane: 99.67%
[INFO] car: 99.15%
```

图 34-2 对图像 example_2.jpg 的检测结果

2. 示例 2

对含有人和马的图像(example_3.jpg)进行目标检测，结果如图 34-3 所示，在 Python Shell 窗口中输出被检测出的物体如下。

```
[INFO] horse: 99.88%
[INFO] person: 99.40%
```

图 34-3　对图像 example_3.jpg 的检测结果

3. 示例 3

对含有小车、人、马和狗等的图像(example_5.jpg)进行目标检测，结果如图 34-4 所示，在 Python Shell 窗口中输出被检测出的物体如下。

```
[INFO] car: 99.52%
[INFO] cat: 58.76%
[INFO] dog: 57.26%
[INFO] horse: 99.83%
[INFO] person: 91.52%
[INFO] person: 26.10%
```

在检测结果中出现了猫(58.76%)，而实际上图像中并不存在。

图 34-4　对图像 example_5.jpg 的检测结果

1. 收集一些图像进行目标检测，观察检测效果。

2. 对视频流进行目标检测。视频资源位于“资源包/第34课/示例程序/videos”文件夹中。对视频的操作方法可参照第32课中“检测视频中的人脸”的介绍。

提示：该题参考程序位于“资源包/第34课/练习题/video_detection.py”。

3. 通过摄像头进行实时目标检测。对摄像头的操作方法可参照第32课中“通过摄像头检测人脸”的介绍。

提示：该题参考程序位于“资源包/第34课/练习题/camera_detection.py”。

第35课

绘画大师

35.1 项目介绍

在科幻电影《机械公敌》(英文名：*I*，*Robot*)中，有一段警探斯普纳与机器人的对话："人类才会做梦，狗都会做梦，但是你不会。你只是个机器，对生命的模拟。机器人能写交响乐吗？机器人能把画布变成伟大的作品吗？"机器人反问道"你能吗？"

诚然，不是每个人都拥有绘画天赋，能够创造出美丽的艺术作品。但是，对于机器人却有无限的可能。当人工智能涉足绘画领域，让每个机器人成为绘画大师似乎不再遥远。

在图35-1展示的这组绘画作品中，你是否看出了一些自己熟悉的绘画风格？是否能够想象到这是由人工智能技术创作的绘画作品？

图35-1　利用"图像风格迁移"AI技术创作的绘画作品

在这组图中，原始图像位于中间位置，其他8个图像是利用一种称为"图像风格迁移"的AI技术创作的绘画作品。例如，位于左上角的图像是根据荷兰画家凡·高创作的《星月夜》(*The Starry Night*)的绘画风格生成的。

所谓图像风格迁移，是利用深度学习技术，将一幅风格图像输入卷积神经网络提取风格特征，再将其应用到另一幅内容图像上，从而生成一幅与风格图像相仿的新图像。如果选取绘画大师的作品作为风格图像，那么生成的新图像就像是模仿大师风格创作的，让人叹为观止。

在本课将介绍利用已经训练好的网络模型对静态图像进行风格迁移。相信你的兴趣已经被激起，那就让我们开始吧！

35.2 准备工作

在磁盘上创建一个名为"绘画大师"的文件夹作为项目目录，用于存放本项目的图像、模型和源文件等，然后从"资源包/第35课/"文件夹中把 models 和 images 两个文件夹复制到"绘画大师"文件夹中。models 文件夹中提供了一些已经训练好的风格迁移网络模型，images 文件夹中提供了一些用于测试的图像文件。

你也可以准备一些自己喜欢的照片放到 images 文件夹中，用于图像风格迁移。

35.3 图像风格迁移

新建一个空白源文件，以 style_transfer.py 作为文件名保存到"绘画大师"文件夹中，然后编写程序实现图像风格迁移，具体过程如下。

（1）导入 cv2 模块。

```
import cv2
```

（2）设定待处理图像和风格迁移网络模型的文件名称。

```
image_file = 'image01.jpg'
model = 'starry_night.t7'
```

说明：这里指定的模型（starry_night.t7）是根据凡·高的名画《星月夜》（*The Starry Night*）训练得到的风格迁移网络模型，见表35-1。

（3）使用 OpenCV 的 dnn 模块加载风格迁移网络模型。

```
net = cv2.dnn.readNetFromTorch('models/' + model)
```

（4）从文件中读取待处理图像，用来构建一个 blob 数据包。

```
image = cv2.imread('images/' + image_file)
(h, w) = image.shape[:2]
blob = cv2.dnn.blobFromImage(image, 1.0, (w, h),
    (103.939, 116.779, 123.680), swapRB = False, crop = False)
```

(5) 将图像的 blob 数据包传入风格迁移网络，并进行前向传播，然后等待返回结果。

```
net.setInput(blob)
out = net.forward()
```

(6) 对处理结果进行修正计算。

```
out = out.reshape(3, out.shape[2], out.shape[3])
out[0] += 103.939
out[1] += 116.779
out[2] += 123.68
out /= 255
out = out.transpose(1, 2, 0)
```

(7) 将处理后的图像显示到窗口中，并保存到文件中。

```
cv2.namedWindow('Image', cv2.WINDOW_NORMAL)
cv2.imshow('Image', out)
out *= 255.0
cv2.imwrite('output_' +model +'_' +image_file, out)
cv2.waitKey(0)
cv2.destroyAllWindows()
```

至此，图像风格迁移程序编写完毕。运行程序，稍等片刻，就能看到处理好的图像显示在窗口中。另外，查看该程序所在文件夹，还会看到一个新生成的图像文件。

这个程序将 images 文件夹中的一个图像(image01.jpg)转换为凡·高《星月夜》的风格，如图 35-2 所示。

图 35-2　图像风格迁移示意图

35.4 迁移效果说明

使用不同的风格迁移网络模型，可以生成不同风格的图像。在"资源包/第 35 课/models"文件夹中提供了 9 种已经训练好的风格迁移网络模型，可以参照表 35-1 的说明选择不同的模型进行图像风格迁移。

表 35-1　各种预训练模型及其风格化图像效果

模型文件名称/风格来源	风格图像/原始图像/风格化后的图像
starry_night. t7 凡·高画作《星月夜》	
candy. t7	
the_scream. t7 爱德华·蒙克画作《呐喊》	
udnie. t7 弗朗西斯·皮卡比亚画作 *Udnie, Young American Girl*	
the_muse. t7 毕加索画作 *The Muse*	
the_wave. t7 葛饰北斋画作《神奈川冲浪里》	
composition_vii. t7 瓦西里·康定斯基画作 *Composition* Ⅶ	

续表

模型文件名称/风格来源	风格图像/原始图像/风格化后的图像
mosaic. t7 马赛克镶嵌图案	
feathers. t7 树叶艺术图案	

1. 找一些自己喜欢的照片，使用表 35-1 给出的各种风格模型进行图像风格迁移。

2. 对视频进行图像风格迁移。使用手机到室外拍摄一段视频，然后导入计算机中进行处理。对视频的操作方法可参照第 32 课中“检测视频中的人脸”的介绍。

> 提示：该题参考程序位于“资源包/第 35 课/练习题/video_style_transfer. py”。

3. 通过摄像头进行实时的图像风格迁移。对摄像头的操作方法可参照第 32 课中“通过摄像头检测人脸”的介绍。

> 提示：该题参考程序位于“资源包/第 35 课/练习题/camera_style_transfer. py”。

参考文献

[1] 梁勇. Python 语言程序设计[M]. 李娜,译. 北京:机械工业出版社,2015.

[2] 埃里克·马瑟斯. Python 编程:从入门到实践[M]. 袁国忠,译. 北京:人民邮电出版社,2016.

[3] 谢声涛. "编"玩边学:Scratch 趣味编程进阶——妙趣横生的数学和算法[M]. 北京:清华大学出版社,2018.

[4] 菜鸟教程,http://www.runoob.com [EB/OL].

[5] python.org. https://docs.python.org [EB/OL].

[6] pyglet.org. https://pyglet.readthedocs.io [EB/OL].

[7] PyImageSearch. https://www.pyimagesearch.com [EB/OL].

附录A

管理 Python 第三方模块

在 Python 中，通过使用第三方模块（也称库或类库）可以让编程者快速实现所需要的功能。例如，使用 Pillow 库进行图像处理，使用 Pyglet 库编写游戏程序，使用 OpenCV 库编写人脸识别程序，等等。下面介绍如何管理 Python 第三方模块，以使读者能够顺利阅读本书并完成相关编程项目。

A.1 利用 pip 管理第三方模块

PyPI(Python Package Index)是 Python 官方提供支持的软件仓库，这个软件仓库中有着数量极多的第三方模块，所有人都能自由地从这个软件仓库中下载第三方模块，并应用到自己的项目中，这给 Python 编程提供了极大便利。

PyPI 官方推荐使用 pip 包管理器，它能方便快捷地从软件仓库中寻找、安装和发布第三方模块。

pip 可正常工作在 Windows、Mac OS、Linux 等各种操作系统上。在 Python 2.7.9 和 3.4 以后的版本中已经内置了 pip 程序，所以不需要单独安装。如果你按照本书的建议安装了 Python 3.7，那么就可以直接使用 pip 程序管理第三方模块。

下面以 Windows 操作系统和 Python 3.7 为例，对常用的 pip 管理操作进行简单介绍。

1. 查看已安装的模块

使用 pip list 命令能够罗列出当前 Python 环境中已经安装的第三方模块。打开 cmd 命令行窗口，输入 pip list 并按下回车键，执行结果如下。

```
C:\>pip list
Package    Version
---------- -------
pip        10.0.1
setuptools 39.0.1
You are using pip version 10.0.1, however version 18.1 is available.
You should consider upgrading via the 'python -m pip install --upgrade pip'
command.
```

如果 Python 环境是刚安装好的，那么将显示类似上面的内容。在输出内容中建议更新 pip 到最新版本，按照提示在命令行窗口中输入下面的命令升级 pip 程序。

```
C:\>python -m pip install --upgrade pip
```

上面的命令执行后，pip 会自动下载最新的 pip 程序包，并自动进行安装。

2. 安装新模块

使用“pip install 模块名”形式的命令，可以从软件仓库安装一个新模块。例如，安装图像处理模块 Pillow 的命令如下。

```
C:\>pip install pillow
```

命令执行后，稍候片刻，当输出信息中出现 Successfully installed pillow-5.3.0 字样时即表示安装成功。这时使用 pip list 命令就能查看到这个已安装的模块。

```
C:\>pip list
Package    Version
---------  -------
Pillow     5.3.0
pip        18.1
setuptools 12.0.5
```

提示：由于在 Mac OS 或 Linux 系统中，默认已经安装 Python 2.7。那么，在安装 Python 3.7 之后，将使用 pip3 命令管理 Python 3.7 的模块，而 pip 命令用来管理 Python 2.7 的模块。对于在 Windows 系统安装多个 Python 版本的情况，也是如此处理。

3. 卸载已安装模块

使用“pip uninstall 模块名”的命令形式，可以从当前的 Python 环境中删除一个已经安装的模块。例如，将图像处理模块 Pillow 从 Python 环境中卸载(删除)的命令如下。

```
C:\>pip uninstall pillow
```

上面的命令执行后，将会要求确认是否执行卸载操作，显示内容如下。

```
Uninstalling Pillow-5.3.0:
  Would remove:
    c:\python34\lib\site-packages\pil\*
    c:\python34\lib\site-packages\pillow-5.3.0.dist-info\*
Proceed (y/n)?
```

这时输入 y 然后回车，即可自动进行卸载，直到完毕。

A.2 本书使用的第三方模块

按照附表 A-1 中给出的模块名称(Package)，即可使用“pip install 模块名”的命令形式将第三方模块安装到 Python 环境中。

附表 A-1　模块名称及版本

序号	模块名称(Package)	版本(Version)	序号	模块名称(Package)	版本(Version)
1	pillow	5.3.0	4	opencv-contrib-python	3.4.3.18
2	pyglet	1.3.2	5	numpy	1.15.4
3	opencv-python	3.4.3.18			

A.3 安装依赖库 avbin

在本书中使用 Pyglet 模块进行游戏编程，Pyglet 依赖 AVbin 库支持丰富类型的音频和视频格式。

AVbin 最初是为 Pyglet 项目创建的一个媒体解码/解压库，是一个基于 Libav 视频和音频解码库的跨平台瘦包装器的二进制版本。如果没有安装 AVbin，Pyglet 只能读取用线性 PCM 编码的未压缩 RIFF/WAV 文件。安装 AVbin 之后，Pyglet 就能够支持一些常见的音频格式(如 MP3、WAV、WMA 等)和视频格式(如 AVI、MPEG、WMV 等)。

在“资源包/第 28 课/AVbin 库”文件夹中提供了 Windows 和 Mac OS 版本的 AVBin 库的安装文件。其中，Windows 版本的 AVBin 库安装文件有 32 位版本和 64 位版本，即 AVbin10-win32.exe 和 AVbin10-win64.exe。请根据自己的操作系统选择和安装相应的 AVBin 库。

在 AVBin 库成功安装之后，Pyglet 会自动检测到它，并使用它进行音视频的编解码，从而实现强大的多媒体功能。

附录B

Python 初学者常见错误及解决方法

在学习 Python 语言编程的最初几周内，初学者会遇到大量的语法错误及其他错误。但是只要坚持克服困难，经过一段时间的编程训练，这些错误就会显著减少。下面列出了常见的一些错误及其解决方法，供初学者备查。

 SyntaxError 语法错误

（1）用来表示字符串的引号没有成对出现。

报错信息：

```
SyntaxError: EOL while scanning string literal
```

错误示例：

```
print('hello)
```

解决方法：

将字符串放在一对双引号内。当一个字符串中包含单引号或双引号时，很容易出现引号不配对的情况。

（2）圆括号没有成对出现。

报错信息：

```
SyntaxError: unexpected EOF while parsing
```

错误示例1：

```
a= (1+ (2/3) * 4
```

错误示例2：

```
print('hello'
```

解决方法：

使圆括号成对出现。在书写复杂的表达式或调用函数时会经常遇到这个错误。

(3) 调用 print()函数时使用了 Python 2 的语法。

报错信息：

```
SyntaxError: Missing parentheses in call to 'print'
```

错误示例：

```
print 'hello'
```

解决方法：

使用 Python 3 的语法格式调用 print()函数，即 print('hello')。当初学者从 Python 2 转到 Python 3 时，往往会习惯性地犯这个错误。

(4) 错误使用自操作运算符++或--等。

报错信息：

```
SyntaxError: invalid syntax
```

错误示例：

```
a=1
a++
```

解决方法：

在 Python 语言中，没有类似 C 语言的++或--等自操作运算符。与之类似功能的用法是+=或-=运算符。例如，使用下面的代码进行让变量 a 进行自增 1 的操作。

```
a+=1
```

(5) 试图使用等号(=)判断两个运算量是否相等。

报错信息：

```
SyntaxError: invalid syntax
```

错误示例：

```
if a=1:
    print('hello')
```

解决方法：

在 Python 语言中使用两个等号(==)作为判断两个运算量是否相等的关系运算符，而等号(=)是赋值运算符。

（6）误用 Python 语言关键字作为变量名。

报错信息：

```
SyntaxError: can't assign to keyword
```

错误示例：

```
True=1
```

解决方法：

不要使用 Python 语言关键字作为变量名、函数名或类名等。在 Python Shell 窗口中，使用 help('keywords')指令可以查看 Python 语言的关键字列表。

（7）忘记在 if/elif/else/while/for/def/class 等语句末尾添加冒号（:）。

报错信息：

```
SyntaxError: invalid syntax
```

错误示例 1：

```
a=2
if a>0
    print('+')
```

错误示例 2：

```
def sayhello()
    print('hello')
```

解决方法：

在 if/elif/else/while/for/def/class 等语句末尾添加冒号（:）即可。牢记语法规则，习惯成自然。

 B.2 IndentationError 缩进错误

报错信息：

```
IndentationError: unindent does not match any outer indentation level
IndentationError: expected an indented block
```

错误示例：

```
a=2
if a>0:
        print('+')
    print(a)
```

```
else:
    print('-')
```

注：错误原因是上述代码中 if 语句体内的代码缩进没有对齐。

解决方法：

正确使用缩进排版代码。当代码是从其他地方复制并粘贴过来的时候，这个错误较为常见。

B.3 NameError 名字错误

当变量名、函数名或类名等书写错误，或者函数在定义之前就被调用等情况下，就会导致名字错误。

报错信息：

```
NameError: name 'pirnt' is not defined
NameError: name 'sayhello' is not defined
```

错误示例 1：

```
pirnt('hello')
```

注：错误原因是 print 拼写错误。

错误示例 2：

```
sayhello()


def sayhello():
    pas
```

注：错误原因是在函数定义之前对函数进行调用。

解决方法：

正确书写变量名、函数名或类名等，在使用变量前先进行赋值，将函数的定义放在函数调用之前，等等。即保证某个名字(标识符)先存在，才能被使用。

B.4 TypeError 类型错误

(1) 整数和字符串不能进行连接操作。

报错信息：

```
TypeError: Can't convert 'int' object to str implicitly
TypeError: unsupported operand type(s) for + : 'float' and 'str'
```

错误示例 1：

```
print('score:'+100)
```

错误示例 2：

```
print(9.8+'seconds')
```

解决方法：

在整数、浮点数或布尔值与字符串进行连接操作之前，先使用 str()函数将其转换为字符串类型。

(2) 调用函数时参数的个数不正确，或者未传递参数。

报错信息：

```
TypeError: input expected at most 1 arguments, got 2
TypeError: say() missing 1 required positional argument: 'words'
```

错误示例 1：

```
input('输入姓名', '年龄')
```

注：错误原因是试图给 input()函数提供第 2 个参数。

错误示例 2：

```
def say(words):
    print(words)

say()
```

注：错误原因是调用函数时未传递参数。

解决方法：

记住函数用法，了解函数的参数定义，使用正确的方法调用函数即可。

 B.5 KeyError 键错误

使用不存在的键名访问字典中的元素，就会发生这个错误。

报错信息：

```
KeyError: 'c'
```

错误示例：

```
d={'a':1, 'b':2}
print(d['c'])
```

解决方法：

在访问字典中的元素时，先用 in 关键字检测要访问的键名是否存在，或者是使用字典的 get()方法安全地访问字典元素。

B.6 IndexError 索引错误

当访问列表的索引超出列表范围时，就会出现索引错误。

报错信息：

```
IndexError: list index out of range
```

错误示例：

```
a=[1, 2, 3]
print(a[3])
```

注：错误原因是列表 a 中不存在第 4 个索引。请记住，列表的索引从 0 开始编号。

解决方法：

通过 len()函数获取列表的长度，然后判断要访问的索引是否超出列表范围。

B.7 UnboundLocalError 未初始化本地变量错误

在函数中，如果对未声明的全局变量进行修改操作，将会遇到这个错误。

报错信息：

```
UnboundLocalError: local variable 's' referenced before assignment
```

错误示例：

```
s=1

def test():
    s+=1
    print(s)

test()
```

注：错误原因是在函数内对未声明的全局变量 s 进行了自增操作。Python 将变量 s 视为一个本地的局部变量，但该变量未初始化。

解决方法：

在函数内使用全局变量时，使用 global 关键字对其进行声明即可。

总之，在实际编程中遇到错误是不可避免的。但是不用担心，它们不过是纸老虎。初学者应善于利用搜索引擎查找和解决问题，遇到什么错误就查什么。只要将错误信息的内容输入到搜索引擎的搜索框内，就能找到很多解决错误的资料。

后 记

在回味美妙的AI绘画作品中，我们结束了本书所有课程的学习。

回顾本书课程，我们从零开始学习Python语言编程的基础知识，学习结构化程序设计的方法，学习常用的算法策略和排序、查找算法等，学习使用Pyglet编写捕鱼达人游戏，还学习使用OpenCV进行人工智能方面的应用，等等。然而，这些只是Python编程的开始，还有更多充满魅力的未知领域等待我们前往探索。

通过本书的学习，初学者已经具备进一步学习Python编程的能力，打开了一扇通往计算机科学世界的大门。

如果想提高Python编程水平，还需要进一步学习面向对象、数据结构和算法、设计模式、异常处理、文件操作、网络通信、多线程等方面的编程知识。

如果对GUI窗口编程感兴趣，可以从简单的EasyGui或Tkinter库开始学习，之后再选择学习wxPython、PyQt等GUI框架。

如果对游戏编程技术感兴趣，可以继续学习Pyglet中的高级内容，学习OpenGL图形编程技术等。另外，由于目前Pyglet的编程资料和案例不多，学习Pygame游戏编程也是个不错的选择。

如果对网络爬虫技术感兴趣，还需要学习HTML、正则表达式、网络编程技术等，可以选择使用Pyspider、Scrapy等爬虫框架。

如果对网站开发技术感兴趣，那么需要进一步学习HTML、CSS、JavaScript等前端开发技术，学习SQL语言和数据库应用技术等，可以选择使用Django、Tornado等Web框架。

如果对人工智能技术感兴趣，除了进一步学习各种机器学习算法，学习TensorFlow、PyTorch等深度学习框架，还需要掌握人工智能相关理论和储备微积分、线性代数、概率论、数理统计等方面的数学知识。

……

一言以蔽之，兴趣是最好的教师。前方等待你的将是一个美丽的新世界，前进的道路上将会充满各种挑战。如果你准备好了，那就踏上新的编程之旅吧！

谢声涛

2019年3月